はじめての

"文字で打ちこむ"

プログラミングの本

スクラッチのブロックとくらべて学べる

JavaScriptの基本
ジャバスクリプト

尾関基行〔著〕

JN052011

技術評論社

はじめに

　文字だらけの画面を見ながらすごい速さでキーボードを打ちこんでいく、ドラマや映画に出てくるようなプログラマー、そんなふうに自分もなりたい……

　この本のタイトルを見てページを開いた人は、そう思ってこの本を手に取ったかもしれません。マウスや指でブロックを並べてプログラムを作ることはできるけど、その次のステップに進むには何をすればいいだろう。この本は、そんな人のために書かれた「はじめての"文字で打ちこむ"プログラミング」の本です。

　あるいは、ブロックを並べるプログラミングなら理解できたのに、文字を打ちこむプログラミングになったとたん、急についていけなくなった人もいるかもしれません。この本は、そんな人のためにも書かれた「はじめての"文字で打ちこむ"プログラミング」の本です。

　もちろん、ブロックを並べるプログラミングを一度も触ったことのない人でも大丈夫。この本に出てくるスクラッチ（Scratch）のプログラムはとても簡単なので、はじめて見る人でもすぐに読み取ることができます。文字を打ちこむプログラミングにこれから挑戦したいすべての人たちが、この本の対象読者です。

　「ブロックを並べるプログラミング」と「文字を打ちこむプログラミング」のあいだには、たしかにギャップ（gap, みぞ）があります。プログラミングの入門書を探しまわってみた人は気づいたかもしれません。どんなにやさしそうな内容に見えても、ブロックと文字のギャップをそのまま橋渡ししてくれる本がないことに。

　この本は、みなさんと一緒に「ブロックと文字のギャップ」を飛びこえるために書かれたものです。ブロックを並べるプログラミングとして有名なScratchをお手本にして、ブロックと文字を見くらべながら学んでいきます。作ったプログラムの結果もくらべられるように、Scratchのネコのようなキャラクターも用意しました。

　ただし、この本が目指すレベルは低くありません。文字を打ちこむプログラミングの"基本"をほとんど全部つめこんだ、まじめな入門書です。だからこそ、この本を最後までやりとおせたら、ずらりと並ぶプログラミングの本はもう怖くありません。次は「自分のやりたいこと」が書かれた本を手にとって、プログラミングの世界に飛び立ちましょう。

2023年9月　尾関基行

この本の読者対象について

　文章中で使用している漢字は中学1年生までに習うものですが、この本は小学校の高学年から大人まで幅広く読者として想定しています。

- Scratchなどのブロックを並べるプログラミングから次のステップに進みたい人
- 文字で打ちこむプログラミングの勉強が学校ではじまったけれど、ついていけなくなった人
- 他の入門書を試してみたけれど、最初から文字ばかりのプログラムでつまずいてしまった人
- PythonやJavaScriptの入門書に取り組んでみたけれど、その中で作るプログラムに興味がわかなかった人
- お子さんのプログラミング教育がはじまったので、自分も学んでおきたくなった保護者の方々

　そして、

- 文字を打ちこむプログラミングにこれから挑戦したいすべての人

を対象に解説しています。

この本の読み進めかた

　「この本の読み進めかた」については1.3節（p.15）にまとめてありますので、レッスン1の1.3節を参考にしてください。

本書のサポートページと
著者によるサポートサイトについて

　この本の情報は、本書のサポートページにのせています。次のURL（文字列）をブラウザーのアドレスバーに打ちこんで Enter キーを押してください。

URL https://gihyo.jp/book/2023/978-4-297-13713-7/support/

　この本で学習する内容に関連するサンプルコードや正誤表は、著者によるサポートサイトにあります。著者によるサポートサイトには、上記の本書のサポートページにのっているURLからアクセスできます。サポートサイトで公開しているのは次のような情報です。

- **サンプルコード**
  - ➡ この本で例（サンプル）として挙げているプログラムコードをすべてのせています。本から書き写したコードがどうしてもうまく動かないときは、サポートサイトのコードをコピー＆貼り付けして確認できます

- **サンプルプログラムへのリンク**
  - ➡ この本で作るサンプルプログラムへのリンクをのせているので、本からコードを書き写す前に、実際に動かしてみることができます

- **練習問題**
  - ➡ 各レッスンで学んだことを確認するための練習問題を用意しています。まずは解答例を見ずに自力でがんばってみましょう

- **エラーメッセージの一覧**
  - ➡ 一部のエラーメッセージについては本書の中で説明しますが、本書で紹介しきれないものはサポートサイトにまとめています

動作確認環境

この本の説明やプログラムの動作は、次の環境で確認しています。

- **OS**　　　　　macOS Ventura（ベンチュラ）（13.5）
- **ブラウザー**　　Google Chrome（クローム）（115）
- **開発環境**　　p5.js（v1.7.0）と Web Editor（ウェブ エディター）（v2.7.1）

いずれも上記のバージョン以降であれば動くはずですが、今後のバージョンアップの内容によっては本の説明と動作が変わってしまう場合があります。サンプルコードが正しく動かなくなるなど、大きな問題があればサポートサイトでお知らせします。

上記の環境のほか、Windows、タブレット（Androidアンドロイド や iOS）や Chromebookクロームブック（ChromeOS）でも動作しますが、本の説明と挙動きょどうが違ったり、一部のプログラムが正しく動かないことがあります。ブラウザ も Edgeエッジ や Safariサファリ、 Firefoxファイアーフォックス が使えますが、同様に動作の保証はしていません。

フィルタリングソフト（i-FILTERアイ フィルターなど）が設定されているパソコンでは、この本で使う p5.js のアプリ（Web Editor）が開けないことがあります。ご家庭で設定している場合は「https://editor.p5js.org」にアクセス許可を出してください（おうちの人にお願いしてね）。学校で設定されている場合には簡単に変更できないので、サポートサイトから「ウェブエディターを使わずに p5.js を動かす方法」を確認してください。

プログラミングの学習において一番大切なこと
プログラミングはレゴブロックのようなもの

　この本で学びはじめる前に、プログラミングの学習において一番大切なことを伝えておきたいと思います。

　プログラミングには「正解」というものがありません。それが学校の教科の勉強と一番違うところです。たとえば、数学（算数）には正解があり、正解にたどりつくまでの正しい手順があります。問題を解くときは、最初に正解までの手順を考えてから式を書きはじめます。そうするためには、必要な公式（解き方）を先にすべて理解しておく必要があるので、そのために勉強します。

　一方でプログラミングは、学校の勉強というよりも、レゴのブロックで遊ぶことにずっと近いです。レゴブロックで「家」を作りたいとしましょう。作りはじめる前に頭に思い浮かべた家が最初の「正解」ではありますが、作っているうちにまったく違う家になることのほうが多いでしょう。最初に目標は立てるけれど、あとは作りながら考える。プログラミングも同じです。だいたい同じように動いたなら、本の解答例と違っていてもよいのです。

　レゴブロックで家を作る手順もさまざまです。そこに「正しい手順」というものはありません。床から作ってもいいし、壁から作ってもいいし、庭から作ってもかまいません。別の部分と組み合わせるときにうまく合わなくて、作り直すこともよくあります。プログラミングも同じです。どこから書きはじめてもいいし、失敗しても誰も怒りません。だから、本に書かれていることがすべて理解できていなくても、さきに作りはじめてしまっていいのです。

　そして、何もないゼロの状態からすべて自分で作る必要もありません。誰かが作ったレゴの家を改造するのもおもしろいですよね。他人の作ったものを触っていると「これはこうして作るのか」という発見もあります。プログラミングも同じです。あるものはいくらでもコピーして使ってください。この本にのせたプログラムは、みなさんに自由に改造してもらうために用意したものです。

　この本でこれから使っていく p5.js というアプリは、レゴなどのブロックを組み立てるようにして、プログラムを作りながら考えるのにぴったりです。p5.js はアート（芸術）の分野でよく使われていますが、“創作”とはまさに「作りながら考える作業」だからです。この本はプログラミング言語（JavaScript）の文法を学ぶために書かれたものですが、学校の教科書ではありません。本に書かれたことをただ覚えるのではなく、みなさんの作品（プログラム）をどんどん創作しながら読み進めてください。

イイネ！

目次
はじめての "文字で打ちこむ" プログラミングの本
スクラッチのブロックとくらべて学べるJavaScriptの基本

レッスン **5**

演算プログラムに計算をさせてみよう ⋯⋯⋯⋯⋯ 84

レッスン **6**

条件分岐　「もし〜」でコードを分けてみよう ⋯ 102

レッスン **13**

戻り値ありの関数定義　魔法の国から召喚しよう 244

レッスン **14**

本当のp5.jsをはじめよう　ゲーム＆アニメーションを作る 264

Column

はじめての
"文字で打ちこむ"
プログラミングの本

スクラッチのブロックとくらべて学べる
JavaScriptの基本

1

この本で学べること
はじめる前に

　最初のレッスンでは、みなさんがこの本でプログラミングの学習をはじめる前にお伝えしておきたいことをまとめています。

　まず、本のサブタイトル（副題）にある**スクラッチ（Scratch）**を使ったことのない人でも大丈夫。Scratch のプログラムはとても簡単なので、はじめて見る人でもすぐに読み取れます。そしてこの本に最後まで取り組めば、文字を打ちこむ本格的なプログラムも書けるようになります。

　この本で学習するのは、JavaScript というプログラミング言語です。アプリの開発では世界で最も使われている言語のひとつで、はじめて学習する本格的なプログラミング言語として最適です。

　そして、JavaScript を学習するためのプレイグラウンド（遊び場）として、**p5.js**というアプリを使います。p5.js はプログラミングで美しいグラフィックスのアニメーションを作るのが得意なアプリですが、Scratch に出てくるようなネコのキャラクターも動かせます。

1.1

Scratchを知っている人 だけ……ではない

「Scratch（スクラッチ）は知らないからダメだな……」とこの本を置こうとした人は ちょっと待ってください。この本を読んでほしいのは、これから本格的な プログラミング言語を学びたいと思っているすべての人たちです。

はじめてのプログラミング は何でしたか？

この本のサブタイトルは『スクラッチのブロックとくらべて学ぶ JavaScript の基本』ですが、みなさんがプログラミングを楽しんでき

たのはスクラッチ（以下、Scratch）とは別のアプリかもしれません 図1.1 。

小学校では、アルゴロジックという、ブロックを並べてゴールまでキャラクターを動かすアプリも使われています。中学生以上だと、micro:bit（マイクロビット）といったマイコン（小型のコンピュ

図1.1 さまざまなタイプのビジュアルプログラミング言語

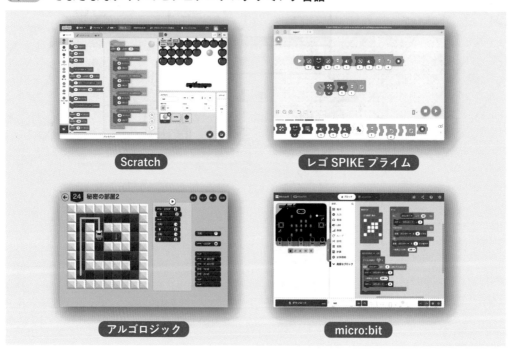

Scratch

レゴ SPIKE プライム

アルゴロジック

micro:bit

ーター)を使ったことのある人もいるかもしれません。このmicro:bitにも、Scratchによく似たプログラミング用アプリが付いています。

プログラミングスクールでは、レゴのSPIKE^{スパイク}プライムやマインドストーム *1 など、ロボットもよく利用されています。また、プログラミングで操作できるMinecraft^{マインクラフト}を利用しているスクールもあります。これらのプログラミング用アプリも、Scratchに似たブロックを並べるタイプです。

これらのアプリでは、マウスや指を使ってブロックを並べたり、箱と箱を矢印でつないだりしてプログラミングを行います。こうしたスタイルのプログラミング言語のことを『ビジュア

ルプログラミング言語』といいます。

Scratchはその代表選手なのでこの本のサブタイトルにしましたが、それ以外のビジュアルプログラミング言語に親しんできた人ももちろん、この本の想定する読者です。

Scratchを 知らなくてもいい理由

みなさんがScratchを知らなくても大丈夫な理由は、どのビジュアルプログラミング言語であっても「基本的な考え方」はよく似ているからです 図1.2 。

ビジュアルプログラミング言語が世の中にいくつもあるのは、その基本的な考え方を、それぞれのアプリの目的に合わせてビジュアル化(図で表現)しているからです。どれかひ

★1　マインドストーム(EV3)は2021年に販売終了になりましたが、これまで主流の学習用ロボットだったこともあり、もうしばらくは使われるでしょう。

図1.2　**プログラミングの基本的な考え方とその表現**

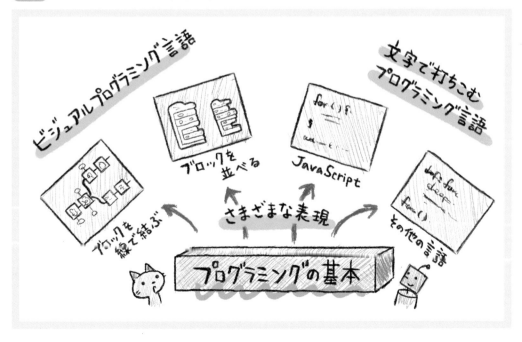

とつでもビジュアルプログラミング言語の経験があれば、プログラミングの基本はもう頭に入っているはずです。

それと同じことが、“文字を打ちこむ”本格的なプログラミング言語にもいえます。この本でこれから学んでいくJavaScriptも、基本的な考え方はビジュアルプログラミング言語とよく似ています。だからこそ、Scratchのプログラムと見くらべながら自然にステップアップすることができるのです。

この本で解説に使っているScratchは小学生でも1日で動かせるくらいわかりやすいので、Scratchを知らない人でも、この本に登場するScratchのプログラムはすぐに読み取れると思います。Scratchを同時に動かしながら読み進めるのもよいでしょう。

どんな人に読んでほしいか

この本は「はじめての“文字を打ちこむ”プログラミングの本」ではありますが、扱っている内容が簡単というわけではありません。ビジュアルプログラミング言語から次のステップに進もうとしている人たち、本格的なプログラミングに挑戦しようとしている人たちがこの本の対象読者だからです。

あるいは、高校生になって“文字を打ちこむ”プログラミング言語の授業がはじまり、基礎からしっかり学習しなければと思っている人たちもこの本を手に取っているかもしれません。もちろん、そうした人たちも読者として想定しています。

そのため、この本の内容（難易度）はきちんとした「入門書」のレベルにしています。Scratchのブロックと見くらべるところからはじまるけれど、Scratchにはない、文字を打ちこむプログラミング言語だけの知識まで身につけることが目標です。

miniColumn

ステップアップ

高校でプログラミングの勉強をしている人は『アルゴリズム』という言葉を知っているかもしれません。“algorithm”とは「問題を解くための手順」のことで、データを並び替えたり探索（探しだす）したりする手順が一番の基本です。

プログラミング言語を学んだら次はアルゴリズムを……というのが“コンピューターサイエンス”の学習の流れですが、アルゴリズムを知らなくて

もできることはたくさんあります。この本ではアルゴリズムについては学びませんが、広い意味でいえば、ネコを思いどおりに動かす手順もアルゴリズム（問題を解くための手順）です。いつか大学でコンピューターサイエンスを学びたい人や、自作のプログラムの速さを競う“競技プログラミング”に挑戦したい人は、本書を終えたあとにアルゴリズムの勉強をしてもよいでしょう。

この本で学べること

はじめての本格的なプログラミング言語には何を選べばよいでしょうか。
学校の授業や大学受験に役立つことも大事ですが、
やはり「プログラミングが楽しく学べるもの」がいいですね。
それでいて、他のプログラミング言語を次に学習するときにも
ちゃんと知識の土台となるものがおすすめです。

この本を読み終えると作れるようになるもの

まず最初にイメージをつかんでもらうために、この本を読むと最後に作れるようになるのものを紹介しておきましょう。最後のレッスン14では、図1.3 のようなゲームとアニメーションを作ります。

図1.3 の左側は、キーボードの矢印キーでネコのキャラクターを動かして、魚を食べていくゲームです。15秒間で魚を全部食べられるか挑戦します。Scratch などでもっとすごいゲームを作ったぞ……という人もいるかと思いますが、「文字を打ちこむプログラミング」でここまで作れたら「入門」は卒業です。

図1.3 の右側は、プログラミングで作ったアニメーションです。プログラムを実行すると、円の色や大きさが変化し、マウスポインターを乗せると赤い十字の模様が現れます。ゲームのように「こうしないと動かない、おもしろくならない」といった制限がないので、アニメーションは作っていてとても楽しいです。

このゲームとアニメーションは、この本の著者のサポートサイトから動かしてみることもできます。サポートサイトについては p.iv を参照してください。

図1.3 **この本の最後に作るゲーム（左）とアニメーション（右）**

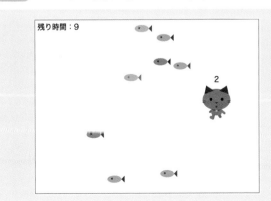
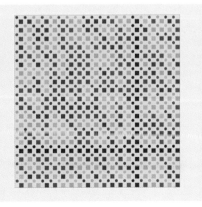

この本で学ぶ p5.jsについて

この本でScratchに代わるアプリとして使っていくのは「 p5.js 」です 図1.4 。本のサブタイトルを見て、「あれ、JavaScriptというプログラミング言語じゃないの？」と思った人もいるかもしれません。大丈夫、JavaScriptは学びます。p5.jsは、そのJavaScriptを書いて動かすアプリです。聞き慣れないと思いますが、「クリエイティブコーディング」や「ジェネラティブアート」と呼ばれる、プログラミングで美しいグラフィックスのアニメーションを作る人たちのあいだでは有名です。

p5.jsのアプリはブラウザーの上で動きます。ブラウザーとは、EdgeやSafari、Chromeなど、インターネット検索などで使うソフトウェアです。ちなみに、Scratchもブラウザーの上で動いています。このようにブラウザーの上で動くアプリのことを「ウェブアプリ」や「ブラウザーアプリ」といいます。

クリエイティブコーディングは、「プログラミングを楽しむ」という目的において、ゲームやロボットにも負けない魅力があります。この本でp5.jsを選んだ理由は「プログラミングの基本を学びやすいから」ですが、この本を終えたら、そのままクリエイティブコーディングの世界に飛びこむのもおすすめです。

図1.5 の作品は、そのp5.jsで描かれた絵やアニメーションです。上の3つは高尾俊介さんの作品、下の3つはSenbakuさんの作品です。静止画でも素敵ですが、アニメーションで見るともっと迫力があります。これらの他

図1.4 p5.jsのウェブアプリ

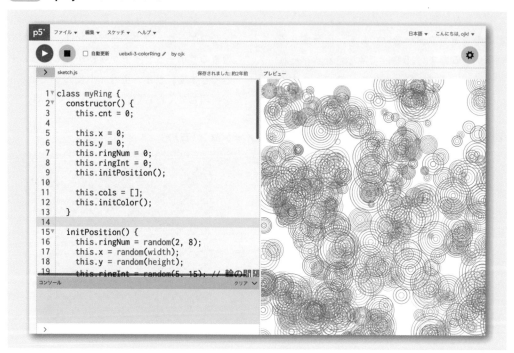

にも、OpenProcessing^{*2}というウェブサイトにたくさんの人々の作品が公開されています。

なお、「クリエイティブコーディング」という言葉をインターネットで調べると、Processingという別のアプリのほうが多く出てくるかもしれません。Processingとp5.jsは、使用するプログラミング言語が異なるだけの双子のアプリです。

p5.jsとScratchの 似ているところ

この本で並べて学ぶp5.jsとScratchには、似ているところがいくつかあります。

・・・・・・・・・・・・・・・・・・・・・・・・・・

*2 **URL** https://openprocessing.org

- 特別なアプリやソフトウェアをパソコンにインストールする必要がなく、パソコンに最初から入っているブラウザーだけではじめられる
- すべての機能が無料で使える
- プログラミングに使うアプリの画面がシンプルで、見ただけで使い方がわかる
- プログラムの実行結果がアニメーションで表示されるのでわかりやすく、楽しみながら学べる
- 自分の書いたプログラムがそのままインターネットに公開されるので、メールやLINEなどで誰かにすぐ伝えることができる
- 自分の作ったものを世界中の人たちと共有する場所がインターネットの上にある

これらの特徴は、ビジュアルプログラミング言語の中でScratchが最も使われている理由でもあります。日本でも海外でも、プログラミン

図1.5 クリエイティブコーディングの作品

画像提供：（上段3点）高尾俊介、（下段3点）Senbaku

グ入門の授業でp5.js(や双子のProcessing)を使っている大学がそれなりにあるのは、Scratchと似ている部分が多いからです。

p5.jsとScratchが似ていないところ

反対に、p5.js と Scratch で似ていないところもあります。

- **p5.jsでは、ビジュアルプログラミング言語ではなく、文字を打ちこむ本格的なプログラミング言語を使う**
- **Scratch と p5.js では「作るのが得意なもの」が違う**

Scratchで作るものといえばゲームが多かったかと思います。シューティングゲームやクイズゲーム、脱出ゲームなども作れますね。p5.jsでもゲームは作れますが、得意なのは美しいグラフィックスのアニメーションを作ることです **図1.6**。

いやいや、わたしはプログラミングでアニメーションを作りたいのではなく、本格的なゲームを作りたいのだ……とか、スマホで動くアプリを作りたいのだ……とか、AIやロボ

ットを開発したいのだ……という人もいるかもしれません。そうした目的を持っている人がp5.jsを学ぶことに意味はないでしょうか?

そんなことはありません。プログラミング言語をひとつしっかり学習しておけば、別のプログラミング言語の学習もすみやかに進みます。プログラミング言語の基本的な考え方はどれも同じだからです。

miniColumn

みちくさ

「アプリ」という言葉は『アプリケーションソフトウェア』を短くしたものです。年配の人だと「ソフト」と略して呼ぶ人も多いです。英語でもapplication（アプリケーション）の先頭3文字をとってApp（アップ）と略します。

ちなみに、applicationは「応用」という意味です。元々は、パソコンやスマホの裏側で動いている「基本ソフトウェア」に対して、わたしたちが直接操作して使うものを「応用ソフトウェア」と呼んでいたのですが、なぜかその「応用」の部分だけをとって「アプリケーション」と呼ばれるようになり、さらに「アプリ」と短くなりました。

図1.6 それぞれの得意なもの

この本で学ぶ
JavaScriptについて

次に、この本で学ぶプログラミング言語の話をしましょう。少し前にも述べましたが、p5.jsはプログラミングをするためのアプリであって、プログラミング言語そのものではありません。

p5.jsの中で使うプログラミング言語は別にあって、それは『JavaScript』です。この本では、p5.jsというアプリでネコのキャラクターを動かしながら、JavaScriptというプログラミング言語を学んでいきます 図1.7 。

JavaScriptはブラウザー専用のプログラミング言語として、ウェブページに動きを付けたりするために生まれました。そのうち、ブラウザーで買い物をしたり動画を観たりするためのウェブアプリがJavaScriptを使って作られるようになります。

そして、現在ではブラウザーがないところでもJavaScriptが動くようになり、スマホアプリや（パソコンで動く）デスクトップアプリも作られるようになりました。そのほかにもJavaScriptはおどろくほどいろいろな目的で使われており、世界で最も有名なプログラミング言語のひとつとなっています。

なお、この本の中では「p5.js」と「JavaScript」という言葉を使い分けていますが、同じものだと思ってもかまいません。プログラミング言語の文法や書き方はJavaScriptの話、ネコのキャラクターを動かす命令やアプリの操作はp5.jsの話になります。

なぜPythonじゃないの?

世の中には数え切れないほどのプログラミング言語がありますが、日本の高校の教科書に取り上げられているのはJavaScriptとPython、ＶＢＡの3つです。VBAはマイクロソフト（Windowsを作っている会社）のアプリ

miniColumn
ステップアップ

ECMAScript
ところで、JavaScriptを最初に作ったのは誰で、今は誰が管理しているのでしょう。プログラミング言語は、企業が作って管理しているものもあれば、個人が作ってボランティアのグループ（コミュニティ）で管理しているものもあります。

JavaScriptは、NetScapeという会社で働いていたBrendan Eichさんが1995年にたった10日間で作ったもので、今はEcma Internationalという国際規格団体によって管理されています。プログラミング言語の規格とは構文や関数などの決めごとのことで、JavaScriptの規格は「ECMAScript」と呼ばれます。ECMAScriptの規格は常に更新されていて、毎年6月頃のバージョンを「ECMAScript 2023」などと年号を付けて呼びます。JavaScriptはブラウザーに組みこまれているため、規格が変わると世界中に影響します。それでも毎年バージョンアップして、最前線で使われているのはおどろきです。

図1.7 ブラウザーと p5.js と JavaScript の関係

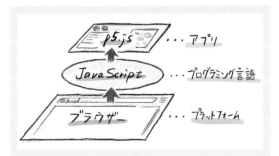

で使うのが中心になるので、将来のために学習するなら JavaScript か Python になるでしょう。

このうち、Python（バイソン）の名前は聞いたことがあるかもしれません。Python は教科書でも取り上げられる分量が多く、プログラミングスクールでも教えるところが増えています。AI やデータサイエンスのプログラミングは Python の得意とするところですし、Scratch の次は Python を学習したい……と考えていた人もいるかもしれません。

しかし次の理由から、はじめての"文字で打ちこむ"プログラミング言語は Python よりも JavaScript がよいと考えています。なかでも一番の理由は、Python は、その基本を学び終えたあとのステップが急に難しくなるからです。

まず、AI やデータサイエンスでよく使われるといっても、そうした技術を本当に使いこなすには大学以上の専門知識が必要です。また、Python で AI を使ったプログラムが作れても、それをみんなに使ってもらうにはプログラムを操作する画面（アプリ）が必要です。しかし、Python はアプリ開発がやや苦手です。Python はロボットやマイコンの制御も得意ですが、機材を買うお金や電子工作の知識が必要になります。

Python を選ぶほうがよいと筆者が思うのは、高校の授業や大学受験のためにプログラミングを学習したい人と、データを黙々（もくもく）と触っているのが好きな人です。そうしたことは将来の仕事につながるので Python を学習するのはよいのですが、はじめての"文字で打ちこむ"プログラミング言語でなくてもよいと思います。

JavaScriptをおすすめする理由

JavaScript をおすすめする理由は Python の問題点の逆で、JavaScript の基本を学び終えたあとに「できること」が多いからです 図1.8。

AI やデータサイエンスなら Python ですが、**ウェブアプリ開発の世界では JavaScript が王者です**。ウェブアプリ開発のいいところは、専門知識やお金がなくても、とりあえずはじめられるところです。アプリ開発それ自体には高度な専門知識もお金のかかる機材も必要ありません。自分の知識に合わせて作るアプ

図1.8 **JavaScript の先にあるもの**

リを決めればよいし、作ったアプリをアプリストアに公開したくなってからお金を払えばいいのです。

　JavaScriptでできることはウェブアプリ開発のほかにもたくさんあります。まず、JavaScriptはウェブサイト制作でも必要とされます。画面をスクロールしていくと文字や写真が動いたりするウェブページの裏ではJavaScriptが使われています。動きのあるおしゃれなウェブサイトを自分で作ってみたい人は年齢や性別に関係なくいることでしょう。

　ウェブ以外のアプリ開発でもJavaScriptは使われています。スマホアプリもデスクトップアプリもJavaScriptで開発されたものが数多くあります。また、ブラウザーの上で3Dグラフィックスが速く動かせるようになってきたので、JavaScriptによる本格的なゲーム開発も行われています。

　AIやロボットも、JavaScriptから使えるものが数多くあります。たとえば、カメラで撮ったモノの名前を答えてくれるアプリを作るだけなら、JavaScriptからAIの機能を呼び出すだけで十分です。AIを利用したりロボットを操作したりといった機能は、代表的なプログラミング言語であればどれでも使えるようになっているからです。

　そして繰り返しになりますが、クリエイティブコーディングもおすすめです。プログラミングにおける性別の違いをあまり強調したくはあ

miniColumn
みちくさ

　JavaScriptと名前がよく似ているプログラミング言語にJava（ジャバ）があります。名前は似ていても別のプログラミング言語です。よく「JavaとJavaScriptはメロンとメロンパンくらい違う」といわれたりします。まったく別の言語なので、くれぐれもJavaScriptを省略してJavaと呼ばないようにしてくださいね。

図1.9　JavaScriptとPythonの見た目の違い

JavaScript	Python

```javascript
let num = 10;
let arr = [1, 2, 3, 4, 5];
let sum = 0;

for (let n of arr) {
  sum += add(num, n);
}

if (sum > 1000) {
  console.log("1000 or more");
} else {
  console.log("less than 1000");
}

function add(a, b) {
  return a + b;
}
```

```python
num = 10
arr = [1, 2, 3, 4, 5]
sum = 0

for n in arr:
    sum += add(num, n)

if sum > 1000:
    print("1000 or more")
else:
    print("less than 1000")

def add(a, b):
    return a + b
```

りませんが、ゲームやロボットの世界には男性が多くて仲間に入りづらいと感じている女性がいるかもしれません。一方で、クリエイティブコーディングは女性にもとても人気があります。

さらに次のプログラミング言語のために

もうひとつ、PythonよりもJavaScriptのほうが「はじめての"文字で打ちこむ"プログラミング言語」としておすすめな理由があります。それは、JavaScriptの"見た目"が他の主要なプログラミング言語に近いからです。プログラミング言語の見た目は、その書き方（記法や構文といわれます）によって決まりますが、Pythonはそれが少し独特なのです。

図1.9はJavaScriptとPythonの同じ内容のプログラムを並べたものですが、これだけ見るとPythonのほうが短くてシンプルですね。このシンプルさは、Pythonが学校の教科書で取り上げられる理由のひとつでもあると思います。

では、アプリ開発やゲーム開発でよく使わ

れるKotlin、Swift、C#という3つのプログラミング言語で同じ内容を書いたものを見てください 図1.10。JavaScriptとPythonのどちらに見た目が似ていますか？

どれもJavaScriptのほうに似ていますね。はじめての本格的なプログラミング言語の"次"に、みなさんが何を作りたいか考えておいてください。はじめてのプログラミング言語の書き方がその次に学びたい言語と似ているほど、乗り越える壁は低くなります。

miniColumn

ステップアップ

ここに挙げた「Kotlin」「Swift」「C#」は、記法や構文はPythonよりJavaScriptに似ていますが、別の観点ではPythonともJavaScriptとも大きく異なります。たとえば、プログラミング言語には、プログラムをコンピューターが読める『機械語』に変換する『コンパイル』という作業が必要なものと、必要のないものがあります。JavaScriptとPythonはいずれも「必要ない」という点では、お互いに"近い"言語です。

図1.10 **主要な言語のプログラム**

Kotlin
（Androidスマホのアプリ開発）

```kotlin
fun main() {
  val num = 10
  val arr = arrayOf(1, 2, 3, 4, 5)
  var sum = 0

  for (n in arr) {
    sum += add(num, n)
  }

  if (sum > 1000) {
    println("1000 or more")
  } else {
    println("less than 1000")
  }
}

fun add(a: Int, b: Int): Int {
  return a + b
}
```

Swift
（iPhoneやMacのアプリ開発）

```swift
let num = 10
let arr = [1, 2, 3, 4, 5]
var sum = 0

for n in arr {
  sum += add(num, n)
}

if sum > 1000 {
  print("1000 or more")
} else {
  print("less than 1000")
}

func add(_ a: Int, _ b: Int) -> Int {
  return a + b
}
```

C#
（Windowsのアプリ開発やUnityゲーム開発）

```csharp
static void Main(string[] args) {
  int num = 10;
  int[] arr = new int[] {1, 2, 3, 4, 5};
  int sum = 0;

  foreach (int n in arr) {
    sum += add(num, n);
  }

  if (sum > 1000) {
    Console.WriteLine("1000 or more");
  } else {
    Console.WriteLine("less than 1000");
  }
}

static int add(int a, int b) {
  return a + b;
}
```

この本の読み進めかた

この本では、各レッスンのまず最初に、
p5.jsとScratchのプログラムを見くらべるところからはじめます。
Scratchと同じくらい簡単な内容から学びはじめますが、
プログラミングの"基本"として大切な知識は全部入りです。

本の構成

この本は、このレッスン1と次のレッスン2「はじめる準備」も含めて14のレッスンでできています。ほとんどのレッスンは、Scratchとp5.jsのプログラムを見くらべるところから説明がはじまります。はじめて見てもわかりやすいScratchのプログラムを、どのようにしてJavaScriptのプログラムに置きかえていくのか、ていねいに説明していきます。

この本は、学校の教科書のように、文法をひとつずつ学んでいく形で書かれています。説明していない文法は使わずに説明しているので、Scratchなどで文法をひととおり知っている人は、ちょっとじれったいかもしれません。たとえば、Scratchでは"繰り返し"のブロックを知っているのに、この本ではレッスン7でJavaScriptの繰り返し構文を学ぶまで、同じプログラムを何度も書いたりします。

途中で何のために学習しているのかわからなくなったときは、このレッスン1を読み返してみてください。あるいは、最後のあとがきを読んでもやる気が戻るかもしれません。この本をがんばって最後までやり終えたとき、何ができるようになるか、次に何に挑戦でき

るようになるのか、いつも頭に思い浮かべながら進めるとよいでしょう。

用語について

みなさんには、この本を読み終えたあと、インターネットなどを使って自分ひとりでプログラミングの学習ができるようになってほしいと考えています。そのときに障害となるのが、プログラミングで使われる独特の言葉（用語）です。

この本でプログラミングの用語がはじめて登場するときは『 』で囲います。また、p5.jsの用語など、プログラミングに関連している言葉は**太字**にしています。

プログラミングの用語に早く慣れてもらうために、紹介した用語をできるだけ使って説明していきます。学校でまだ習っていない漢字が使われていたり、日常ではあまり使わない表現だったりしますが、プログラミングでは何度も登場する言葉なので覚えていきましょう。

なお、この本の文章では、中学1年の終わりまでに習う漢字を使っています。あまり使われない熟語や中学2年以上で習う漢字にはルビ（読みがな）を付けています。もしわからない漢字があったら辞書やインターネットで

調べながら読んでみてください。

英語について

文字を打ちこむプログラミングでは英語がたくさん出てきます。Scratchだと、ブロックの説明は日本語ですし、キーボードからの入力も日本語でできました。しかし、本格的なプログラミング言語ではそれらに日本語は使いません。

また、p5.jsでは、プログラムに間違いがあったときに英語でメッセージが表示されます。p5.jsだけでなく、本格的なプログラミング言語の多くはメッセージが英語で表示されます。

英語が出てくるならプログラミングはしない……という人もいるかもしれませんが、受験や仕事でいずれ英語は必要になります。この本では、英語のメッセージの意味がなんとなくでもわかるようになることを目指して英

単語の説明を入れています。

コラムについて

ここまでにもすでに登場していますが、この本にはところどころに「コラム」が入っています。短いコラム（ミニコラム）は、本文から少し横道にそれる小話だったり、ちょっとステップアップした話だったりします。英単語の説明もミニコラムの形になっています。また、各レッスンの最後に付けた長めのコラムでは、プログラミングに関する少し高度な知識を紹介しています。

コラムを読み飛ばしても、この本の最後まで理解できるように書いています。コラムの内容が難しそうだなと思ったら、ひとまず読み飛ばして先に進んでください。

 *1.4* **まとめ**

レッスン1では、この本を読みはじめる前に知っておいてほしいことをまとめました。

対象読者 この本のサブタイトルにも含まれているScratchですが、経験者である必要はありません。ブロックを並べて作られたScratchのプログラムははじめて見た人でも理解しやす

いので、本格的なプログラミング言語と見くらべることで「文字ばかりのプログラム」が読めるようになってきます。

この本で学ぶこと この本でこれから学ぶJavaScriptは、学校の教科書でも取り上げられていますし、アプリ開発の世界では最も

使われているプログラミング言語のひとつです。この本では p5.js というアプリの上で、JavaScript を使ってネコのキャラクターを動かします。その p5.js も、クリエイティブコーディングという、美しいグラフィックスのアニメーションをプログラミングで作る世界ではとても有名です。

JavaScript と p5.js がおすすめな理由

JavaScript も p5.js も、はじめての "文字を打ちこむ" プログラミング言語の学習にぴったりですし、そのまま本格的なプログラム開発の世界に飛びこんでいくこともできます。JavaScript は「その次にできること」がとても多いプログラミング言語ですし、p5.js は女性でも男性でも子どもでも大人でも楽しめるプログラミングのプレイグラウンド（遊び場）だからです。

このレッスン1を読んで「よし、やってみよう！」と思えたら、みなさんのパソコンの横に本1冊分の場所をください。いえいえ、何ヵ月も居座ったりなどしませんよ。

Column | AIがあれば、プログラミングはいらない？

最初の「長いコラム」では AI の話をしましょう。2022 年に ChatGPT という AI が登場して世間をおどろかせました。ChatGPT に話しかける（メッセージを送る）と本当の人間のように返事をしてくれますし、何を聞いても答えてくれます。

ChatGPT が得意なのは会話だけではありません、プログラミングも得意です。とくに Python が得意で、「○○するプログラムを Python で書いて」とお願いすれば、あっという間にプログラムを書いてくれます。「プロンプト」と呼ばれるお願い文を書くコツをつかめば、本当に役立つ（使える）プログラムを書かせることもできます。

しかしそうすると、わたしたちがプログラミングを学ぶ意味はもうないのでしょうか。もちろん、そんなことはありません。この先 AI がどれだけ賢くなっても、プログラミングを学ぶ理由はちゃんとあります。

その理由のひとつは、「AI が作ったプログラムが必ずしも正しく動作するとはかぎらない」と

いうことです。もう少し未来の社会では、AI にプログラムを作らせて仕事を自動化できる人たちが活躍するでしょう。とはいっても、仕事で使うプログラムが間違っていては大変なので、その中身が正しいことを必ず確認しなくてはなりません。そのためにはプログラミングの知識が必要です。誰でも手軽に AI が利用できるようになったからこそ、誰もがプログラミングを学ぶ必要があるということです。

もうひとつの理由は単純で、自分の手でプログラミングすることが楽しいからです。自動車よりも速く走れる人間はいませんが、陸上競技で競い合ったり走ることを楽しんだりしている人はたくさんいます。プログラミングにも、競技プログラミングという力くらべの場があります。クリエイティブコーディングのように芸術表現としての楽しみ方もあります。どんなことにせよ、「楽しいから」というのは学習する理由として一番強いですね。

レッスン2

はじめる準備
p5.jsをさわってみよう

　p5.jsのはじめかたはScratchと同じくらい簡単です。何もインストールする必要はありません。最初に一度だけ、メールアドレスを用意してアカウントを作れば、いつでもp5.jsでプログラミングができるようになります。

　操作ボタンは[▶]と[■]のみで、プログラムを書いたら[▶]ボタンを押して実行するだけ。p5.jsのアプリには、Scratchのようなブロックの一覧やタブもなく、とてもシンプルな見た目です。「これで本当に同じことができるのかな？」と心配になるかもしれませんが、Scratchではマウスやタップでやっていたことを、p5.jsではすべて文字を打ちこむことでやってしまうので大丈夫なのです。

　この本では、Scratchのネコのようなキャラクター「ピゴニャン」をp5.jsに呼び出して動かします。ピゴニャンはScratchのネコとそっくりに動くので、2つのプログラムを見くらべながら学ぶことができます。でも、ピゴニャンを動かすためには少しだけ準備が必要です。しっかり準備を整えて、JavaScriptの学習をはじめましょう。

打ちこむ

文字で
プログラミング

間違いがすぐわかる

ネコの
キャラクターが
うごく

2.1
p5.jsのアカウントを作ろう

p5.jsのアカウントを作成しておけば、
アプリに自分のプログラムを保存しておいたり、
誰かに知らせてプログラムを動かしてもらうことができます。
今日の続きをまた明日進めるために、
p5.jsのアカウントを作っておきましょう。

p5.jsを開く

これまで「p5.js」と呼んできたのは、p5.jsをブラウザーで使えるようにした「p5.js Web Editor」というアプリのことです。以降では単に「p5.js」や「ウェブエディター」とします。

では、p5.js(のウェブエディター)を開いてみましょう。Scratchと同じくインターネット上に公開されているので、p5.jsのウェブサイトをブラウザーで開くだけです。

p5.jsのサイトのURL(文字列)は、次のとおりです。

`https://editor.p5js.org`

図2.1 のように「https://」を省略して、「editor.p5js.org」の部分をブラウザーのアドレスバー(ブラウザーの一番上にあるフォーム)に入力すれば、p5.jsのサイトにアクセスできます。

あるいは、インターネット検索で「p5 ▮web」というキーワードを検索すれば、検索結果の先頭のほうに出てきます。URLを打ちこむよりも、こちらのほうが早いかもしれません。検索結果の文字が英語かもしれませんが、迷わずクリックしてください。

miniColumn
ステップアップ

本当は「p5.js」とだけいったときには『ライブラリー』と呼ばれるものを指します。ライブラリーとは「プログラムの命令を集めたファイル」のことで、p5.jsのライブラリーは、JavaScriptでグラフィックスのアニメーションを作るための命令を集めたファイルです。

p5.js Web Editorは、そのp5.jsというライブラリーとプログラムを書くソフトウェア、実行結果を表示する画面などをひとつにまとめた『開発環境』です。この本では詳しく取り上げませんが、自分の好きなソフトウェア(メモ帳など)にp5.jsのライブラリーを読みこめば、p5.js Web Editorを使わなくてもp5.jsのプログラミングができます。

図2.1 ブラウザーでp5.jsのサイトを開く

図2.2 のようなウェブページが開いたでしょうか。メニューが英語でびっくりするかもしれませんが、大丈夫です。画面右上のほうに［English ▼］と書かれたところがあり、右側の［▼］ボタンを押して［日本語］を選べば日本語のメニューになります。

なお、この本の画像（スクリーンショット）は、すべて macOS の Chrome ブラウザーのものです。Windows を使っている場合や、同じ macOS でも Safari ブラウザーの場合は見た目が少し異なります。

アカウントを作る

それでは、p5.js にアカウントを作りましょう。「アカウント」とは、アプリを使うための会員カードのようなものです。p5.js のアカウントを作成することで、自分の作ったプログラムを p5.js に保存できるようになります。

まず、アカウント作成に必要な「メールアドレス」か「自分の Google アカウント」のどちらかを用意してください。メールアドレスのほうは最初に一度使うだけなので、身近な大人に相談してメールアドレスを借りてもかまいません。Google アカウントのほうはログインするたびに使うので、自分専用のものを用意しましょう。学校で使っている Google アカウントがあるかもしれませんが、学校ごとに使い方のルールがあるので、p5.js 用に新しく作成するのがよいでしょう。

p5.js にログインしていない状態だと、図2.3 のように一番右上に［アカウント作成］という

図2.2 p5.js のウェブエディターの画面

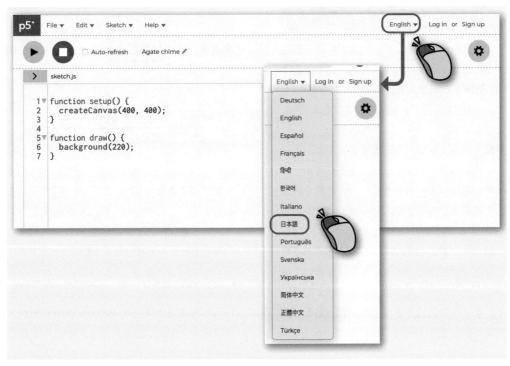

文字列（リンク）が表示されているのでクリックしてください。なお、ここが[Log in or Sign up]という表示になっている人は英語メニューのままです。この本では日本語メニューを想定して説明を行いますので、メニューは日本語に変更してください。

図2.3 アカウント作成のリンク

ユーザー名やメールアドレス、パスワードを入力する「ユーザー登録」画面が出てきたと思います 図2.4 。

ユーザー登録する

ユーザー登録は、🅐メールアドレスで設定する方法と、🅑Googleアカウントを使う方法の2種類から選びます。[GitHubでログイン]というボタンもありますが、この本では説明を省略します。

🅐メールアドレスで設定するときは、ユーザー名とパスワードも一緒に設定します。ユーザー名は、まだ使われていない名前を探し当てる必要があります。ユーザー名を入力したときに 図2.5 のような赤い文字（"This username is already taken."）が表示される場合は、その名前は他の人がすでに登録して使っているということです。他の人がまだ使っていない別の名前を考えてユーザー名を入力し直しましょう。

図2.4 ユーザー登録画面

図2.5 すでに登録されているユーザー名を指定した場合

準備ができたら[アカウント作成]ボタンを押します。ここで登録した**ユーザー名とパスワード**は忘れないように気をつけてください。

もうひとつの方法である、🅑Googleアカウントでユーザー登録したい人は、下の方にある[Googleでログイン]ボタンを押します。こちらの方法ではユーザー名やメールアドレスの設定をスキップしてログインすることができます。パスワードを求められたらGoogleア

カウントのものを入力します。

Googleアカウントでログインしたときは、ユーザー名はGoogleアカウントの名前(Gmailアドレス)になります。p5.jsのユーザー名はあとから変更できます。プログラムを公開するURLにユーザー名が含まれるので、ログインしたらすぐに変更することをおすすめします。

ログインする

メールアドレスやGoogleアカウントでログインすると、p5.jsの画面がログインした状態になります。 図2.6 のように、画面右上に「こんにちは, ユーザー名 !」と表示されていたらログイン成功です。

図2.6 ログイン後のp5.jsの画面

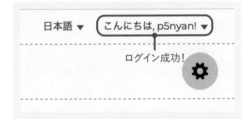

なお、 図2.6 の例では「p5nyan」というユーザー名でログインしています。この本のp5nyanは「ピゴニャン」と読みます。ピゴニャンはこの本のマスコットであり、みなさんがこれからプログラムを書いて動かすキャラクターです。

メールアドレスの確認

メールアドレスでユーザー登録した人は、メールアドレスの認証(にんしょう)が必要です(Googleアカウントによるユーザー登録の場合は不要です)。

先ほど登録したメールアドレスあてに「p5.js Email Verification(イーメール ベリフィケーション)」という件名のメールが届いているはずです 図2.7 。届いていなければ、迷惑(めいわく)メールフォルダーに入っていないか確認してください。

英語のメールが届いておどろくかもしれませんが、メールの中にある[Verify Email]という(ベリファイ)

図2.7 メールアドレスの認証

miniColumn
みちくさ

p5.jsにログインするとき、[Cookies]と書かれた画面(ポップアップウィンドウ)が表示されるかもしれません。これは、ログイン情報などをブラウザーに覚えさせておく「クッキー」というしくみを使ってよいか……というp5.jsからの質問です。[すべて許可(Allow All)]と[必要項目を許可(Allow Essential)]のどちらを選んでもかまいません。なお、ここでクッキーを「すべて許可」にすると、ログイン情報以外のさまざまな情報がp5.jsのウェブサイトに送られますが、それらの情報が悪用されるのではないかという心配は不要です。

うボタンを押してください。ボタンを押しても何も変わらない場合は、その下の方にあるURL（httpsではじまる青い文字列）をクリックするか、そのURLをブラウザーのアドレスバーに貼りつけて [Enter] キーを押します。

これでアカウントの作成は完了です。

ユーザー名の変更

ユーザー名を変更したい場合は、ログインした状態で、画面右上の「こんにちは, ユーザー名!」の右側の[▼]をクリックし、[設定]という項目を選びます 図2.8 。

図2.9 のような[アカウント設定]の画面が

図2.8 設定メニュー

図2.9 アカウント設定

表示されるので、「ユーザー名」のフォームだけを書きかえてください。そして、一番下の[すべての設定を保存]ボタンを押します。

デスクトップにアイコンを作る

Scratchを使っていたときは、パソコンの画面（デスクトップ）にScratchのアイコンがあって、それをクリックしてアプリを開いていた人もいるかもしれません。p5.jsもデスクトップにアイコンを置いておくことができます 図2.10 。

p5.jsが開いている状態で、ブラウザーのアドレスバーの左端にある[🔒]マークをデスクトップまでドラッグしてください。Scratchを知っていれば「ドラッグ」はおなじみだと思いますが、マウスの左ボタンを押しこんだまま動かすことです。デスクトップでマウスボタンを離すと、そこにアイコンができます。

アイコンの見た目や下に書かれた名前はWindowsとmacOSで異なります。

試しに、ブラウザーで開いているp5.jsのタブ（またはブラウザー）を閉じて、アイコンをダブルクリックしてください。ブラウザーにp5.jsのページが開いたら成功です。

図2.10 デスクトップにアイコンを置く

ログイン状態を確認する

p5.jsを開いたとき、右上が「こんにちは，
ユーザー名!」になっていればログインされてい
る状態です。p5.jsを閉じてもパソコンの電源
を切っても、通常はログインされた状態でま
たp5.jsが開きます。

しかし、まれに勝手にログアウトされてし
まうことがあります。もしログアウトされて
図2.11 のように[ログイン]と表示されていた
ら、[ログイン]という文字(リンク)からもう
一度ログインしてください。

図2.11 ログインしていないときの画面

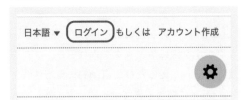

[ログイン]リンクをクリックするとログイ
ン画面 図2.12 が開くので、アカウントを作っ
た方法(Ⓐメールアドレスか、ⒷGoogleアカ
ウント)でログインしてください。メールアド
レスで設定した人はユーザー名でもログイン
できます。

練習のために、ログイン状態だった人も、
一度ログアウトしてからログインしてみると
よいでしょう。ログアウトは「こんにちは，
ユーザー名!」のメニューから選べます 図2.13 。

図2.12 ログインする

図2.13 ログアウトする

2.2
p5.jsの基本操作

アカウントが作れたら、p5.jsを動かして基本操作を覚えましょう。
ここで覚えるのは、プログラミングの用語をいくつかと、
プログラムの実行と停止、ファイルの保存とファイル名の変更です。

p5.jsの画面構成を知る

p5.jsの画面を順に見ていきましょう 図2.14 。
まず、 図2.14 ❶ がメニューバーです。[ファイル]メニューの中には[開く]や[別名で保存]など、よく使う機能があります。

図2.14 ❷ にある[▶]は実行ボタンで、p5.jsのプログラムを実行します。[■]は停止ボタ

ンです。この本に出てくるプログラムは最後の行まで実行されると自動的に止まるので、停止ボタンを使うのはプログラムを途中で終わらせたいときだけです。

[■]ボタンの右側にある「自動更新」のチェックボックスにチェックを入れると、プログラムを書きかえるたびに自動的に実行されます。p5.jsに慣れるまではチェックを外してお

図2.14 p5.jsの画面構成

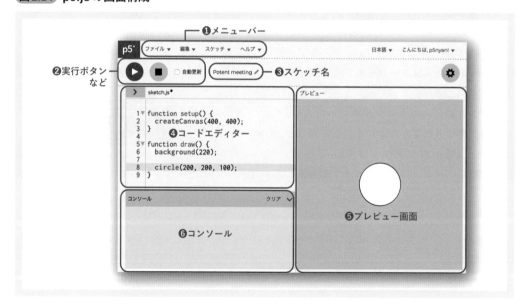

いてください。

図2.14 ❸ にある「Potent meeting」という文字は、開いているプログラムの名前です。最初の名前はp5.jsが自動的に付けるので、みなさんの画面では違う名前になっていると思います。

なお、p5.jsではプログラム（のファイル）のことを「**スケッチ**」と呼びます。Scratchでは「プロジェクト」と呼ばれていたものにあたります。

ペイン

図2.14 の画面の下の部分は、❹❺❻の3つの区画に大きく分かれています。このように画面を仕切ってできる区画のことを「**ペイン**」といいます。「ペイン」は、アプリの画面の説明でよく使われる用語なので覚えておきましょう。

ペインとペインのあいだの境界線をドラッグして動かすと、ペインの大きさを変更できます。とくに、コードエディターとコンソールのあいだは、普段はコードエディターを大きくしておいて、必要になったらコンソールを広げる……ということをよくします。

コードエディター

図2.14 ❹ のペインは「コードエディター」といい、『**プログラムコード**』を書くところです。プログラムコードとは、「文字を打ちこむプログラミング言語」の"文字"のことです。もっと短く『**コード**』と呼ぶことが多いです。

これまで「プログラムを書く」という表現をしてきましたが、"プログラム"とは「プログラムコードで書かれたもの」を指す、もっと意味の広い言葉です。これからみなさんがキー

ボードで打ちこんでいくのは、プログラムそのものではなく、プログラムコードです。

コードエディターには、コードに問題があるときに、その場所を色付けして示してくれる機能もあります。文法の間違いである『**エラー**』には赤色の帯や波線、不適切な書き方に対する『**警告**』（ワーニング）には黄色の帯や波線が表示されます。

プレビュー画面とキャンバス

図2.14 ❺ のペインは「プレビュー画面」といい、プログラムの実行結果が表示されます。preview はカタカナ英語にもなっていますが、「試しに表示する」という意味です。

図2.14 ❺ のプレビュー画面には白い円が表示されていますが、みなさんの画面にはまだ何も表示されていないと思います。図2.14 ❹ のコードエディターには円を描く命令（8行目の circle ... の行）が記述されており、その実行結果が表示されています。これについては、あとで一緒に試してみましょう。

p5.jsではプレビュー画面のことを「**キャンバス**」ともいいます。正確には、プレビュー画面の中に、ウェブページのcanvasというしくみ（要素）がぴったりはまりこんでいます。図2.14 ❺ は、 プレビュー画面にキャンバスが描かれ、その上に白い円が描かれた状態です。

コンソール

図2.14 ❻ のペインは『**コンソール**』といいます。聞き慣れない言葉かもしれませんが、本格的なプログラミングの開発では必ず使う画面です。どのようなプログラミング言語の開発環境にもコンソールは用意されています。

図2.15 コンソールに表示されるメッセージの例

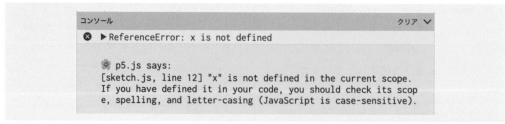

コンソールには、エラーや警告の具体的なメッセージ（文章）が表示されます **図2.15** 。このコンソールにエラーも警告も表示されなくなるまでコードを修正していくのが、プログラミングの第1段階です（そして第2段階は「考えたとおりに動かすこと」です）。

p5.jsを実行してみる

p5.jsのウェブエディターは、最初からコードが入力されている状態で開きます。みなさんの画面にも次のコードがすでに入力されていると思います。 **コード2.1** の「最初のコード」（最初のスケッチ）の詳しい説明は、この本では最後に行います（レッスン14を参照）。

コード2.1 最初のコード

```
function setup() {
  createCanvas(400, 400);
}

function draw() {
  background(220);
}
```

まずこの状態で実行ボタン[▶]をクリックしてください。 **図2.16** のように、プレビュー画面に灰色の四角が表示されたかと思います。

停止ボタン[■]を押すとプログラムの実行が終わり、灰色の四角が消えます。ウェブエディターに最初から入力されているコードに

は、この灰色の四角を表示する命令が書かれていたということです。

p5.jsのコードについては次回のレッスン3以降で詳しく説明していきますが、ひとまず読んでみると、function、setup、createCanvas、draw、backgroundといった英単語が並んでいます（いまは、意味はわからなくて大丈夫です）。

このうち、createCanvas(400, 400);が四角を表示する命令で、background(220);がその四角を灰色にぬりつぶす命令です。ちなみに、この灰色の四角がプレビュー画面のところで紹介した「キャンバス」です。

miniColumn

English

Englishコラムでは、プログラミングの用語の英語表現を紹介していきます。

- コード **code**
- コンソール **console**
- エラー **error**
- 警告 **warning**
- ペイン（区画） **pane**

"code"という英単語には「規約」（ルール）という意味があります。プログラムコードは、コンピューターに守らせたい規約（ルール）ということですね。

図2.16 p5.jsの「最初のコード」の実行結果

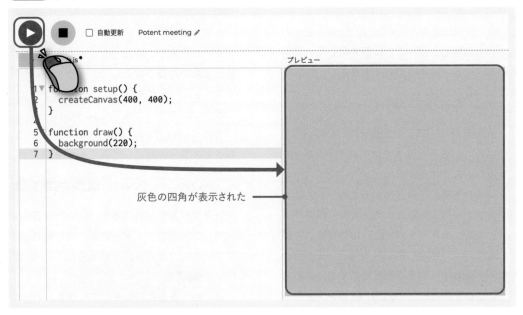

灰色の四角が表示された

円を描いてみる

では、このコードにひとつだけ命令を書き加えてみましょう。6行目の**background(220);**という命令の下に、何も書かない行をはさんで、**circle(200, 200, 100);**と書き足してみてください。

```
function draw() {
  background(220);

  circle(200, 200, 100);  // 追加
}
```

なお、「**// 追加**」という部分は書き写さなくてもかまいません。この部分については後で説明します。

いま書き足してもらったcircleというのは「円」という意味で、キャンバスに円を描く命令です。命令の最後の**;**は「セミコロン」といって、日本語のキーボードだと🇱のキーの右

側にあります。1文字でも違っているとプログラムが動かないので注意してください。

書けたら実行ボタン[▶]をクリックしてみましょう。白い円が表示されたでしょうか。うまくいった人はおめでとうございます。これがあなたのはじめてのp5.jsプログラミング、いわゆる「Hello World!」[1]です。

書き写し間違えた人は残念、白い円が表示されず、コンソールに英語でエラーのメッセージが表示されていると思います（このあとで説明します）。「circle」のつづりや書きこんだ場所が間違えていないかを確認してみましょう。

---

[1] C言語の開発者たちが書いた『プログラミング言語C』という有名な本の影響で、はじめて学ぶプログラミング言語の最初の実行（出力）のことを「Hello World!」といいます。

参考『プログラミング言語C 第2版』（Brian W. カーニハン／ D.M. リッチー著、石田晴久訳、共立出版、1989年）、原著『The C Programming Language』の初版は1978年発行

コメント

さて、先ほどのコードの「// 追加」と書かれている部分ですが、ここは書き写していてもいなくても、結果は変わりません。

```
circle(200, 200, 100);  // 追加
```

上記の // からはじまる部分は『コメント』と呼ばれ、// から行末まではプログラムコードとみなされません。

コメントは、プログラマーがコード内にメモを残すために使われます。また、コメントは一時的にコードを無効にしたいときにも使います。コードの先頭に // を付けてその行のコードを無効にすることができます。このようにコードを無効にすることを『コメントアウト』といいます。

```
// circle(200, 200, 100);  // 追加
```
↑行頭に「//」をさらに追加

コメントにはもうひとつ、スラッシュ「/」とアスタリスク「*」を使った /* コメント */ という記法もあります。こちらの記法では、複数行をまとめてコメントアウトしたり、行の一部分だけをコメントアウトすることができます。

複数行をまとめてコメントアウトする
```
/*
  background(220);
  circle(200, 200, 100);  // 追加
*/
```

行の一部分だけをコメントアウトする
```
circle(200, /*200*/, 100);
```

なお、/* */ の内側に // を入れることはできますが、/* */ の内側に /* */ を入れることはできません。

エラーを起こしてみる

さて、はじめてのp5.jsプログラミングがうまくいった人も、間違ってしまった場合を体験しておいたほうがよいでしょう。プログラムコードに問題が見つかることを「エラーが起こる」とか「エラーが生じる」といいます。

では、「circle」から "r" を消して「cicle」とし、わざとエラーを起こしてみてください。

```
cicle(200, 200, 100);  ←わざとエラーを起こす
```

プログラムを実行すると、白い円が表示されず、コードエディターに赤い帯が現れ、コンソールに大量英語が表示されていると思います 図2.17。

はじめて見るとびっくりするかもしれませんが、p5.jsのエラーでパソコンが壊れることはないのでどんどん間違ってください。プログラミングに限ったことではありませんが、人は失敗から物事を学びますので。

エラーメッセージ

コードエディターの赤い帯がエラーの場所を示していることはわかりやすいのですが、そこにはエラーの内容までは書いていません。エラーの内容は、コンソールに英語で書かれています。大丈夫、読まなくてはいけない英語はほんのちょっとです。

コンソールの中に 図2.18 のように赤い文章が表示されていない人は、コンソールペインの上にある「コンソール」と書かれた濃い灰色の帯の上端をドラッグし、コンソールペインを上に広げてください。すると、図2.18 のように赤文字の文章が出てくると思います。読み取るべき英語はこの赤色の1行だけです。

図2.17 わざとエラーを起こしてみる

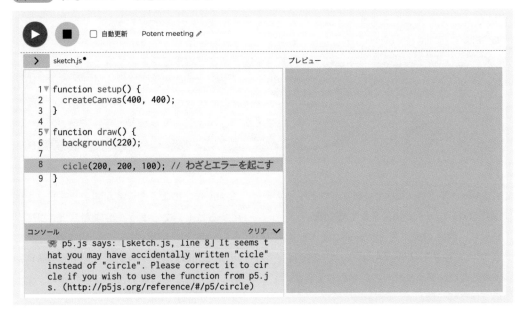

図2.18 エラーメッセージ

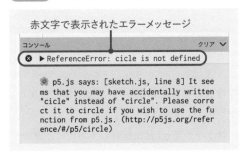

図2.18 の赤文字のメッセージは「Reference Error: cicle is not defined」と書かれています。先頭の「ReferenceError」（リファレンスエラー）というのはエラーの種類で、エラーの内容は「cicle is not defined」（イズ ノット デファインド）の部分です。

どうでしょう、中学1年くらいの英語です。「cicle は defined ではない」と書かれていて、defined（デファインド）は「定義されている」（ていぎ）という意味です。「cicle は定義されていない」、つまり、そんな命令はないよ……ということですね。

なお、p5.jsのバージョンによってエラーメッセージが変わることがあるので、みなさんの画面と違っていたらこの本の著者のサポートサイトを確認してみてください。

本格的なプログラミングの開発では英語の読み取りはどうしても必要になります。しかし、プログラミングのエラーや警告のメッセージはワンパターンなので、いくつか英単語を覚えてしまえば怖くありません。サポートサイトにはp5.jsでよく見るメッセージをまとめていますので、エラーメッセージが読み取れないときには確認してください。

翻訳機能を使う

英語の読み取りの大切さを語ったばかりですが、英語のメッセージが出たらひとまずブラウザーの翻訳機能（ほんやく）を使って調べる……という手もあります。調べたい英文をマウスで選択し

図2.19 ブラウザーの翻訳機能

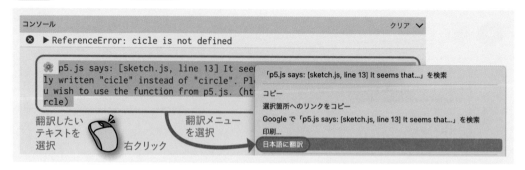

て右クリックすると、たいていのブラウザーでは「翻訳」のメニューが出てきます **図2.19**。

試しに、灰色の長いメッセージのほうをブラウザーで翻訳してみましょう。ここではChromeというブラウザーの例を示しますが、他のブラウザー（EdgeやSafariなど）にも似たようなメニューがあります。結果は **図2.20** のようになります。

ブラウザーの翻訳機能はプログラミング用ではないため、一部おかしなところがあります。「丸に直してください」の部分は「circleに直してください」が正解ですね。でも、書かれていることはなんとなくわかります。

もっと長いメッセージを翻訳するなど、ブラウザーの翻訳機能では物足りないときは、

図2.20 翻訳結果

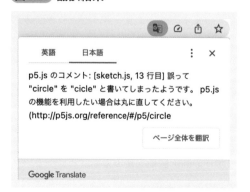

DeepLなどのより高性能な翻訳サービスを使用するとよいでしょう。生成AI（ChatGPTなど）も翻訳に利用することができ、「次のJavaScriptのエラーメッセージを日本語に翻訳してください。」と前置きしてからメッセージを貼り付けて質問すると、"circle"を「丸」ではなく関数名として翻訳してくれます。

スケッチを保存する

さて、p5.jsの操作方法の話に戻りましょう。次は、自分で作ったプログラムコードを保存したいと思います。p5.jsではこれを「スケッチ」というのでした。

スケッチをp5.jsに保存しておけば、ブラウザーを閉じたりパソコンをシャットダウンしたりしても、また続きから開くことができます。スケッチの名前はスケッチが新しく作られたときに自動的に決められており、コードエディターの上にある鉛筆マークの左側に書かれています **図2.21**。

図2.21 スケッチの名前（変更前）

そのままでは意味のわからない英単語になっていますので、わかりやすい名前に書きかえましょう。スケッチ名をクリックすると書きかえられるようになります **図2.22**。日本語で名前を付けてもかまいません。

図2.22 スケッチの名前の変更

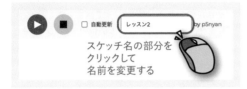

スケッチの名前を変えただけではまだ保存できていません。左上の[ファイル]メニューから[保存]を選んでください。ブラウザーの上部から「スケッチを保存しました」という小窓(ダイアログ)が出てくると思います。

なお、スケッチをはじめて保存したときにだけ、続けて「自動保存を有効にしました」と表示され、以降、時間が経つとスケッチを自動的に保存してくれるようになります。自動保存されると、コードエディターの右上に「保存されました：○分前」といったメッセージが表示されます。

スケッチの上書き保存

スケッチの名前を設定するのは最初の1回だけで、あとは同じ名前のまま保存の操作(上書き保存)をくり返します。自動保存もしてくれますが、p5.jsを間違って閉じてしまうこともあるので、コードを編集するたびにスケッチを保存する習慣を身につけるとよいでしょう。

スケッチが保存されていない状態のときは、コードエディターの上に書かれた「sketch.js」

という文字の右上に［●］が付きます **図2.23**。上書き保存すると［●］が消えます。

図2.23 保存されていないときの表示

なお、スケッチが保存されていても、p5.jsのタブやブラウザーを閉じようとすると「このサイトを離れますか？」といった確認の小窓が表示されることがあります。「sketch.js」の横に［●］が付いていなければそのまま閉じてかまいません。

保存のショーカットキー

ところで、プログラマーは通常、ショートカットキーを使ってキーボードだけでスケッチを保存します。スケッチの保存に限らず、ショートカットキーが使えると便利＆かっこいいので、少しずつ練習して身につけましょう。

Windowsの人は `Ctrl` と書かれた「コントロールキー」を押しながら `S` キーを押します。macOSの人は `⌘` と書かれた「コマンドキー」を押しながら `S` のキーを押します。この本ではこれを `Ctrl`-`S` (`⌘`-`S`)と表記します。ちなみに、Sはsave(保存する)の頭文字です。

なお、p5.jsの画面が選択されていない状態でショートカットキーで保存しようとすると、p5.jsのスケッチではなく、ウェブサイトを保存しようとしてしまいます。 **図2.24** のような画面が出たらキャンセルして、p5.jsの画面をクリックしてからもう一度スケッチを保存してください。

図2.24 **p5.jsの画面が選択されていない状態で** Ctrl - S (⌘ - S)

てプログラミングの続きを再開することができます。

保存したファイルを開く

スケッチが保存できたら、ちゃんと開けるか試してみましょう。p5.jsのタブ（あるいはブラウザー）を一度閉じて、デスクトップのアイコンからp5.jsをまた開いてください。図2.6（p.23）のようにちゃんとログインできているかも確認します。

［ファイル］メニューから［開く］を選ぶと、図2.25 のようなスケッチの一覧の画面に切りかわります。人によっては、もっとたくさんのスケッチが並んでいるかもしれません。

ここで、「レッスン2」などの名前をクリックすると、保存したスケッチが開きます。このようにして、前に保存したスケッチを使っ

miniColumn
みちくさ

p.27に出てきた「コンソール」という言葉は、それが使われる分野によって指すものが異なります。たとえば、ゲームの世界で「コンソール」というとゲーム機の本体（家庭用ゲームやアーケードゲームなど）を指します。また、学校の視聴覚室にあるような、スイッチなどが並んだ操作盤（制御卓）を「コンソールパネル」といったりします。これらには共通して「制御するもの」という意味合いがあります。

miniColumn
English

● 背景	バックグラウンド **background**
● 円	サークル **circle**
● 描く	ドロー **draw**
● コメント	コメント **comment**
● 保存する	セーブ **save**

図2.25 スケッチ一覧の画面

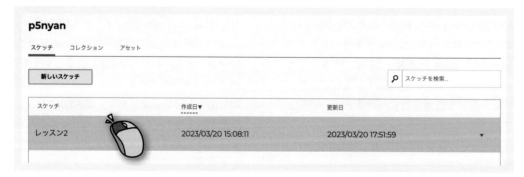

ピゴニャンを動かす準備

この本では、ピゴニャンというキャラクターを
Scratchのように動かしながらプログラミングを学んでいきます。
そのために、最初にひと手間かけてもらう必要があります。

ピゴニャン

　Scratchとp5.jsをくらべながら学ぶには、p5.jsでもネコを動かせるようにしておかなくてはなりません。Scratchといえば、まずはネコを動かしますね。Scratchのネコ（名前はないらしい）は、ブロックの命令にしたがって、1秒ずつ止まりながら10歩ずつ動いたり、90°回転したり、何か話したりします。

　しかし、p5.jsにはネコはいませんし、ネコのようなものをプログラミングで描くとしても、それを1秒ずつ止めながら10歩ずつ動かそうとするプログラムコードは入門者には難しくなってしまいます。

　そこで、p5.jsの上でScratchのように簡単に動かせるネコを、この本のために用意しました。それが「ピゴニャン」です 図2.26。p5.jsの中身はJavaScriptなので、グラフィックスのアニメーション以外にもやろうと思えばいろんなことができるんですね。

　ただ、このピゴニャンをみなさんのp5.jsで動かせるようにするには、まず「ピゴニャンのスケッチ」を開いてから、それを別の名前で保存する必要があります。

図2.26 ピゴニャン（と魚たち）

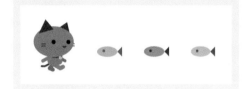

ピゴニャンのスケッチ

　「ピゴニャンのスケッチ」は、著者のサポートサイトにあるリンクから開くことができます。リンクをクリックすると、みなさんのp5.jsで「ピゴニャンのスケッチ」が開きます 図2.27。

　図2.27 のスケッチは「p5-sprite ✏ by p5nyan」のように表示されていると思います。これは、ユーザーp5nyanによって公開されている「p5-sprite」という名前のスケッチを開いた状態を示しています。

　以降、このスケッチのことを、この本では「ピゴニャンのスケッチ」と呼びます。レッスン3からは、この「ピゴニャンのスケッチ」を使ってプログラミングを学習していきます。

はじめる準備 p5.jsをさわってみよう

図2.27 「ピゴニャンのスケッチ」を開く

ユーザー「p5nyan」によって公開された
「p5-sprite」という名前のスケッチを開いている

図2.28 ［別名で保存］からファイル名の設定

［ファイル］-［別名で保存］のあと、
スケッチ名を変更する

図2.29 「ピゴニャンのスケッチ」を実行

別名で保存する

さて、先ほどの「ピゴニャンのスケッチ」を実行したり、書きかえたりすることはできます。しかし、このスケッチはまだ"他人"のものなので、自分のp5.jsに保存することができません。自分のp5.jsに保存するためには、スケッチの名前を変えて保存しなおす必要があります。

［ファイル］メニューから［別名で保存］を選んでください。図2.28のようにスケッチ名が「p5-sprite copy」に変わるので、好きな名前に変えて保存してください（図中のユーザー名という部分にはみなさんのユーザー名が入ります）。この［別名で保存］はこれから何度も使うことになります。

名前を変えて保存したら、そのまま何も書きかえずに実行ボタンを押してみてください。図2.29のように白いキャンバスにネコ（ピゴニャン）が表示されたら成功です。

ピゴニャンのコード

「ピゴニャンのスケッチ」に最初から書かれているコード2.2を確認しておきましょう。

見てのとおり、「ピゴニャンのスケッチ」はp5.jsを最初に開いたときに入力されているコード2.1とは内容が違っています。プログラムコードの6行目にstart(100, 200);という命令が追加されています。この命令によ

コード2.2 ピゴニャンのスケッチ

```
/* jshint esversion: 8 */
// noprotect

function setup() {
  createCanvas(480, 360); // キャンバスを用意する
  start(100, 200); // ピゴニャンを呼び出す
}

async function draw() {
  await sleep(1); // 最初に1秒待つ
}
```

ってピゴニャンが呼び出され、キャンバスに描かれます。

「ピゴニャンのスケッチ」の注意点は次のとおりです。

- **先頭1〜2行目のおまじないのようなコメントは必要なので、消さない（そのまま置いておく）**
- **9行目の`function draw()`の前に「`async`」というキーワードが追加されているが、これも消さない**

これらについての説明は本文では省略しますが、難しくても知りたいという人に向けてこのレッスン2の最後のコラムで紹介します。

毎回やってもらうこと

さて、次回のレッスンからいよいよピゴニャンを使ったプログラミングの学習をはじめるわけですが、毎回してもらわなければならない作業があります。

p5.jsは開くたびに「新しいスケッチ」を自動的に新しく作成します。前回の続きに取り組みたいときは、「ファイル」メニューから[開く]を選んで、保存しておいた前回のスケッチを開く必要があります。

また、新しく「ピゴニャンのスケッチ」を作りたいときには2つの方法があります。ひとつめは、ここまでに行った以下の作業を繰り返す方法です。

方法1

❶ **サポートサイトから「ピゴニャンのスケッチ」を開く**

❷ **別名で保存する**

もうひとつは、自分が編集していた「ピゴニャンのスケッチ」を[別名で保存]する方法です。

方法2

❶ **自分が編集していた「ピゴニャンのスケッチ」を開く**

❷ **別名で保存する**

自分で途中まで書いたプログラムコードを新しいスケッチでも続けて使いたい場合は、方法2で進めましょう。

miniColumn
みちくさ

p5.jsにコードを打ちこもうとしたとき、**図C2.a**のように英単語が下に出てきた人はいるでしょうか。これはAutocomplete Hinter（自動補完）といって、p5.jsやJavaScriptで使える命令の一覧を表示してくれる便利な機能です。しかし、この本で使う命令はその一覧の中に出てこないので、設定からオフにしておいてください。画面の右上にある歯車のアイコン（**図2.6**など参照）をクリックすると、**図C2.b**のような「設定」画面が開きます。項目を探して「オフ」を選んでください。

図C2.a Autocomplete Hinter

```
5 ▽ function draw() {
6     background(220);
7
8     circle(x, y, d)
9 }   circle          fun →
```

図C2.b 設定画面

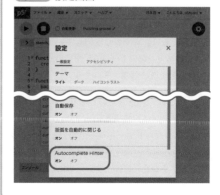

2.4
まとめ

レッスン2では、p5.jsと「ピゴニャンのスケッチ」を使ってプログラミングの学習をはじめる準備について説明しました。

p5.jsのアカウント作成 p5.jsのアカウントを作成しておけば、自分で書いたコード（スケッチ）に名前を付けて保存しておくことができます。おもしろいプログラム（作品）が作れたら、家族や友人に手軽に共有することができます。

英語の読み取り これから先、英語のエラーメッセージや警告メッセージを何度も目にすることになります。ブラウザーの翻訳機能を使ってもよいのですが、中学1年くらいの英文法なので、中学生以上の人は翻訳なしでも読めるようになっていきましょう。

ピゴニャンのスケッチ 次回のレッスンに進むために必要な作業は、「ピゴニャンのスケッチ」を用意することです。この本のコードを打ちこむときに新しいスケッチで書きたくなったら、［ファイル］-［別名で保存］という手順で新しい「ピゴニャンのスケッチ」を開いてください。少し手間ですが、操作にはすぐに慣れると思います。

さあ、"文字を打ちこむ"プログラミングの学習をはじめる心の準備はできたでしょうか。新しい「ピゴニャンのスケッチ」を用意して、次のレッスンに進みましょう。

Column | ピゴニャンのおまじない

2.3節で登場した「ピゴニャンのスケッチ」のおまじないの意味を知りたい……というみなさんのためにこのコラムで少し説明していきましょう。

「ピゴニャンのスケッチ」が通常のp5.jsのスケッチと異なるのは次の3点です。

❶ピゴニャンをp5.jsに呼び出して動かすためのライブラリーが追加されている

❷p5.jsのコードエディターで警告が表示されないようにコメントが追加されている

❸プログラムを一時停止するためにasync/awaitという機能を使っている

つまり、「ピゴニャンのスケッチ」を別名で保存しなくても、通常のp5.jsのスケッチを開いて❶❷❸の3点を自分で書き加えれば、ピゴニャンが動くということです。なお、これらはピゴニャンを動かしながら本書で学んでいくために必要なもので、p5.jsの本来の使い方でプログラミングするときには必要ありません。

❶については、このレッスン2のステップアップコラムでも軽く説明しました。ライブラリーとは「命令を集めたファイル」のことで、「ピゴニャンのスケッチ」にはピゴニャンを動かすための命

令を集めたライブラリーが読みこまれています。

どこでライブラリーが読みこまれているか見てみましょう。コードエディターの左上の「sketch.js」という文字の左に［＞］というマーク（ボタン）があります。ここを押すと、［＞］は［＜］に変わり、**図C2.a**のように「スケッチファイル」として3つのファイル名「index.html」「sketch.js」「style.css」が現れます。

図C2.a　スケッチファイル

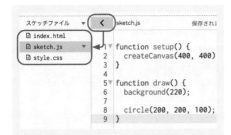

p5.jsのスケッチはこの3つのファイルで構成されており、みなさんがこれまで編集してきたのはこのうちの「sketch.js」というファイルだったわけです。そして、スケッチファイルの一覧からindex.htmlというファイルを選ぶと、6行目に次の1行が書かれています。

```
<script src="https://p5nyan.github.
io/p5-sprite.js"></script> 実際は1行
```

これがライブラリーを読みこむためのコードで、「p5-sprite.js」というライブラリーをインターネットから読みこんでいます。このファイルの中に、ピゴニャンを描画したり動かしたりする命令が書かれています。

❷について、コードエディターの先頭にある2行のコメントは、ピゴニャンのライブラリーを読みこんだときに警告が表示されないようにするための記述です。

```
/* jshint esversion: 8 */
// noprotect
```

1行目のコメント/* jshint esversion: 8 */は、p5.jsに組みこまれている文法チェック機能のバージョンを指定しています。p5.jsのウェブエディターで使用されている文法チェック機能のバージョンが古く、後で述べるasync/awaitで警告が出てしまうので、新しいバージョンを強制的に指定しています。ウェブエディターがバージョン8以上に更新されれば、いずれ書かなくてもよくなります。

2行目の// noprotectは、"無限ループ"という危険なコードを検出する機能を無効にするための記述です。こちらはピゴニャンのライブラリーの都合で必要となります。レッスン7や8で繰り返し構文を学ぶと、無限ループとなるコードを自分でも書いてしまう可能性があります。「noprotect」のおまじないを追加することで、そうした危険なコードをウェブエディターが見つけて注意してくれなくなりますが、無限ループが起こってもブラウザーが固まる（止まる）くらいなので心配することはありません。

❸について、p5.jsには、Scratchの「○秒待つ」に対応する命令がもともとありません。「ピゴニャンのスケッチ」では、この「○秒待つ」を実現するためにJavaScriptのasync/await という機能を使っています。

9行目のfunction draw()の前に「async」というキーワードが追加されていることは本文でも述べましたが、これはその次の行のawait sleep(1);の「await」というキーワードとセットになっています。awaitが付けられた命令が実行されているあいだ、asyncの付いているdrawの{ }内が一時停止します。

```
async function draw() {
  await sleep(1); // 1秒待つ
}
```

async/awaitの詳しい説明はこの本の範囲を超えるので省きますが、JavaScriptのプログラムを一時的に止めるにはこの機能が必要になります。

3

関数呼び出し
ピゴニャンに
命令してみよう

　レッスン3では『関数』の使い方について学びます。JavaScriptの関数は
Scratchの四角いブロックにあたります。関数を上から順に書き並べてい
くことで、ピゴニャンを動かしたりしゃべらせたりできるようになります。
たとえば、コードにmove(50);と書けば、ピゴニャンが50歩動きます。

　命令が文章で書かれているScratchのブロックとは違って、
JavaScriptの関数は「英単語」と（　）だけで表現されます。この英単
語の部分（moveなど）が関数の名前で、その後ろに（　）を付けて書
くことを『関数呼び出し』といいます。「呼び出し」といわれる理由は、
関数の名前を1行書くだけで、別の場所にある関数の本体（命令の集
まり）を魔法のように"呼び出す"ことができるからです。

　関数呼び出しのとき、（　）の中に書く「50」などの値を『引数』とい
います。この引数をうまく指定することによって、プログラムを思
いどおりに動かすことができます。何個の引数を使うことができる
かは関数によって変わります。いろいろな関数の機能と引数の役割
を覚えると、できることがどんどん増えていきます。

　レッスン3では、ピゴニャンを動かすための関数をいくつか紹介
します。ピゴニャンを動かしながら、関数呼び出しや引数の使い方
に慣れていきましょう。

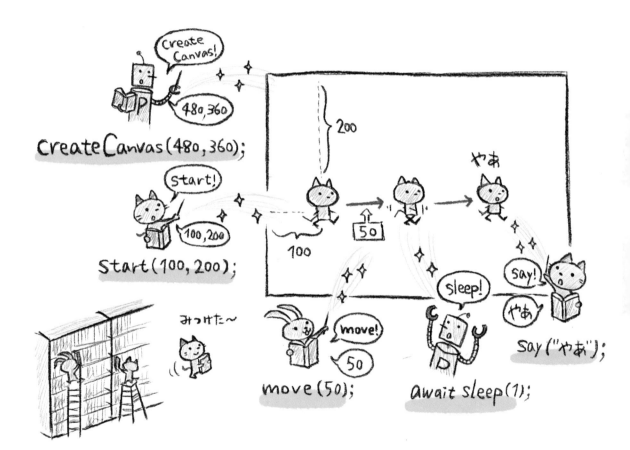

CreateCanvas(480,360);

Start(100,200);

move(50);

await sleep(1);

Say("やあ");

3.1
コードを書いてみよう

まずはネコをまっすぐ歩かせる簡単なプログラムで
Scratchのブロックとp5.jsのコードを見くらべてみましょう。
JavaScriptの文法を学びはじめる前に、
押さえておくべきプログラミングの基本がいくつかあります。

はじめてのコード比較

Scratchを知っている人は、それをはじめて触ったときも、[○秒待つ]ブロックと[○歩動かす]ブロックを使ってネコを歩かせたのではないでしょうか。 図3.1 の左側には、そん

なつかしい感じのScratchのプログラムを示しています。そして、 図3.1 の右側には同じ内容のJavaScriptのコードを並べています。

Scratchのブロックとコードの対応がわかりやすいように、背景にうすく色を付けてあります。左右を見くらべると、Scratchの

図3.1 歩いてしゃべる比較コード

```
/* jshint esversion: 8 */
// noprotect

function setup() {
    createCanvas(480, 360);    // キャンバスを用意する
    start(100, 200);           // ピゴニャンを呼び出す
}


async function draw() {
    await sleep(1);   // 最初に1秒待つ
    move(70);
    await sleep(1);
    move(70);
    await sleep(1);
    move(70);
    say("こんにちは！");
}
```

[70歩動かす]ブロックは、JavaScriptでは move(70);と書けばいいことがわかりますね。ちなみに、このように「例」として示したコードのことを「サンプルコード」といいます。

このサンプルコードが何をしようとしているのかは、Scratchのブロックを見れば（Scratchを知らなくても）なんとなくわかると思います。ネコを70歩動かしては1秒止めて……を3回繰り返して、最後に「こんにちは！」と言わせています 図3.2。

図3.2 Scratchの実行結果（歩いて話す）

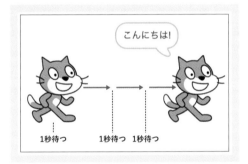

コードを打ちこむ準備

サンプルコードを見つめているだけでは何も動かないので、さっそく自分のp5.jsにコードを書き写して実行してみましょう。

「ピゴニャンのスケッチ」は用意できたでしょうか。レッスン2で作ったスケッチをそのまま使い回してもよいですし、[別名で保存]して新しく作ってもかまいません。スケッチを新しく作った人は「レッスン3-1」といった名前にしておくとよいと思います。

図3.1 の右側「ピゴニャンのスケッチ」の最初のコードは コード3.1 のようになっています。

以下で説明する点に気をつけて、10行目の await sleep(1);の下の行から、図3.1 の右側に書かれたJavaScriptのコードを打ちこんでいってください。打ち間違えると、実行したときにエラーメッセージがコンソールに表示されます。エラーが出たときは、サポートサイトのエラー一覧も参考にしてください。

コピーと貼り付け

まず、同じようなコードを書くときは、「コピー」と「貼り付け」（ペースト）のショートカットキーを覚えると作業が速くなります 表3.1。コピーしたい範囲をマウスでドラッグして選択し、ショートカットキーを使って「コピー＆ペースト」します（いわゆる「コピペ」です）。コピーだけでなく、「切り取り」（カット）も覚えておきましょう。

コピーする範囲を選択するときに、マウスを使わずキーボードを使えば、さらにプログラマーらしくなります。まず、図3.3 ❶ のように選

表3.1 ショートカットキー

編集操作	ショートカットキー
コピー	Ctrl -C（ ⌘ -C）
カット（切り取り）	Ctrl -X（ ⌘ -X）
ペースト（貼り付け）	Ctrl -V（ ⌘ -V）

コード3.1 「ピゴニャンのスケッチ」の最初のコード

```
/* jshint esversion: 8 */
// noprotect

function setup() {
  createCanvas(480, 360);   // キャンバスを用意する
  start(100, 200);          // ピゴニャンを呼び出す
}

async function draw() {
  await sleep(1);   // 最初に1秒待つ（10行目）
}
```

択したい部分の先頭にカーソルを置きます。次に、 Shift キー（macOSでは ⇧ キー）を押したままにして、矢印キーでカーソルを右方向に動かしてみてください 図3.3 ❷。上下の矢印キーで複数の行の選択もできます。

図3.3 キーボードで範囲選択

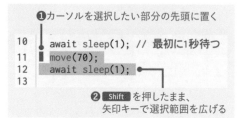

❶カーソルを選択したい部分の先頭に置く

```
10    await sleep(1); // 最初に1秒待つ
11    move(70);
12    await sleep(1);
13
```

❷ Shift を押したまま、矢印キーで選択範囲を広げる

行末のセミコロン

JavaScriptのサンプルコードを見ると、各行の最後（末尾）に；（セミコロン）が付けられていることがわかります。JavaScriptでは、セミコロンはひとつの命令の『文』の終わりを意味します。ただし、波カッコ } で終わるところにはセミコロンは付けません。

セミコロンがあれば命令文の区切りがわかるので、次のように2行のコードを1行で書くこともできます（ただし、特別な理由がある場合を除き、1行にまとめることはありません）。

miniColumn

みちくさ

コピーとペーストのショートカットキーを使う人は多いのですが、なぜかカットを使わない人がいます。コピーして貼り付けたあと、わざわざコピー元に戻って削除するのです。コードを（コピーではなく）移動したい場合には「カット＆ペースト」してくださいね。

```
move(70); await sleep(1);
```

また、JavaScriptでは、改行も命令文の区切りになるので、きちんと改行していれば、行末のセミコロンを付けなくてもかまいません。

```
move(70)
await sleep(1)
```

ただし、この本ではセミコロンをきちんと付けるようにします。

インデント

p5.jsのコードは function setup() { ... } で囲われた部分と、async function draw() { ... } で囲われた部分の2つに大きく分かれています。その setup や draw の { の中に書かれたコードにはすべて、先頭に半角スペース（空白）が2個ずつ入力されています。これを『インデント』といいます。

JavaScriptでは、インデントはコードを読みやすくするために付けるものです 図3.4 。インデントがなかったり、そろっていなかったりしてもエラーにはならないのですが、コードが読みづらくなります。そろってさえいれば、半角

miniColumn

みちくさ

インデントが完全にそろっていないとエラーになってしまうプログラミング言語で有名なのがPythonです。Pythonはコードの構造を { } で区分せず、インデントの"幅"で区分するため、インデントが間違っているだけでエラーになるのです。その代わり、誰が書いてもきっちりインデントがそろって読みやすいコードになります。

図3.4 インデントがそろっているコードとそろっていないコード

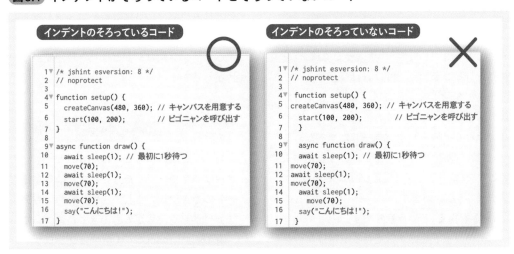

スペースは2個ずつでなくてもかまいません。

　レッスン6以降に条件分岐(もし〜なら)や繰り返しの構文が出てくると、波カッコ{ }がどんどん増えてきます。そうなってきたときにインデントがそろっていないとプログラムの構造が読み取れず、エラーは出ないのに正しく動かない……という発見しづらい問題が起こります。

空行とスペース

　図3.1ではScratchのブロックとJavaScriptのコードを左右で比較できるよう、JavaScriptのコードをびっしり詰めて書いていますが、好きなところに空行(くうぎょう)を入れることができます。「空行」とは何も書いていない行のことで、コードの末尾で Enter キーを押して改行することで入力できます。

　空行を入れることで一連の処理をまとめることができ、コードが読み取りやすくなります。空行で区切った上で、各まとまりの先頭にコメントを書くこともよくあります。

```
async function draw() {
  await sleep(1);   // 最初に1秒待つ

  // 歩いて止まる
  move(70);
  await sleep(1);

  // 歩いて止まる
  move(70);
  await sleep(1);

  // 歩いてしゃべる
  move(70);
  say("こんにちは！");
}
```
空行

　半角スペースは、単語を途中で分割したり、2つの単語をくっつけたりしないかぎり、どこに入れてもかまいません。使えるスペースは半角です。スペースの半角と全角については後ほど取り上げます。

OK
```
move (70);   // 単語とカッコのあいだにスペース
await sleep( 1 ); // 1の両側にスペース
```

ダメ
```
mo ve(70);     // 単語の途中にスペース
awaitsleep(1);     // 単語をくっつける
```

コード整形
読みやすいコードのために

ここまで説明してきた、「;（セミコロン）を付ける」「インデントを付ける」「空行やスペースを入れる」といった記法は、エラーにならなければどのように書いてもよい……というわけではなく、読みやすいコードにするために"作法"を守る必要があります。こうした作法のことを『コーディング規範』や『コーディングスタイル』といいます。「コーディング」とは「コードを書く」という意味です。

自分のコードを誰かに見せる予定はないという人もいるかもしれませんが、その「誰か」の中には「未来の自分」も含まれることを忘れてはいけません。自分でコードを読み返したときに、そのプログラムが何をしようとしているのか理解するために、また、間違っている部分を見つけ出すために、コードが読みやすいことはとても大切なのです。

コーディング規範は文法ではないので「正解」はありませんが、仕事でプログラミングをする場合には会社や開発グループで守るべきコーディング規範が決められています。では、勉強や趣味でプログラミングをする人はどのような作法を守ればよいでしょうか。

そのひとつの基準となるのが、p5.jsの［編集］メニューの中にある［コード整形］という機能です。このメニュー項目を選択すると、「セミコロン」「インデント」「改行」「スペース」を自動的に整えてくれます。自分でコードを書くときにも、［コード整形］したときの形を参考にするとよいでしょう。ショートカットキーは Ctrl - Shift - F （⌘ - ⇧ - F）です。少し押しにくいですが、何度も使って覚えてください。

なお、この本のサンプルコードは、「本」として読みやすいように改行やコメントなどをそろえています。そのため、［コード整形］をするとサンプルコードとは見た目が変わる場合があります。

全角と半角

コードを入力するときは「全角」と「半角」の区別に気をつけてください。全角は日本語モードのときに入力されますが、全角でもアルファベットや記号が入力できてしまいます。

図3.5 は、macOSのChromeブラウザーで全角と半角のコードを並べてみたものです。全角でコードを書くと、コードエディターに黄色や赤色の波線が表示されるのでわかります（黄色は警告、赤色はエラーです）。

図3.5 全角と半角

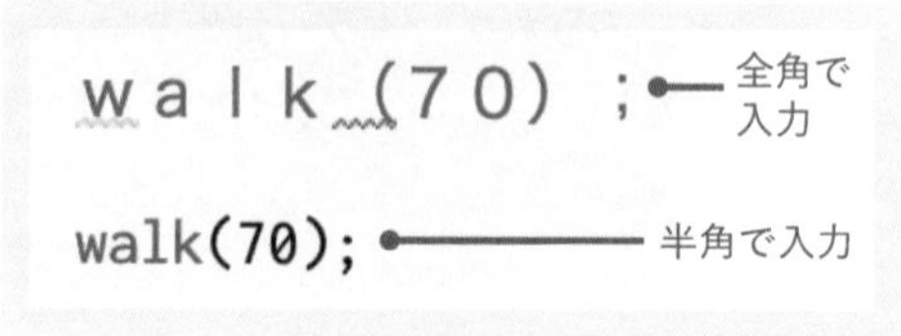

```
walk (70) ;  ← 全角で入力

walk(70);  ← 半角で入力
```

ところが、全角のスペースは波線が表示されないことがあるので注意してください 図3.6 。なお、使用するブラウザーによって

miniColumn
みちくさ

使用するブラウザーによっては、全角のスペースでもプログラムが正しく動作することがあります。しかし、そのプログラムコードを別の場所にコピーして実行するとエラーになってしまうかもしれないので、スペースは半角で統一しましょう。

図3.6 全角スペースの波線は表示されない
ことがある

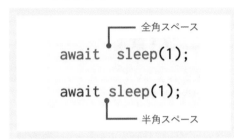

は、半角スペースと全角スペースの幅がほとんど同じで見分けがつかないこともあります。

　全角と半角の違いを文字の見た目から区別しづらいときは、コードエディターの色付けで判断する方法もあります。たとえば`await sleep(1);`というコードの場合、正しく半角スペースが入っていれば、macOSのChromeブラウザーでは「await」の文字が茶色になります**図3.6**。

p5.jsを実行する

　図3.1のコードをすべて書き写せたら、[▶]ボタンを押して実行してみてください。入力にミスがなければ、**図3.7**のようにピゴニャンが歩きます。

　いかがでしょう、Scratchとネコの見た目

miniColumn

みちくさ

　Scratchを知っている人は、ピゴニャンのコスチューム（歩くポーズ）が変わっていることに気づいたかもしれません。Scratchでは[次のコスチューム]ブロックがないとネコのポーズが変わらないのですが、ピゴニャンは動くたびに自動的にポーズが変わります。

図3.7 図3.1のコードの実行結果

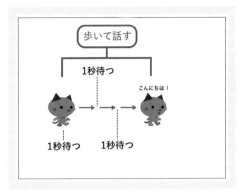

が変わっただけで、動き方もほとんど同じです。ピゴニャンのほうにはセリフの吹き出しがないくらいです。

　エラーが出てしまった人は間違いを探して直してください。どうしても動かない場合は、サポートサイトから**図3.1**のコードをコピー&ペーストし、正しく動くか確認してください。それでも動かないときは、p5.jsの「新しいスケッチ」ではなく「ピゴニャンのスケッチ」を開いていることを確認してください。

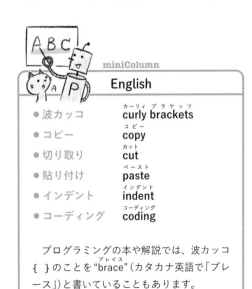

miniColumn

English

● 波カッコ	カーリィ ブラケッツ **curly brackets**
● コピー	コピー **copy**
● 切り取り	カット **cut**
● 貼り付け	ペースト **paste**
● インデント	インデント **indent**
● コーディング	コーディング **coding**

　プログラミングの本や解説では、波カッコ{ }のことを "brace"（カタカナ英語で「ブレース」）と書いていることもあります。

3.2

関数呼び出しと引数

プログラミングの基本は「命令を並べていくこと」です。
Scratchは四角ブロックを並べていきますが、
JavaScriptでそれにあたるのが『関数呼び出し』です。
そして、Scratchのブロックの"穴"にあたるのが『引数』です。

関数呼び出し

それでは、レッスン3のはじめに取り上げた **図3.1** のサンプルコード（もうみなさんのp5.jsに書き写されていますね）を見ながらJavaScriptの文法をひとつずつ学んでいきましょう。

先ほど打ちこんでもらった **move(70)** や **say("こんにちは！")** などの命令のことを、

JavaScriptでは『関数（かんすう）』といいます。Scratchの「四角ブロック」は、プログラミング言語の「関数」を図形で表現したものです。**move(70)** の「move」の部分は関数の名前（関数名）です。

関数名 **move** に続く丸カッコ **(70)** のことを『引数（ひきすう）』といい、**move(70)** 全体を指して『関数呼び出し』といいます **図3.8**。

このように、関数を「呼び出す」と表現する

miniColumn

ステップアップ

関数の詳細については本文でもレッスン11で改めて取り上げますが、ステップアップのミニコラムで先取りしておきます。この本に登場する「別の場所に本体がある関数」には次の3種類があります。

❶ピゴニャン専用の関数
❷p5.js専用の関数
❸JavaScriptに組みこまれた関数

❶ピゴニャン専用の関数はこの本の著者が作ったもので、ピゴニャンを動かしたりしゃべらせたりする命令です。ピゴニャン専用の関数は「ピゴニャンのスケッチ」の中でしか使えません。この本では、基本的にこれらの関数を使っていきます。

❷p5.js専用の関数は、createCanvasやcircleなどで、グラフィックスのアニメーションを描画するためのさまざまな機能が用意されています。p5.js専用の関数はp5.jsの中でしか使えません。この本では、このレッスン3で紹介するprint（プリント）関数のほか、レッスン14でいくつか使います。

❸JavaScriptに組みこまれた関数は、JavaScriptが実行できるところならどこでも使えます。この本ではあまり登場しませんが、レッスン9やレッスン13で登場する『配列（はいれつ）』の『メソッド』はJavaScriptに組みこまれた関数です。

なお、この本で「JavaScriptの関数」といったときには、これら3種類の関数すべてを指します。

のは、別の場所（ライブラリー）に置かれている「関数の本体」をその場に呼び出して実行するからです 図3.9 。関数の本体もプログラムコードで書かれているものですが、とても長かったり難しかったりするプログラムです。そんなプログラムを名前を呼ぶだけで使うことができるというのは、なんだか魔法のようですね。

図3.8 関数名、引数、関数呼び出しの関係

関数名と英語

さて、図3.1 のサンプルコードに登場したのは 図3.10 に挙げる3つの関数でした。

図3.10 サンプルコードに登場した関数

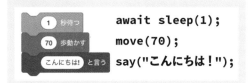

英単語のわかる人は、await が「待つ」、move が「動く」、say が「言う」というように、Scratch のブロックに書かれた日本語とピゴニャンの関数名が対応していることに気づいたかと思います。

図3.9 関数呼び出しと魔法のたとえ

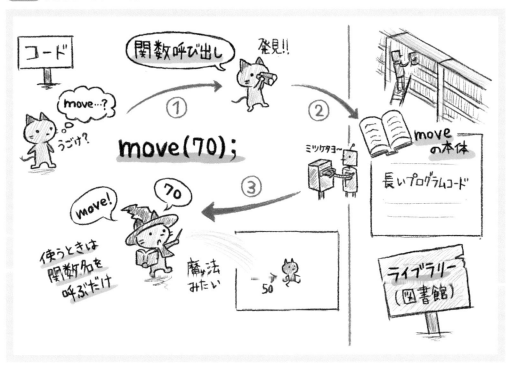

関数名は、その関数がどういう命令を実行するのか推測できるように付けられています。たとえば、createCanvasという関数は「create(作る)＋canvas(キャンバス)」で、キャンバスを作る命令だということが名前からわかります。

英語の関数名が覚えられるか心配している人もいるかもしれませんが、逆にいえば、プログラミングを学びながら英単語も覚えられるので一石二鳥です。

一時停止のawait

今回出てきた3つの関数のうち、［○秒待つ］ブロックに対応する関数だけが`await sleep(1)`と2語になっています。これはsleep関数の前に「await」というキーワードが付いた状態です 図3.11 。

図3.11 awaitと関数の関係

sleep関数の"sleep"は「寝る」という意味で、Scratchの［○秒待つ］に対応する関数の名前は実は「寝る」だったわけです。「寝る」でも、ネコがちょっと止まるイメージはできますね。

sleepの前に付いている**await**は、JavaScriptのプログラムを一時停止したいときに使われる特別なキーワードです。sleep関数のほか、［〜と○秒言う］ブロックに対応する sayFor関数の前にも awaitを付ける必要があります。

```
await sayFor("こんにちは！", 2);
// 「こんにちは！」と2秒しゃべる
```

なお、やっかいなことに、awaitを付け忘れて`sleep(1);`とだけ書いても、エラーも警告も出ません。それなのに1秒止まってくれなくなるので気をつけてください。

引数

サンプルコードに出てきたScratchのブロックとJavaScriptの関数を上下に並べてみましょう 図3.12 。

Scratchの四角いブロックの"穴"の部分が、JavaScriptの関数の丸カッコ( )に対応していることがわかります。この丸カッコの中に書かれた「70」や「こんにちは！」のことを『引数』といいます。

同じmove関数を呼び出しても、引数の値によって70歩動いたり100歩動いたりします。関数の本体を呼び出すときに一緒に渡す情報なので、関数に引数を「渡す」という表現もよく使います。

引数が複数ある場合は、「,」(カンマ)で区切ります。1個目の引数を第1引数、2個目の

図3.12 ScratchのブロックとJavaScriptの関数の対応

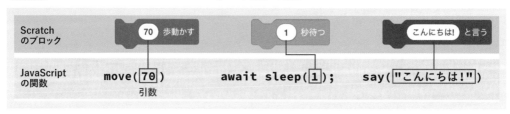

引数を第2引数……と呼んでいきます。何番目の引数がどういう意味を持つのかは関数ごとに決められており、関数を使うときに調べる必要があります。

書き写した 図3.1 のサンプルコードの引数を自由に書きかえて、歩かせる距離や停止する時間、しゃべらせるセリフを変更してみてください。エラーを恐れずどんどん書きかえて、プログラミングに慣れていきましょう。

miniColumn
みちくさ

Scratchの［○秒待つ］ブロックに対応する関数の名前はwait（待つ）としたかったのですが、`await wait(1);`だとややこしいので`sleep`としました。ただ、本格的なプログラミング言語では、プログラムを一時停止する関数をsleepと名付けているものが多いです（Pythonなど）。また、ロボットやマイコンのプログラミングではdelay（遅らせる）という表現も見かけます。

文字列には" "をつける

さて、引数を自由に変更したとき、move関数の引数「70」やsleep関数の引数「1」のところは数値で、say関数の引数「こんにちは！」のところは文字で、それぞれ書きかえてみたのではないかと思います。それで正解です。

もしかすると、say関数の引数（しゃべらせるセリフ）を"という記号で囲まなくてエラーになった人もいたかもしれません 図3.10 。引数に文字列を指定するときには" "が必要だからです。

この"という記号は、『引用符』あるいは『二重引用符』といいます。英語読みの『クォー

図3.13 文字列に引用符がないとエラーになる

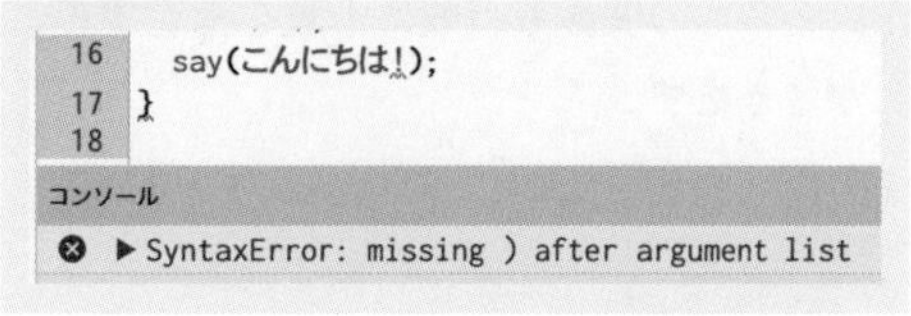

```
16    say(こんにちは!);
17  }
18
```
コンソール
❌ ▶ SyntaxError: missing) after argument list

テーション』、あるいは『ダブルクォーテーション』と呼ばれることも多いので、あわせて覚えておいてください。日本語のキーボードだと 2 のキーの位置にあり、 Shift キー（macOSでは ⇧ キー）と同時に押します。

ちなみに、キーボードの 7 のキーのところにある ' は一重引用符（シングルクォーテーション）といい、JavaScriptでは " とどちらを使ってもかまいません。ただし、p5.jsでコード整形を使うと ' が自動的に " で置きかえられてしまうので、この本では " を使います。

引数の値

JavaScriptでは、数値や文字列のことを『値』といいます。引数に指定できる値の種類は、関数によって決められています。

move関数やsleep関数の引数に指定できるのは「半角の数値」のみです。move関数の引数には負の数も指定することができ、ピゴニャンが後ろに下がります。一方、sleep関数

miniColumn
みちくさ

プログラミング言語によっては、1文字だけの『文字』と、複数の文字で書かれた『文字列』を区別するもの（Kotlin、Swift、C#など）があります。JavaScriptでは1文字でも何文字でも「文字列」なので、この本でも「文字列」という言葉を使います。

に負の数を指定しても何も起こりません。また、どちらの関数も引数に小数を指定することができます。

```
move(-50);          // 後ろに下がる
await sleep(-5);     // 何も起こらない
↑無効な引数の値

move(12.34);        // 12.34歩動く
await sleep(0.5);   // 0.5秒止まる
```

say関数の引数には、文字列だけでなく数値も指定できます。数値を指定するときは引用符は不要です。また、say関数は「引数なし」でsay();と呼び出すことができ、ピゴニャンにしゃべるのをやめさせます（セリフが消えます）。

```
say(100);           // 数値も指定できる
await sleep(2);     // 2秒待つ
say();              // しゃべるのをやめる
```

なお、こうした関数の使い方のことを「関数の仕様」といいます。ピゴニャン専用の関数の仕様はこのレッスン3の最後に紹介しています。この本で紹介していないp5.jsやJavaScriptの関数の仕様については書籍やインターネットなどで調べてください。プログラミング言語の基本的な文法をひととおり覚えたら、あとは使いたい関数の仕様を調べることがおもな「プログラミングの学習」となります。

関数の実行は一瞬で終わる

関数（命令）が実行される時間は一瞬です。図3.1のサンプルコードにsleep関数をいくつも入れていたのは、そうしてプログラムを止めないとピゴニャンが70歩ずつ3回動いたように見えず、1回で210歩動いたように見えるからです。これはScratchでも同じです。

サンプルコードから、move関数の下にあるawait sleep(1);を2つコメントアウト

してプログラムを実行してみてください。ピゴニャンが1回しか動いていないように見えるかと思います。

```
async function draw() {
  await sleep(1); // 最初に1秒待つ
  move(70);
  // await sleep(1);   ←コメントアウト
  move(70);
  // await sleep(1);   ←コメントアウト
  move(70);
  say("こんにちは！");
}
```

これから関数をいろいろと呼び出してピゴニャンを操作していきますが、この「関数の実行は一瞬で終わる」という知識はよく頭に入れておいてください。自分でサンプルコードを書きかえたときに、思ったように動かないことがあれば、その理由のほとんどはこれが原因です。

miniColumn

English

● 引用符	quotation (mark)
● 値	value
● 関数	function
● 関数呼び出し	function call
● 引数	argument

functionという英単語は、function setup()やasync function draw()の中にもありますね。実はsetupもdrawも関数なのですが、それについてはずっと先のレッスン11で学びます。

3.3
ピゴニャンを操作してみよう

「ピゴニャンのスケッチ」のために用意された関数を使いながら、
関数呼び出しや引数の指定に慣れていきましょう。
また、Scratchとp5.jsで座標系が異なるので、
それについてもここでしっかり押さえておきます。

ピゴニャンの向きや色を変える

Scratchのブロック全部……とはいきませんが、ピゴニャンを操作する関数もたくさん用意しています。

先ほどのスケッチを[別名で保存]し、「レッスン3-2」などの名前を付けて、新しい「ピゴニャンのスケッチ」を用意してください。図3.14のJavaScriptのサンプルコードを書き

写して実行してみましょう。なお、図3.14では function setup() { ... }の部分が省略されていますが、みなさんのコードエディターの中には残しておいてくださいね。

このサンプルコードに登場する関数の説明については、このレッスン3の最後にまとめた「ピゴニャン専用の関数」の一覧も参考にしてください。ここではScratchのブロックと使い方が変わる関数についてのみ述べます。

図3.14 ❶のturn関数はピゴニャンの向きを

図3.14　ネコの向きや色を変える比較コード

```
async function draw() {
    await sleep(1);
    move(100);
    await sleep(1);
    turn("上"); // 上に向きを変える          ❶
    move(100);
    await sleep(1);
    turnBack(); // 向きを反転する
    move(100);
    await sayFor("赤色に変身！", 2);         ❷
    changeColor("■red"); // 色を変える       ❸
}
```

3 関数呼び出し ピゴニャンに命令してみよう

変える関数で、Scratchの［○度に向ける］ブロックに対応します。ただし、角度の代わりに「"上"」「"下"」「"左"」「"右"」という文字で方向を指定します。

図3.14 ❷ のsayFor関数はScratchの［〜と○秒言う］ブロックに対応します。この関数には引数が2個あります。第1引数に「セリフ」を、第2引数に「秒数」を指定します。ちなみに、「sayFor」という関数名はScratchの英語版ブロックに書かれている文章 "say 〜 for ○ seconds" を短くしたものです。

図3.14 ❸ のchangeColor関数でピゴニャンの色を変えることができます。Scratchの［色の効果を○にする］ブロックに対応しますが、引数は "色名" で指定します。使える色名は「X11カラーネーム」と呼ばれる140色で、「ウェブ ■色」というキーワードでインターネット検索すると色名一覧が出てきます。なお、利用できる色名を指定すると、p5.jsのコードエディターにその色が表示されます 図3.15。

図3.15 色アイコンの表示

```
changeColor("■red");
```

このサンプルコードを動かしてみるとわかりますが、「関数の実行は一瞬」なので、向きの変更と移動は同時に起こります。turn関数やturnBack関数のあとにsleep関数を入れると、向きが変わってから移動する様子が確認できます。

p5.jsの座標系

ピゴニャンの移動は「座標」で指定することもできます。座標での位置指定はScratchではおなじみだと思いますが、Scratchとp5.jsとで「原点の位置」と「y軸の正の方向」が異なるので注意してください。

図3.16 のようにp5.jsは左上が原点の位置で、y軸の正の方向は下向きです。つまり、y座標を大きくするほど位置が下がります。少し不思議ですが、実はコンピューターグラフィックスの分野ではこれが一般的な座標系です。

「ピゴニャンのスケッチ」のキャンバスは、見くらべやすいようにScratchと同じ幅と高さ（480 × 360）にしています。図3.16 のScratchネコとピゴニャンはキャンバスの同

図3.16 Scratchとp5.jsの座標系の違い

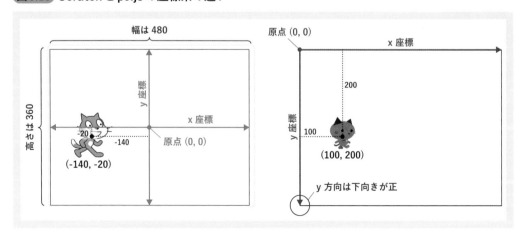

じ位置にいるのですが、原点の位置が異なるので座標値が変わります。

ピゴニャンが登場する位置

`function setup() { ... }` の中にある start 関数の引数によって、ピゴニャンが最初に登場する位置が (x, y) = (100, 200) のように指定されています。この start 関数の引数を (240, 180) に書きかえれば、ピゴニャンがキャンバス中央に登場するようになります コード3.2 ❶。

また、キャンバスの大きさは createCanvas 関数の引数で変更できます。第1引数が横幅、第2引数が縦幅（高さ）です コード3.2 ❷。

ただし、この本ではキャンバスの大きさを (480, 360) で固定するので、変更して動作確認したあとは元に戻してください コード3.2 ❸。ピゴニャンの登場位置も、指定がないかぎりは (100, 200) で固定とします コード3.2 ❹。

座標を指定して移動する

移動を歩数で指定する move 関数でピゴニャンを動かすときには p5.js と Scratch の座標系の違いに気づかないのですが、座標指定で動かすときは Scratch と p5.js とで引数の値が違ってきます。

ピゴニャンの位置を座標で指定する関数は、setX 関数、setY 関数、goTo 関数の3つです。新しい「ピゴニャンのスケッチ」を用意するか、先ほどのコードを消して、図3.17 のコードを

コード3.2 createCanvas 関数と start 関数の役割

キャンバスの大きさと登場位置の変更
```
function setup() {
  createCanvas(480, 480); // ❷キャンバスの大きさも変更できる
  start(240, 180);        // ❶(x, y) = (240, 180) の位置に登場
}
```

確認後は、❶と❷の行を元に戻す
```
  createCanvas(480, 360); // ❸キャンバスの大きさは480×360で固定
  start(100, 200);        // ❹登場位置は(100, 200)が基本
```

図3.17 位置を座標で指定する比較コード

```
async function draw() {
  await sleep(1); // 最初に1秒待つ
  setX(300);      // x座標300の位置へ移動
  await sleep(1);
  setY(60);       // y座標60の位置へ移動
  await sleep(1);
  goTo(240, 180); // (x, y)=(240, 180)へ移動
  await sleep(1);
  say("ここが中心だよ");
}
```

打ちこんで動かしてみてください。

図3.17 の比較コードからわかるように、この本ではScratchのネコとp5.jsのピゴニャンがキャンバス上で同じ位置になるように座標値を指定しているため、Scratchのブロックとp5.jsの関数の座標値が異なります。これから先も、Scratchとp5.jsの比較コードでは、座標値を頭の中で読み替えてください。

x座標とy座標を同時に指定して移動させるときはgoTo関数を使います。第1引数がx座標、第2引数がy座標です。start関数もそうでしたが、(x, y)座標を引数で指定する関数は、他でもたいてい同じ仕様になっています。

なお、Scratchのネコを座標指定で動かしても体の向きは変わりませんが、ピゴニャンは「一番大きく動いた方向」に体の向きが変わるようになっています。

ピゴニャンの位置を知る

ピゴニャン専用の関数をもう1セット紹介しておきましょう。getX関数、getY関数です。これらの関数はこれまでのものとは違って、ピゴニャンを動かしたり見た目を変えたりはしません。その代わり、ピゴニャンの現在の座標値を教えてくれます。

今回はsay関数と組み合わせて、これらの関数から教えてもらった座標値をピゴニャンにしゃべらせてみます。図3.18 のコードを書き写してみてください。start関数の引数も変えているので注意してください。

p5.jsの実行結果は 図3.19 のようになります。ピゴニャンが右➡上と移動しながら現在の座標値をしゃべっていきます。

今回のサンプルコードでは、sayFor関数やsay関数の ( ) の中にgetX()などの関数呼び出しが書かれていますね。こういう状態を、関

図3.18 ネコに自分の位置（座標値）をしゃべらせる比較コード

```
function setup() {
    createCanvas(480, 360);
    start(100, 280);          // (100, 280)に変更
}
```

```
async function draw() {
    await sleep(1);           // 最初に1秒待つ
    await sayFor(getXY(), 2);// ➡100, 280
    move(200);                // x座標 100＋200➡300
    await sayFor(getX(), 2);  // ➡300
    turn("上");
    move(200);                // y座標 280－200➡80
    say(getY());              // ➡80
}
```

図3.19 図3.18のコードの実行結果

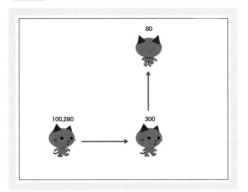

数呼び出しが「入れ子」になっているといいます。

それにしても、sayFor(getX(), 2);というコードで、なぜピゴニャンは「getX()」とは言わず、ちゃんと座標をしゃべるのでしょうか。ここは大事なところなので、少し詳しく見ていきましょう。

戻り値

Scratchの[〜と○秒言う]ブロックと比較してみると、JavaScriptのコードでgetX関数が呼び出されているところは、Scratchでは[x座標]ブロックがはまっています **図3.20**。

図3.20 x座標ブロックとgetX関数

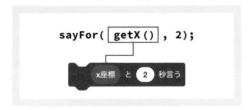

Scratchの引数にあたる丸い穴には、丸いブロックしか入れられません。この丸ブロックはJavaScriptでいう"値"にあたります。JavaScriptでも、関数の引数は"値"でなけれ

ばいけません。つまり、ここで引数に指定されているgetX関数は、呼び出される（実行される）と"値"に置きかわるということです。

sayFor(getX(), 2);というコードの場合、まず最初にgetX()が実行されて300という"値"に置きかわり、それからsayFor関数が実行されてピゴニャンが「300」としゃべります **図3.21**。

図3.21 値に置きかわる関数

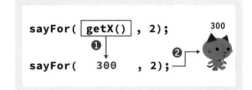

このように、関数が実行された後で関数と置きかわる"値"のことを『戻り値』といいます。あるいは『返値』と呼ばれることもあります。呼び出された関数の本体から、戻ってくる（返ってくる）値という意味ですね。

このように、実行されると戻り値に置きかわる関数は「戻り値ありの関数」といわれ、プログラミングの入門クラスのラスボスのような存在です。ただ、戻り値ありの関数を使うだけならそんなに難しくはありません。ラスボスといわれるのは、戻り値ありの関数を自分で作るときの話です。

ちなみに、関数呼び出しgetX()を引用符" "で囲うと、ピゴニャンは「getX()」としゃべります。引用符で囲われると、それが関数呼び出しと同じ言葉であっても、単なる「文字列」となるからです。

```
say(getX());     // ➡300
say("getX()");   // ➡getX()
```

魚を配置する

「ピゴニャンのスケッチ」には、Scratch のようにいろいろなキャラクター（スプライト）は残念ながらいません。しかし、ピゴニャンが食べることのできる魚がいます。

魚を配置するには putFish 関数を呼びます 図3.22 。put（置く）Fish（魚）です。この関数は、引数を2つ、あるいは3つ指定します。第1引数、第2引数は魚を配置する座標（x, y）、第3引数は魚の「色名」を指定します。第3引数を省略すると青色（skyblue）の魚になります。

図3.22 putFish の引数

```
putFish(200, 150, "pink");
        x座標  x座標   色名
```

なお、Scratch では別のキャラクター（スプライト）を動かすプログラムを作るときは別の画面に切り替えますが、p5.js ではキャラクターごとにコードエディターを切り替えません。ピゴニャンと同じ draw の中で pushFish 関数を呼び出します。

新しく「ピゴニャンのスケッチ」を用意して、コード3.3 を書き写してみてください。ピゴニャンとは異なり、魚は putFish 関数を呼び出した回数だけ何匹でも配置できます。

コード3.3 putFish 関数で魚を配置

```
async function draw() {
  await sleep(1);

  putFish(240, 180);            // 魚の配置
  putFish(360, 90, "plum");     // 色指定あり
  putFish(360, 270, "orange");
}  ↑魚は何匹でも配置できる
```

配置した魚 図3.23 は、moveFish 関数で左方向にのみ、まとめて動かすことができます。

ピゴニャンと魚がぶつかると、魚は食べられて消えます。先ほどのコードの続き（最後の putFish の次の行）に、以下のコードを書き足してみてください。魚が動いてきてピゴニャンとぶつかります。

```
await sleep(1);
moveFish(40);
await sleep(1);
moveFish(40);
await sleep(1);
moveFish(40);
say("ぱくっ!");
```

魚を左方向に40歩動かす

図3.23 コード3.3の実行結果

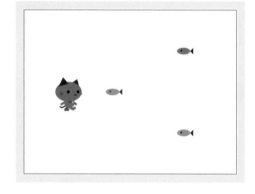

miniColumn

ステップアップ

JavaScript をはじめとする多くのプログラミング言語では、引数を省略することができます。省略された引数には「既定値」が設定されており、引数が指定されていないときにはその値が使われます。putFish 関数の第3引数は省略可能ですが、省略された場合、"skyblue" という既定値が使用されます。

3.4 「ピゴニャンのスケッチ」のルール

最後に少しだけ、p5.jsと「ピゴニャンのスケッチ」について補足の話をします。JavaScriptの文法ではなく、p5.jsや「ピゴニャンのスケッチ」だけに関係する特別のルールです。

setupとdraw

いくつかサンプルコードを見てきましたが、p5.jsのコードはいずれも上下2つに大きく分けて書かれていました 図3.24。setupと書かれた{ }の範囲と、drawと書かれた{ }の範囲です。これらについて、簡単に見ておきましょう。

図3.24 準備のかたまりと実行のかたまり

```
function setup() {
  createCanvas(480, 360);
  start(100, 200);
}
```

本体開始前の準備

```
async function draw() {
  await sleep(1);

}
```

プログラムの本体

まず、p5.jsの上のほうのかたまりは function setup() { ... }（ファンクション セットアップ）で囲われています。"setup"（セットアップ）は「準備する」という意味で、この中でプログラムの準備をします。この部分は「ピゴニャンのスケッチ」を開くと最初から中身が用意されています。

一方、p5.jsの下のほうのかたまりの「async function draw」（アシンク ファンクション ドロー）の"draw"は「描画する」（描く）という意味で、この中でピゴニャンなどを動かすプログラムを書いていきます。みなさんがこれからコードを書いていくのはおもにこちら側です。

以降で登場するサンプルコードでは、上のsetupのかたまりは基本的に省きます。その中身を変更することがあまりないからです。ただし、p5.jsを実行するには必要なコードなので、コードエディターには残しておいてください。

drawの最初で1秒待つ理由

ここまでのサンプルコードを見て、「drawの最初に1秒待つのはなぜだろう？」と不思議に思った人もいるかもしれません。その理由は、p5.jsでは「実行ボタンを押すまでキャンバスに何も表示されない」からです 図3.25。

「関数の実行は一瞬」の話を覚えているでしょうか。ピゴニャンの登場位置はstart関数で決められていますが、ピゴニャンがはじめてキャンバスに表示されるのは、sleep関数かsayFor関数が呼び出されてプログラムが一時停止したときになります。

図3.25 `async function draw(){ ... }`の最初に1秒待つ理由

　プログラムを一時停止する前にmove関数などでピゴニャンを動かしてしまうと、登場位置ではないところにピゴニャンがいきなり登場したように見えます。そうならないように、drawの{ ... }の一番はじめにsleep関数を置いて、ピゴニャンをその登場位置で一度描画しているのです **図3.26**。

　それに対して、Scratchのネコはプログラムの実行前からずっと表示されているので、この問題は起こりません。だからScratchのほうには最初に[1秒待つ]ブロックはいらないのですが、p5.jsのコードと並べて比較できるように入れています。

　以降のサンプルコードでは、この最初の「1秒

図3.26 最初のsleep関数

```
 1▼ /* jshint esversion: 8 */
 2  // noprotect
 3
 4▼ function setup() {
 5    createCanvas(480, 360);
 6    start(100, 200);
 7  }                          この1行を消さない
 8
 9▼ async function draw() {
10    await sleep(1); // 最初に1秒待つ
11
12    // サンプルコードはここから下の内容
13  }
```

待つ」は省いているときもありますが、みなさんのp5.jsのコードには残しておいてください。

p5.js専用の関数とピゴニャン専用の関数

　レッスン3でここまで紹介してきた関数は、ピゴニャンを動かしたりしゃべらせたりするための「ピゴニャン専用の関数」です。これらの関数はこの本のために著者が作ったもので、「ピゴニャンのスケッチ」の中でしか呼び出せません。

　一方、レッスン2で紹介したcircle関数とcreateCanvas関数は「p5.js専用の関数」です。p5.js専用の関数も「ピゴニャンのスケッチ」の中で使えるのですが、どこでも自由に……とはいきません。

　たとえば、円を描くcircle（サークル）関数を呼び出す **コード3.4** を実行すると、**図3.27** のようにピゴニャンの横に円を描くことができます。

　しかし、「p5.js専用の関数」より後ろで1つでも「ピゴニャン専用の関数」を呼び出すと、p5.js専用の関数で描いた図形は消えてしまいます。たとえば、**コード3.5** では1秒間だけ円が表示されて、ピゴニャンが歩くと同時に円が消えます。

　p5.js専用の関数を「ピゴニャンのスケッチ」

コード3.4 「ピゴニャンのスケッチ」でcircle関数を呼び出す

```
async function draw() {
  await sleep(1); // 最初に1秒待つ

  circle(240, 180, 100); // (240，180)の位置に直径100の円を描く
}
```

コード3.5 関数の呼び出しの順序

```
circle(240, 180, 100); // p5.jsの関数
await sleep(1);
move(50); // ピゴニャンを動かす関数➡円は消される
```

図3.27 コード3.4の実行結果

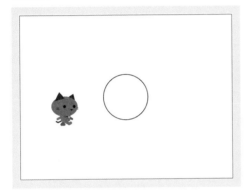

図3.28 p5.jsのprint関数

```
 9▼ async function draw() {
10     await sleep(1); // 最初に1秒待つ
11
12     print("こんにちは!");
13     print(getX());
14
15     move(50);
16
17     print(getX());
18 }
```

```
コンソール
こんにちは!
100
150
```

の中で自由に使えるのは、ピゴニャン専用の関数より後ろだけです。p5.js専用の関数を使ってグラフィックスのアニメーションを作ったりするのは本当に楽しいのですが、それはこの本の最後（レッスン14）で挑戦しましょう。

便利なprint関数

ただし、ひとつだけ、「ピゴニャンのスケッチ」でも便利に使える「p5.js専用の関数」を紹介しておきます。print関数といって、引数で指定した値の内容をコンソールに表示する命令です 図3.28。

print関数でコンソールに表示された情報は、

そのあとでピゴニャン専用の関数を呼び出しても消されません。そして、print関数の便利なところは、ピゴニャンのsay関数やsayFor関数とは違って、表示された情報が上書きされずにすべて残ることです。プログラムが終わった後で、コンソールに表示した情報をまとめて確認することができます。

このprint関数は、自分の書いているプログラムコードが正しいかどうかを確認するために使われます。そうした作業のことを『デバッグ』といいます。本格的なデバッグには専用のツール（しくみ）を使うのですが、ちょっとしたデバッグにはprint関数が便利で、「プリントデバッグ」と呼ばれたりもします。

3.5 まとめ

レッスン3では、JavaScriptの関数呼び出しと引数について学びました。また、プログラミングの基本的な作法も紹介しました。

Scratchと JavaScriptの比較　ScratchのブロックとJavaScriptのコードを見くらべてみていかがでしたか。Scratchのブロック1個にJavaScriptのコード1行が対応しているので、それほど難しくはなかったと思います。ScratchもJavaScriptもプログラムの書き方の基本は同じで、コンピューターに実行してほしい命令を上から順に並べていくだけです。

関数と関数呼び出し　Scratchの四角ブロックに対応するJavaScriptの命令のことを『関数』といい、関数を実行することを『関数呼び出し』といいます。JavaScriptの関数名は英語ですが、ほとんどがScratchのブロックに合わせて名付けてありますし、数も限られているので覚えてしまいましょう。

コードの整形　JavaScriptは文字だけでプログラムを書くので、ブロックを組み立てるScratchよりも自由にできる部分が多くなります。単語を途中で切ったりしなければ、どこにスペースや空行を入れてもかまいません。ただし、読みやすいコードを書くために守るべき作法があり、『インデント』をそろえることはとくに大切です。

引数　Scratchの[○歩動く]ブロックなどに空いている"穴"にあたるのは、JavaScriptでは関数呼び出し 関数名 ( ) の ( ) の部分です。この中に書く値を『引数』といいます。Scratchのブロックでは文章の中に"穴"が埋めこまれているので何を入力するべきか直感的にわかりますが、JavaScriptでは何番目の引数がどういう意味かを調べる必要があります。

レッスン3では最後のコラムの代わりに、この本でこれから使用していく「ピゴニャン専用の関数」の一覧をまとめておきます 表3.2 。ひととおり目を通しておくと、これからの解説を読むのに役立つでしょう。

表3.2 ピゴニャン専用の関数の一覧

start(x座標, y座標) start(100, 200)	ピゴニャンをキャンバスに登場させるほか、裏でいろいろな設定を行っている関数で、最初に一度だけ呼び出す。引数にx座標とy座標を指定するとピゴニャンの登場位置が変わる。引数を省略して start(); と呼び出すと、キャンバスの中央にピゴニャンが登場する
await sleep(秒数) 0.5 秒待つ await sleep(0.5)	引数で指定した秒数だけ、ピゴニャンが止まる。Scratchの[○秒待つ]ブロックと同じ。秒数は「数値」で指定する（小数も指定可）。この関数はプログラムを一時停止するためにawaitが必要である。awaitを付けなくてもエラーにはならず、ただ止まらないだけなので注意しよう

関数	説明
say("セリフ") ピゴニャン と言う say("ピゴニャン")	引数で指定したセリフをピゴニャンがしゃべる。セリフは「文字列」か「数値」で指定する。Scratchの［〜と言う］ブロックに対応する。Scratchと同じく、別のセリフをしゃべらせるまでずっとしゃべっている状態（セリフが表示されたまま）になる。引数なしでsay();と実行するとしゃべるのを止める
await sayFor("セリフ", 秒数) 50 と 2 秒言う await sayFor("Hello", 2)	第1引数で指定したセリフを、第2引数で指定した秒数だけしゃべる。Scratchの［〜と○秒言う］ブロックと同じ。第2引数を省略するとsay関数と同じ振る舞いになる。この関数はプログラムを一時停止するためにawaitが必要である。awaitを付けなくてもエラーにはならず、ただ止まらないだけなので注意しよう
move(歩数) 30 歩動かす move(30)	引数で指定した歩数だけ、ピゴニャンが向いている方向に進む。Scratchの［○歩動かす］ブロックと同じ。歩数は「数値」で指定する。負の数値を指定すると後ろに進む。1歩の幅はp5.jsのキャンバスの最小単位（1ピクセル）。キャンバスの大きさは横480歩×縦360歩。移動したときに食べた魚の「座標」と「色名」を戻り値として返す（レッスン10を参照）
goTo(x座標, y座標) x座標を 240 、y座標を 180 にする goTo(240, 180)	指定した座標にピゴニャンを移動させる。引数は「数値」で、第1引数はx座標、第2引数はy座標。Scratchの［x座標を○、y座標を○にする］ブロックと同じだが、移動した方向にピゴニャンの向きが変わる。移動したときに食べた魚の「座標」と「色名」を戻り値として返す（レッスン10を参照）
setX(x座標) setY(y座標) x座標を 240 にする setX(240) y座標を 180 にする setY(180)	ピゴニャンの位置を指定した座標まで移動する。Scratchの［x座標を○にする］ブロックなどと同じだが、移動した方向にピゴニャンの向きが変わる。引数は「数値」。移動したときに食べた魚の「座標」と「色名」を戻り値として返す（レッスン10を参照）
turn("方向") 90 度に向ける turn("上")	引数で指定した方向にピゴニャンの向きを変える。Scratchの［○度に向ける］ブロックと似ているが、「上」「下」「左」「右」の4方向で指定する（方向の指定は「文字列」なので引用符""で囲う必要がある）。なお、Scratchの［○度回す］ブロックにあたるピゴニャン専用の関数はない
turnBack() 180 度回す turnBack()	ピゴニャンの向きが反転する。右向きだったときは左向きに、下向きだったときには上向きに変わる。Scratchの［180度回す］ブロックと同じ。この関数には引数はない
getX() getY() x座標 getX() y座標 getY()	ピゴニャンのx座標やy座標を取得する。Scratchの［x座標］ブロックや［y座標］ブロックと同じだが、こちらは関数の戻り値として座標値を返す。この関数には引数はない
getDirection() 向き getDirection()	ピゴニャンの向きを取得する。Scratchの［向き］ブロックと同じだが、こちらは関数の戻り値として向き（文字列）を返す。この関数には引数はない
changeColor("色名") 色 の効果を 180 にする changeColor("red")	ピゴニャンの色を変える。Scratchの［色の効果を○にする］ブロックと似ているが、色は「色名」で指定する。引数は「文字列」。使用できる色名は「X11カラーネーム」と呼ばれる140色。引数の文字列を"random"とすると、その時点のピゴニャンの色以外の6色の中からランダムに色名が選ばれる。また、引数なしでchangeColor();と呼び出すとピゴニャンの最初の色である"coral"になる
nextCostume() 次のコスチュームにする nextCostume()	ピゴニャンのポーズを変える。Scratchの［次のコスチュームにする］ブロックと同じ。この関数には引数はない。ピゴニャンは動かすたびに自動的にポーズが変わるので、1回ずつ止めて動かすならこの関数を呼ぶ必要はない。ピゴニャンを偶数回ずつ動かすとポーズが同じになるので（気になるなら）この関数を使おう
putFish(x座標, y座標, "色名") putFish(80, 60, "plum")	魚を配置することができる。引数で指定できる色名はchangeColor関数と同じである。第3引数（色名）を省略したときは青色（"skyblue"）になる。また、第3引数に"random"を指定したときは、その時点のピゴニャンの色以外の6色の中からランダムに選ばれる。ピゴニャンとぶつかると魚は消える（食べられる）
moveFish(歩数) moveFish(50)	魚を左右方向に動かすことができる（方向は指定できない）。引数はmove関数と同じである。すべての魚を同時に動かすことしかできない。キャンバスの左端から出た魚は、また右端から入ってくる

レッスン4

変数
魔法の箱を使いこなそう

　レッスン4では『変数』について学びます。Scratch にも変数ブロックがありますが、変数を作る方法は JavaScript のほうがずっと簡単です。

　変数とは、10や "hello" といった値を入れておくことのできる "魔法の箱" のようなものです。たとえば、「step」という名前の変数（箱）を用意して50という値を入れると、コードの中にある「step」という箱にはすべて「50」が入ります。

　変数に値を入れることを『代入』といいます。最初に50が入っていた変数 step に100を代入すると、そこから後ろにある「step」はすべて100に変わります。このように途中で中身を変えることができるので "変数" と呼ばれます。

　変数を使うことの一番の利点は、コードの中の値に「意味」が与えられることです。「50」とだけ書かれていても意味はわかりませんが、「step」（歩数）という "名前" が付けられていれば意味がわかります。これは間違いのないコードを書くためにとても役立ちます。

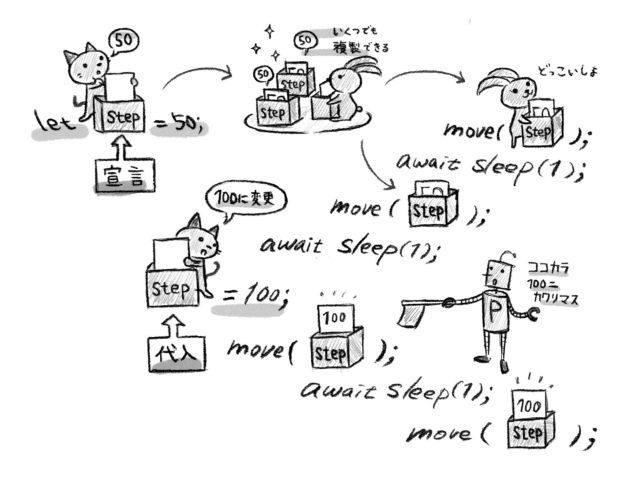

4.1

変数の宣言と代入

JavaScriptでの変数の作り方と、その値の変え方を学びます。
変数を使えば、変数の値をひとつ書きかえるだけで、
たくさんある関数呼び出しの引数を
いっせいに変更することなどができるようになります。

たくさんの値を
一度に書きかえる

図4.1のサンプルコードを見てください。前
回のレッスンで学んだ内容ですね。先頭のお
まじないと `function setup() { ... }`
の部分は省略しています。

図4.1のプログラムを実行すると、**図4.2**の
ようにピゴニャン（やScratchのネコ）が右に
100歩×2回、上に50歩×2回進みます。

図4.2 図4.1のコードの実行結果

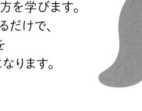
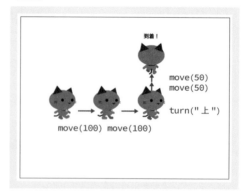

図4.1 同じ値の引数が並ぶ比較コード

```javascript
async function draw() {
    await sleep(1); // 最初に1秒待つ
    move(100);
    await sleep(1); // 1➡0.5
    move(100);
    await sleep(1); // 1➡0.5
    turn("上");
    move(50);
    await sleep(1); // 1➡0.5
    move(50);
    await sleep(1); // 1➡0.5
    say("到着！");
}
```

しかし、いざ実行してみると1秒ずつ停止するのは少し長いように感じますね。ということで、このコードのsleep関数の引数をすべて0.5に置きかえてください。

……と聞いて、「え〜、同じ内容なのに4ヵ所も書きかえるのは面倒だなぁ……」と思った人はプログラマーに向いています。プログラマーは面倒くさがり屋が多いので、コードを変更しなければならないときに、できるだけ書きかえる場所を少なくするしくみがプログラミング言語にはたくさん用意されています。

そのしくみのひとつが『変数』です。今回のように、たくさんある引数の値をいっせいに変更しないといけないときなどに使うとたいへん便利です。

Scratchで変数を作る

Scratchを知っている人は、Scratchで変数を使ったことがあるかもしれません。まずはScratchで変数ブロックを使う方法を見てみましょう。図4.3のように、Scratchの「変数」のペインから[変数を作る]ボタンを押して、

「新しい変数」というダイアログ（画面）を開きます。

今回は「秒数」を意味する変数を作りたいので、英語の“seconds”から3文字とって「sec」という名前にしましょう。「すべてのスプライト用」か「このスプライトのみ」かはどちらを選んでもかまいません。

ここまでしてやっと、Scratchの変数である[sec]ブロックや、変数の値を変える[secを○にする]ブロックなどが使えるようになります。

JavaScriptの変数宣言

JavaScriptで変数を作るための構文を図4.4に示します。JavaScriptでは、新しい変数を作ることを『変数宣言』あるいは『変数定義』といいます。

図4.1のサンプルコードに追加する変数を宣言してみましょう。変数の名前はScratchのときと同じく「sec」にします。

```
let sec = 0.5;
```

このように、変数名の前に、letというキー

図4.3 Scratchでの変数作成

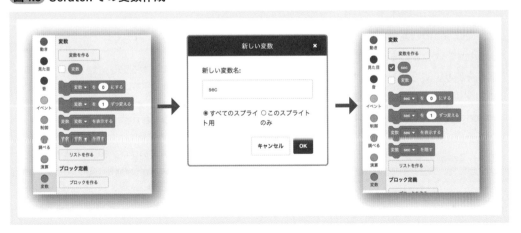

図4.4 | 構文 変数宣言

```
let 変数名 = 初期値;

その他の書き方
  let 変数名 = 初期値, 変数名 = 初期値;
  let 変数名;
```

例

```
let sec = 0.5;

let x = 100, y = 200;
let step;
let cnt, msg = "hello";
```

図4.5 変数を使った比較コード

```
sec ▼ を 0.5 にする      let sec = 0.5;      // 変数宣言
100 歩動かす             move(100);
sec 秒待つ              await sleep(sec); // 変数に置きかえ
100 歩動かす             move(100);
sec 秒待つ              await sleep(sec); // 変数に置きかえ
0 度に向ける             turn("上");
50 歩動かす              move(50);
sec 秒待つ              await sleep(sec); // 変数に置きかえ
50 歩動かす              move(50);
sec 秒待つ              await sleep(sec); // 変数に置きかえ
到着！ と言う            say("到着！");
```

ワードを置くと、「これからこの名前を変数として使いますよ」という宣言になります。変数名に = を続けて、変数の最初の値である『初期値』を同時に指定します。上のサンプルでは、変数secの初期値は0.5です。

Scratchではわざわざダイアログを表示して変数を作り、さらに［〜を○にする］ブロックで初期値を設定する必要がありましたが、JavaScriptではそれが1行のコードで完了します。手軽ですね。

では、図4.1のサンプルコードのsleep関数の引数を変数で書きかえてみましょう 図4.5。なお、図4.5のコードはasync function draw() { ... }の中身だけを示しており、

先頭の await sleep(1); は省いています。

こうして数値を変数に一度置きかえてしま

miniColumn
みちくさ

JavaScriptにおける記号=は、算数や数学の「等しい」という意味ではなく、「変数に値を設定する」ことを意味します。ややこしいので本当は「変数名 ← 値;」とでも書きたいところですが、残念ながら半角記号には矢印がありません。そのため、ほとんどのプログラミング言語では変数の値の設定に = が使われ、「等しい」を意味する記号には == が使われます。この話はまたレッスン6の「条件分岐」のところで説明します。

えば、あとは `let sec = 0.5;` の「0.5」の部分を変えるだけで、コード中のすべての「sec」の値がいっせいに変わります。

変数の値を変更する

変数の値は、コードの途中で書きかえることができます。Scratchでは［〜を○にする］ブロックがその役割を持ちます **図4.6**。

図4.6 代入ブロック

一方、JavaScriptでは、変数の値の書きかえを **図4.7** のように書きます。

このようにして変数に新しい値を設定することを、プログラミングでは『代入』といいます。変数宣言のときの初期値の指定も代入の一種です。この「代入」という言葉は日常では

あまり使いませんが、プログラミングでは何度も出てきます。

代入と変数宣言の構文はよく似ていますが、**代入のときは行頭にletが付きません**。すでに宣言されている変数にletを付けて代入しようとするとエラーになります（その理由は後ほど説明します）。

では、**図4.5** のサンプルコードで代入を使ってみましょう。今度はまず、move関数の引数を変数に置きかえます。変数名は「step」としましょう **図4.8**。move関数の引数は、前半の2回は100ですが、後半の2回は50に変わっています。変数stepの初期値を100としておき、途中で50を代入します。

図4.7 構文 代入

変数名 = 値;

例 `step = 50;`

図4.8 代入の比較コード

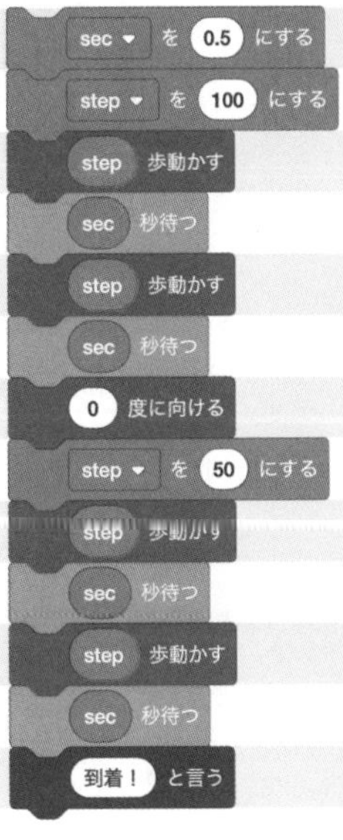

```
let sec = 0.5;
let step = 100;  // 変数宣言
move(step);      // step➡100
await sleep(sec);
move(step);      // step➡100
await sleep(sec);
turn("上");
step = 50;       // 代入
move(step);      // step➡50
await sleep(sec);
move(step);      // step➡50
await sleep(sec);
say("到着！");
```

見た目は同じ move(step); というコードでも、step = 50; から後ろでは、変数 step の中身が100から50に変わっています。試しに、step = 50; の1行を // でコメントアウトしてみてください。ピゴニャンの動きが変わることがわかります。

変数は魔法の箱

ところで、変数は"箱"のたとえを使ってよく説明されます 図4.9。変数宣言とは、❶空の箱（変数）を用意して、❷箱に名前を付けて、❸その箱に中身（値）を入れる操作です。

変数の箱は、ただの箱ではなく"魔法の箱"です。一度作ってしまえば、いくつでもコピー（複製）を作ることができ、コードのあちこちに置くことができます。そして 図4.10 のように、複製された箱のいずれかの中身を変えると、コードの中でその箱より後ろに置かれた箱の中身もいっせいに入れ替わるのです。

なお、プログラミングで変数を使う一番の理由は、値に名前を付けるためです。たとえその値が1ヵ所でしか使われていなくても、値に名前

を付けることには意味があります。Scratch だとブロックに書かれた文章で引数の意味がわかるようになっていますが、文章のない JavaScript の関数では引数に名前が付いているほうがわかりやすいからです 図4.11。

図4.9 "箱"のたとえ

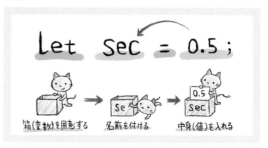

図4.10 箱の中身がいっせいに変わる

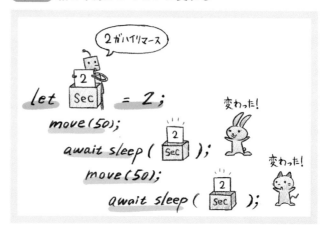

図4.11 変数に名前を付ける意味

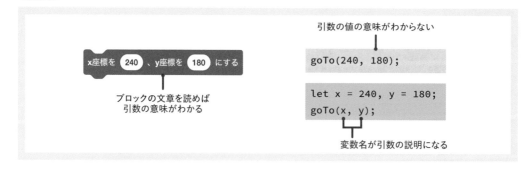

変数同士の代入

　変数から変数に値を代入することもできます **図4.12**。代入だけでなく、変数宣言のときにも変数を使って初期値を与えることができます。

　なお、変数同士の代入は「一方の変数の"値"を、もう一方の変数に書き写すこと」を意味します。たとえば、B = A; というコードは、「BとAを同じ変数（箱）にする」ことではなく、別の箱Bを用意して、箱Aの中身だけを書き写すイメージで覚えておくとよいでしょう **図4.13**。

　このことは、変数同士の代入のあとで、一方の変数の値を変更してみるとわかります。たとえば、**コード4.1** のように変数Aを変数Bに代入したとします。そのあとで変数Aの値を変えても、変数Bの値はそのまま変わりません。代入は、変数Aと変数Bを「同じ箱」にするのではなく、「別の箱」の中身を同じ値にする処理だからです。

　なお、変数同士の代入の裏側は、実はもっと複雑です。このレッスン4の最後のコラムで詳しく説明しているので、興味のある人は読んでみてください。

関数の戻り値を代入する

　変数には、関数の戻り値を代入することもできます。ピゴニャンの現在のx座標を取得するgetX関数の例を見てみましょう。

　次のコードは、前回のレッスン3で紹介したものとよく似た形です（3.3節）。ここでは、getX関数の戻り値をsay関数の引数に指定して、ピゴニャンに位置をしゃべらせています。

```
async function draw() {
  await sleep(1);

  say(getX()); // ➡100
}
```

　変数を使うと、これと同じ内容のコードが次のようにも書けます。

↓getX関数の戻り値を変数xに代入
```
let x = getX();
say(x);            // ➡100
```

　変数xにgetX関数そのものが代入されているように見えますが、関数が実行されてから代入されるので、変数には関数の戻り値だけが代入されます。イメージは **図4.14** のような感じで、まずgetX関数が実行されて戻り値100に置きかわります。それから、100という数値が変数xに代入されます。

図4.12 変数から変数への代入の比較コード

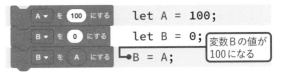

```
let A = 100;
let B = 0;
B = A;
```
> 変数Bの値が100になる

図4.13 変数から変数への代入のイメージ

コード4.1 変数から変数への代入の例

```
let A = 100; // 箱Aを用意して100という値を入れる
let B = A;   // 箱Bを新たに用意して、箱Aの値を書き写す

A = 0;       // 箱Aの中身を書きかえても……
print(B);    // ⇒100（箱Bの中身は変わらない）
```

図4.14 戻り値を変数に代入

```
let x = getX();
        └─────┘
          ❶関数の実行
let x =  100  ;
         ↖
          ❷戻り値の代入
```

miniColumn

English

変数宣言のキーワードletですが、英語では"let A 〜"で「Aに〜させる」という意味になります。英文"let sec be 0.5"は「secを0.5にする」です。JavaScriptの変数宣言の構文 let sec = 0.5;は、この英文の"be"を=に置きかえたものです。なお、"be"は"is"と同じで「〜である」という意味です。

- 変数　variable
- 初期値　initial value
  - 初期化する　initialize
- 宣言　declaration
  - 宣言する　declare
- 定義　definition
  - 定義する　define
- 代入　assignment
  - 代入する　assign

defineはレッスン2の「エラーを起こしてみる」でも出てきましたね。"〜is not defined"（〜は定義されていません）という形で、変数や関数の名前を間違えたときのエラーメッセージとしてよく見かけることになります。動詞の末尾に"ed"が付くと「○○された」となり、否定のnotと組み合わせて「〜 is not ○○ ed」（〜は○○されていない）となります。「〜 is not initialized」や「〜 is not declared」などがエラーメッセージでは見られます。

変数宣言の書き方いろいろ

変数宣言には、いくつかの書き方（記法）があります。この本では記法にばらつきがないようにしていますが、参考までにひととおり紹介しておきます。

まず、変数を宣言だけしておいて、値をあとから代入することができます。

```
let step;    // 宣言だけ
step = 50;   // あとから値を代入
```

また、letに続けて「変数名 = 初期値」を並べることで、複数の変数を同時に宣言することができます。並べるときは「,」（カンマ）で区切ります。たとえば、以下のようなx座標とy座標など、セットになる変数はこうして並べて宣言することがあります。

```
let x = 100, y = 200;
```

また、複数の変数を同時に宣言するときには、「初期値を与える場合」と「与えない場合」を組み合わせることもできます。

変数secは宣言のみ
```
let step = 50, sec;
sec = 0.5;
```

変数xは宣言のみ
```
let x, y = 10;
x = 20;
```

miniColumn

ステップアップ

初期値を指定せずに宣言された変数には、初期値がないわけではなく、「未定義」という意味の『undefined』という初期値が入っています。

```
let step;       // 宣言だけ
print(step);    // ➡undefined
```

4.2

変数名のルールと作法

変数の名前の付け方や使い方にはルールや作法があります。
このルールを守らないと、エラーになったり、
思ったとおりにプログラムが動かないことがあります。
また、作法を守らないと読み取りづらいコードになってしまいます。

変数名のルール

変数名として、次の3つは付けてはいけないというルールがあります。順番に見ていきましょう。

● 同じ場所ですでに使われている変数名
● 同じ場所ですでに使われている関数名
● 予約語

なお、以下では「付けてはいけない名前」を付けたときのエラーメッセージを示していますが、灰色の長いメッセージについては説明を省略しています。

同じ場所で使われている
変数名は使えない

まず、同じ場所で同じ名前の変数は宣言できないというルールがあります。「同じ場所」というのはdrawなどの{ }の中のことです。

たとえば、図4.15のように、stepという名前の変数を2回宣言するとエラーが出ます。2回目のstepの宣言のところに赤い帯と波線が表示されていますね。コンソールのエラーメッセージには「識別子'step'はすでに宣言されています」と書かれています。『識別子』とは変数や関数な

どの名前のことです。

このルールに関してはもっと細かい決まりごとがあります。それについてはレッスン12で改めて説明します。

同じ場所で使われている
関数名は使えない

同様に、同じ場所ですでに使われている関数の名前は変数名に使えないというルールがあります 図4.16。

一方、まだ使っていない関数の名前を変数名にした場合、変数宣言の時点ではエラーにはなりません。ところが、あとで同じ名前の関数を呼び出そうとすると「それは関数ではない」というエラーが出ます 図4.17。なお、この図のように、エラーになったからといって

図4.15 同じ名前の変数を宣言する

```
 9▼ async function draw() {
10    let step = 50;
11    let step = 100; // 同名の変数はエラー
12 }
```

| コンソール | クリア ✔ |

❌ ▶ SyntaxError: Identifier 'step' has already been declared

図4.16 関数と同名の変数を宣言する

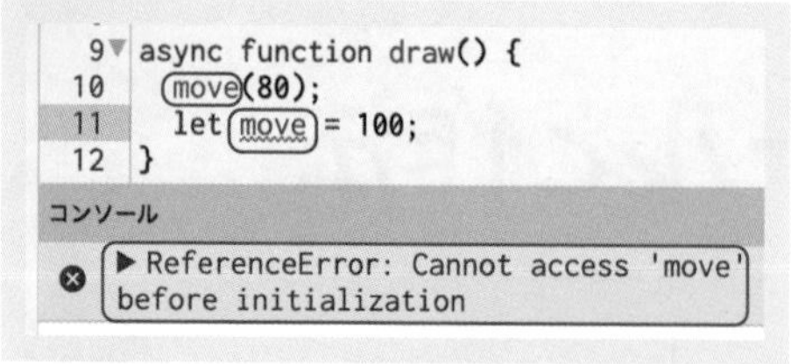

```
 9▼ async function draw() {
10     move(80);
11     let move = 100;
12 }
```

コンソール

❌ ▶ ReferenceError: Cannot access 'move' before initialization

図4.17 宣言後に同名の関数を呼び出す

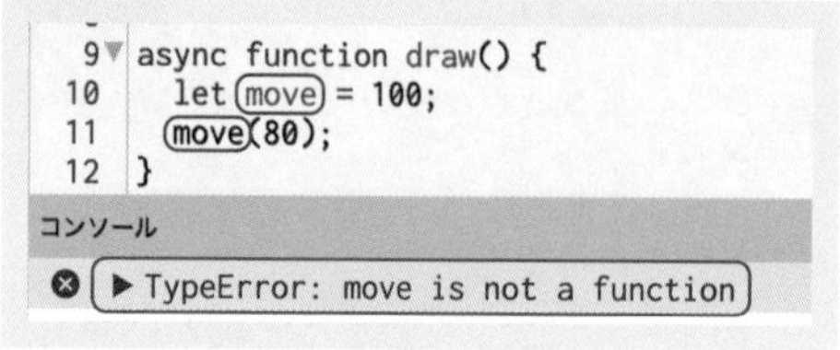

```
 9▼ async function draw() {
10     let move = 100;
11     move(80);
12 }
```

コンソール

❌ ▶ TypeError: move is not a function

図4.18 p5.jsの置換機能

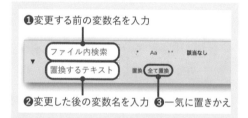

❶変更する前の変数名を入力

ファイル内検索　　　* Aa ** 該当なし

置換するテキスト　置換 全て置換

❷変更した後の変数名を入力　❸一気に置きかえ

図4.19 予約語を変数名にする

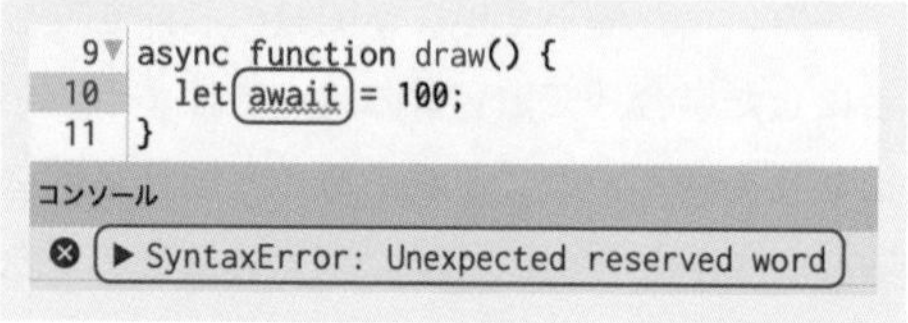

```
 9▼ async function draw() {
10     let await = 100;
11 }
```

コンソール

❌ ▶ SyntaxError: Unexpected reserved word

必ずしもコードエディターに赤い帯や波線が表示されるとは限りません。

ただし、同じ名前の関数を呼び出さないかぎりは変数名として問題なく使えるので、p5.jsやJavaScriptの関数名をすべて覚える必要はありません。エラーが出てから変数名を別の名前に変更すればOKです。

その際、変更すべき変数名の数が多ければ、p5.jsの置換機能を使います。[編集]メニュー

から[置換]を選び、変更前と変更後の変数名を指定してから、[全て置換]を押します 図4.18 。

予約語は使えない

そして最後にもうひとつ、変数名に使ってはいけないのが『予約語』です。予約語とは、letやawaitのように、プログラミング言語に組みこまれているキーワードです。

これまでに登場している予約語だけでも、ほかにasyncとfunctionがあります。予約語はこれからも増えていきますが、全部合わせてもそれほど多くはないので覚えてしまいましょう。

たとえば、awaitという予約語を変数名にしようとすると 図4.19 ようになります。「思ってもないところに予約語があるよ」というメッセージです。

変数名のルール

付けてはいけない変数名があることのほかに、変数名に使える文字も決められています。使える文字は次のとおりです。

- 半角のアルファベット
- 半角の数字（ただし、先頭には置けない）
- _（アンダースコア）
- $（ドル記号）

実はJavaScriptでは全角文字（日本語）も変数名にできるのですが、原因不明のエラーにつながることもあります。変数名に限らず、プログラミングでは半角を使うようにしましょう。

また、使える文字であっても順番にルールがあって、**変数名の先頭を数字にすることはできません**。たとえば、「step1」という変数

名は付けられますが、「1step」という変数名は付けられません。

なお、ドル記号$は特別な意味で使われることもあるので、入門者のうちは変数名に使わないようにしましょう。

変数名の単語の区切り方

アンダースコア_は、変数名の英単語を区切るのによく使われます（next_stepなど）。見た目がヘビのようなので「スネークケース」とも呼ばれます（snakeは「ヘビ」という意味）図4.20。

プログラミングではもうひとつ、2つ目以降の単語の先頭を大文字にして区切る方法もよく使われます（nextStepなど）。こちらはラクダのコブのように見えるので「キャメルケース」と呼ばれます（camelは「ラクダ」という意味）。

p5.jsのプログラムでは変数名も関数名もキャメルケースが使われています。JavaScriptでは変数名もキャメルケースで書くことが多いようです。

この本では両方の記法に慣れるために、変数名はスネークケース、関数名はキャメルケースで名付けていきたいと思います。

変数名の作法

変数の名付け方（命名）にも作法があります。エラーにはならないけども、このように名付けたほうが読みやすいコードになる……というルールです。

まず、**変数の意味や目的が名前からわかるようにする**ことが大切です。たとえば、stepという英単語は「1歩」という意味なので、move関数で1回に動く歩数を表していることがわかりますね。

それから、**変数名の英単語はできるだけ省略しない**ようにします。ただし、短くてもコードを読めば意味がはっきりわかるもの（xやy）

と、プログラミングでよく使われる省略形は使ってもかまいません。たとえば、このレッスン4のサンプルコードでも次の省略形を使っていますし、これらの変数名はこの先でも使っていきます。

- sec ➡ seconds（秒）の先頭3文字
- num ➡ number（数値）の先頭3文字
- str ➡ string（文字列）の先頭3文字
- msg ➡ messageの省略形

これら以外にも命名の細かい作法はたくさんあり、働いている会社や開発グループによっても変わります。勉強や趣味でプログラミングをやるだけなら、まずはここに挙げた作法を守るくらいでよいでしょう。

図4.20 キャメルケースとスネークケース

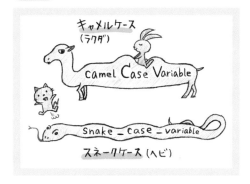

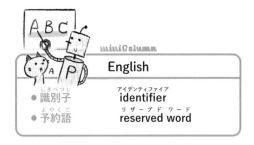

miniColumn	English
● 識別子	identifier
● 予約語	reserved word

値の表現　リテラルとデータ型

変数名だけでなく、変数に入れる"値"にもルールがあります。
かたくるしい勉強のようになってしまいますが、
文字だらけのプログラミング言語を読み取るには
こうしたルールも頭に入れておく必要があります。

文字列と変数や関数を区別する

「関数」「変数」「値」が見た目で区別できる
Scratchとは違い、文字を打ちこむプログラ
ミング言語では（当たり前ですが）これらはす
べて文字だけで書かれています。しかし、見
た目だけで区別できないわけではありません。

まず、関数は後ろに（ ）が付きますが、変
数には付きません。また、引数に指定されたり
変数に代入されたりする文字列は" "で囲わ
れていますが、変数名には" "が付きません。

それに、p5.jsのコードエディターは色分け
もしてくれます。色分けのデザインはブラウ
ザーの種類などで変わります。たとえば
macOSのChromeブラウザーでは、**図4.21** の
ように、**宣言中の変数名と関数は青色**、**予約
語は茶色**、**文字列は緑色**になります。

図4.21 コードエディターの色分け

```
 9▼ async function draw() {
10
11    let num = 100;      // 数値
12    let str = "文字列"; // 文字列
13    print(str);         // 関数と変数
14
15 }
```

以降では、こうした「値の表現」についても
う少し説明していきます。

変数名と文字列

ここまでのサンプルコードでは、変数の初
期値や代入する値に「数値」を使ってきました
が、もちろん「文字列」も使えます。

```
let msg = "こんにちは";
say(msg); //  ➡こんにちは
```

文字列が日本語だとあまり気になりません
が、文字列が英語になると変数名と区別しづ
らくなります。

```
let msg = "Hello";

say(msg);        //  ➡Hello (msgは変数名)
await sleep(2);
say("Hello"); //  ➡Hello ("Hello"は文字列)
```

さらに、次のコードはどうでしょう。

```
let Hello = "Hello";

say(Hello);      //  ➡Hello (Helloは変数名)
await sleep(2);
say("Hello"); //  ➡Hello ("Hello"は文字列)
```

「Hello」だらけになりました。Helloは変数、
"Hello"は値（文字列）です。変数名も文字で表
現されるので、同じ単語も使えてしまいます。

変数と文字列は引用符 " " の有無できちんと判別しましょう。

リテラル

さて、これで変数に入れられる値が「数値」と「文字列」の2つになりました。

```
let num = 0.5;       // 数値（number）
let str = "Hello";   // 文字列（string）
```

数値のほうには引用符 " " は付かず、文字列には付きます。このように、値の種類によって異なる記法のことを『リテラル』といい、「数値リテラル」や「文字列リテラル」と表現します。"literal" とは「文字どおりの」という意味の英単語で、ここでは "値" の「文字上の表現」といった感じです。

JavaScriptのリテラルはもっとありますが、上記のほかにこの本でこれ以降登場するのは、レッスン6の「真偽値リテラル」、レッスン9の「配列リテラル」、レッスン10の「オブジェクトリテラル」の3つです。

miniColumn
ステップアップ

数値にはとくにリテラルと呼べるものがないように感じたかもしれませんが、数値の「10」という表記は、10進数の「十」を表すための正式なリテラルです。もし、この「10」が2進数ならば「二」を意味します。JavaScriptでは何進数の数値であるかを区別するために、2進数の場合は「0b10」と書きます。そのほか、8進数は「0o10」（あるいは010）、16進数は「0x10」です。

ちなみに小数を「0.5」と書くのも数値リテラルのひとつで、表現をそう決めておかないと、ヨーロッパや南米の一部の国では0.5のことを「0,5」と書く慣習があるので混乱するのです。

数値と数字

ところで、ここまで「数値」と「数字」という言葉がきちんと使い分けられてきたことに気づいた人はいるでしょうか。

プログラミングでは、「数値」と「数字」はまったく別物になります。「数字」とは1や10などの "文字" を指す言葉で、コードの中では文字列リテラルで"10"などと書かれます。

```
let num = 10;   // 10という数値
let str = "10"; // "10"という数字（文字列）
```

書き方が異なるだけに見えるかもしれませんが、「数値」は足したり引いたりなどの演算ができるのに対して、「数字」は数としての足し算ができません。次のレッスン5で学びますが、数字の"1"と"10"を足すと、11ではなく、連結されて"110"になります。

```
print(1 + 10);       // ➡11（足される）
print("1" + "10");   // ➡110（連結される）
```

データ型

JavaScriptでは数値と文字列以外にもいろいろな値があり、それぞれにリテラルが決められています。また、そうした値の種類のことを『データ型』、あるいは単に『型』といいます。

数値は『数値型』のデータ、文字列は『文字列型』のデータということになります。この本に登場するデータ型は次のものです。

- **数値**
- **文字列**
- **真偽値（論理値やブール値ともいう）**
- **undefined**
- **オブジェクト（「配列」もここに含まれる）**

このデータ型というのは、プログラミング言語によってはとても大切な知識（概念）になるので、「変数」のトピックで詳しく説明する本もたくさんあります。ただ、JavaScriptは「型」の制約があまり強くない言語なので、ここでは軽く触れるだけにして、それぞれ必要になったときに改めて説明します。

miniColumn
みちくさ

「データ」と「値」という言葉は同じ意味で使用されることも多いのですが、データのほうが広い意味を持ちます。「値」は、変数の中身や関数の引数となる数値や文字列などのことです。一方で、「データ」はプログラミングの"外"の情報も指します。コンピューターに「ファイル」として記録されている情報もデータですし、コンピューターに取りこまれる前の「学校のクラス名簿」などの情報もデータです。

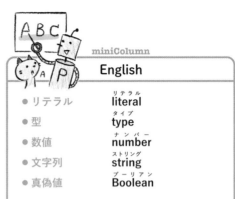

miniColumn
English

● リテラル　　literal
● 型　　　　　type
● 数値　　　　number
● 文字列　　　string
● 真偽値　　　Boolean

booleanは真偽値（あるいは論理値）を意味する英単語ですが、ブール代数という数学の理論を考えたイギリスのジョージ・ブール（George Boole）の名前から取ったものです。真偽値のことを「ブール値」と呼ぶことも多いです。

4.4
letで宣言しない変数

JavaScriptやp5.jsには、letで宣言しない変数もあります。
ひとつはconstというキーワードを使って宣言する「定数」。
もうひとつは、変数宣言しなくてもp5.jsに最初から
用意されている「システム変数」です。

定数 あとから代入できない変数

JavaScriptには、あとから代入によって値を変更できない変数があります。変数宣言のときに、letの代わりにconst（コンスト）というキーワードを先頭に置きます。constで宣言された変数は、あとで別の値を代入しようとするとエラーになります。

```
const step = 50;
step = 100; // ➡エラー
```

このように、値をあとから変更できない変数のことを『定数』といいます 図4.22。定数は、

宣言のときに必ず初期値を指定しなければなりません。それ以外の使い方や命名のルール、作法などは変数と同じです。

あとから代入できないのは不便な気もしますが、プログラムが複雑になってくると、変数の値が途中で変わるほうがトラブルの原因になります。そのため、中級者以上のプログラマーになると、できるかぎり定数を使ってコードを書くようになります。ただし、この本のサンプルコードは、みなさんが自由に書きかえたときにエラーにならないよう、constで宣言したほうがよいところでもletを使います。

図4.22 定数のイメージ図

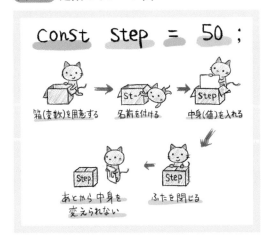

Const Step = 50;

箱(変数)を用意する → 名前を付ける → 中身(値)を入れる

あとから中身を変えられない ← ふたを閉じる

システム変数

Scratchには、作成しなくても最初から使える特別な変数ブロック（マウスの座標やタイマーなど）がいくつかあります**図4.23**。

p5.jsにもそれと同様の特別な変数があり、「**システム変数**」と呼ばれます。なお、ここで紹介するシステム変数はp5.js専用の変数であり、JavaScriptそのものが持っているわけではありません。以下にその一部を示します。

- **width**（ウィッツ） ➡ **キャンバスの幅**
- **height**（ハイト） ➡ **キャンバスの高さ**
- **mouseX/mouseY**（マウス） ➡ **マウスポインタのx/y座標**

システム変数は、変数宣言をしなくてもいきなり使うことができます。

図4.24は、いくつかのシステム変数の値をピゴニャンにしゃべらせた結果です。p5.jsのコードエディターでは、普通の変数と区別し

やすいよう、システム変数はピンク色になります。なお、mouseXとmouseYはマウスポインタのキャンバス上での座標値なので、実行ボタンを押してからマウスポインタをキャンバスの上に移動しないとピゴニャンは何もしゃべりません。

ちなみに、システム変数と同じ名前の変数を自分で宣言することもできてしまいます。そうすると変数の中身が上書きされ、もはや「特別な値を持つ変数」ではなくなってしまうので注意してください。

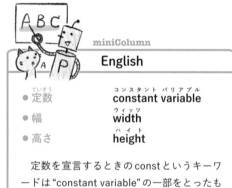

miniColumn

English

- 定数（ていすう） **constant variable**（コンスタント バリアブル）
- 幅 **width**（ウィッツ）
- 高さ **height**（ハイト）

定数を宣言するときのconstというキーワードは "constant variable" の一部をとったものです。"constant"（コンスタント） は「不変の」という意味の英単語なので、定数の英語名は「不変の変数」となります。なんだかおかしいですね。

図4.23 Scratchのシステム変数

図4.24 システム関数を使ったコードとその実行結果

```
async function draw() {
  await sleep(1);

  await sayFor(width, 1);   // キャンバスの幅

  move(100);
  await sayFor(height, 1);  // キャンバスの高さ

  move(100);
  await sayFor(mouseX, 1);  // マウスの x 座標

  move(100);
  say(mouseY);              // マウスの y 座標
}
```

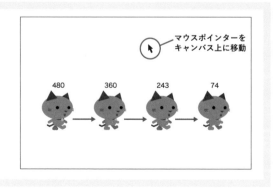

4.5

まとめ

　レッスン4では、変数の宣言や代入、命名のルールなどについて学びました。

変数宣言と代入　変数はScratchにもあるしくみですが、JavaScriptではletというキーワードを使って、より簡単に変数を『宣言』することができます。変数は『代入』によって値を変えることができます。letの代わりにconstというキーワードを使うと、あとから別の値を代入できない『定数』になります。

命名のルール　変数名を付けるときには、先頭に数字を置いてはいけないなどのルールがあります。この命名のルールは変数名以外でも使われます（レッスン10やレッスン11で出てきます）。同じ場所で同じ名前の変数は宣言できないというルールについてはレッスン12で追加の説明があります。

データ型とリテラル　変数に代入できる "値" には、それぞれに『データ型』があります。数値は「数値型」、文字列は「文字列型」というデータ型になります。各データ型には決められた記法があり、それを『リテラル』といいます。たとえば、文字列型のリテラルは「引用符 " " で囲うこと」です。

システム変数　Scratchには、ネコの[x座標]や[向き]、[マウスのx座標]など、最初から使える変数がたくさん用意されています。p5.jsにもそれと似た「システム変数」があり、キャンバスの幅や高さ（widthとheight）などはよく使います。ただし、Scratchに完全対応しているわけではないので、システム変数が用意されていないものは、代わりにピゴニャン専用の関数（getX関数やgetDirection関数など）で取得します。

....

　プログラミングの初心者を見ていると、プログラミングの最初の壁は「変数」の理解にあると感じます。とくに「変数と文字列の違い」についてはときどき読み返してください。

miniColumn

みちくさ

　昔のJavaScript（ECMAScript 2015より前）では、「let」の代わりに「var」というキーワードを変数宣言で使っていました。このvarを使った変数宣言では、同じ変数名を宣言してもエラーにならずトラブルの元になっていました（それ以外にもいろいろと問題がありました）。そこで、キーワードletを使った新しい変数宣言が登場したわけです。p5.jsでは今でもvarによる変数宣言ができますが、みなさんはletを使ってくださいね。

Column | 変数の宣言や代入の裏側

　レッスン4の変数同士の代入の説明では、「一方の変数の"値"を、もう一方の変数に書き写すことである」と説明しました。これは初心者向けによくされる説明ですが、実はJavaScriptでは正確ではありません。このことをきちんと説明するには、パソコン（コンピューター）の中で変数がどのように扱われているかを知る必要があります。

　コンピューターには、変数の値などが保存される「メモリー」という場所があります。「プログラムが実行される」というのは、このメモリーから必要なデータが取り出され、「CPU」や「GPU」といったコンピューターの頭脳に渡されて処理されることをいいます（GPUはグラフィックス用ですが、最近はプログラミングの処理にも使われます）。

　変数宣言 let a = 10; とは、メモリーに「10」という値を保存して、その保存場所に"a"という（プログラムから扱える）名前をつける処理です。「箱」のたとえでいえば、"a"という箱に「10」が直接入っているのではなく、"a"という箱をのぞきこむと「10」の置かれたメモリーの場所が見える……というイメージです 図C4.a。ドラえもんの「どこでもドア」のように、箱の底がメモリーの空間へとつながっています（どこでも箱ですね）。

　ちなみに、このように「箱をのぞきこむ」こと

を、プログラミングの用語で「変数を『参照』する」、あるいは「変数に『アクセス』する」といいます。参照もアクセスも「ここから離れた別の場所を見にいく」といった意味があります。

　さて、この「どこでも箱」のたとえを使って「変数同士の代入」を説明します。たとえば let b = a; というコードは、箱aと箱bの"のぞいた先"を「メモリーの同じ場所」につなぐ処理です。箱aと箱bが同じ箱になるわけではありませんが、どちらの箱をのぞきこんでもメモリー上の同じデータにアクセスできるようになります 図C4.b。

　でも、それだとおかしいですね。2つの箱（変数）が同じ場所をのぞきこんでいるなら、どちらかの変数に別の値を代入したら、両方の変数の値が同時に変わるはずです。しかし、本文でも説明したとおり、そうはなりません。

```
let a = 10;
let b = a;
a = 50;   // aの値を書きかえる
print(b); // ➡10（bの値は元のまま）
```

　その理由は次のとおりです。JavaScriptでは、数値や文字列などの"値"が変数に代入されたとき、メモリー上の"元の値"を書きかえません。その代わり、新しい値をメモリーの「別の場所」

図C4.a 変数宣言とメモリーの参照

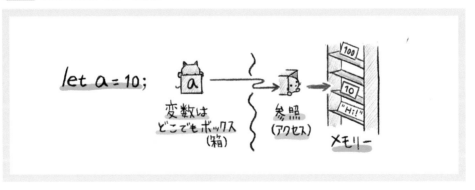

に保存して、変数の参照先をその「別の場所」に変更します。つまり、変数への"値"の代入とは、変数(どこでも箱)の"のぞいた先"を変更する処理なのです **図C4.c**。

ややこしい話でしたね。この話はひとまず横に置いておいて、「変数同士の代入は"値"を書き写している」と覚えておいたほうが簡単ですし、本文でもそのように書いています。しかし、レッスン9の『配列』やレッスン10の『オブジェクト』が出てくると、「書き写す」という表現だと間違いになってしまうのです。配列やオブジェクトの変数

の代入を理解するためには、今回の「どこでも箱」のたとえがどうしても必要になります。

ただし、この先でも、ステップアップコラムを読まないかぎり、本文ではその難しい部分は出てきません。このコラムに書かれたことが理解できなくても、この本の本文は最後まで読み通せますので心配しないでください。

図C4.b 変数同士の代入と裏側の処理

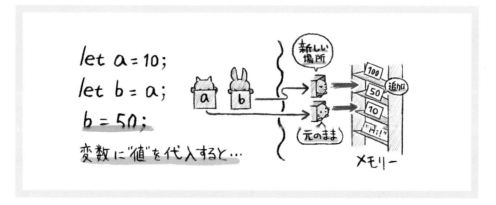

図C4.c 変数への値の代入と裏側の処理

レッスン5

演算
プログラムに
計算をさせてみよう

　レッスン5では「演算」について学びます。Scratchにも同じ機能がありますが、プログラミング言語では「＋」「－」「×」「÷」の代わりに「+」「-」「*」「/」という『演算子』を使います。これらの4つの基本演算子の使い方は小学校の算数のルールと同じです。

　また、算数にはない演算子として『代入演算子』があります。たとえば、5を1増やすと6になりますが、変数xを1だけ増やすコードはx += 1;と書くことができます。この代入演算子「+=」は「+」とは別の演算子で、Scratchの［～を○ずつ変える］ブロックにあたる機能です。

　ほかにも、プログラミングでは文字列を含む足し算ができます。文字列の"number"と数値の1を足すと、"number1"になります。文字列の中に変数の値を混ぜるのに便利な『テンプレート文字列』という構文もあります。

　プログラミングの演算では、小数点を切り捨てるfloor関数など、演算子だけでなく関数も使われます。とくに、ランダムな数値（乱数）はプログラミングのさまざまな目的でよく使われますので、乱数を作る関数については少し詳しく説明します。

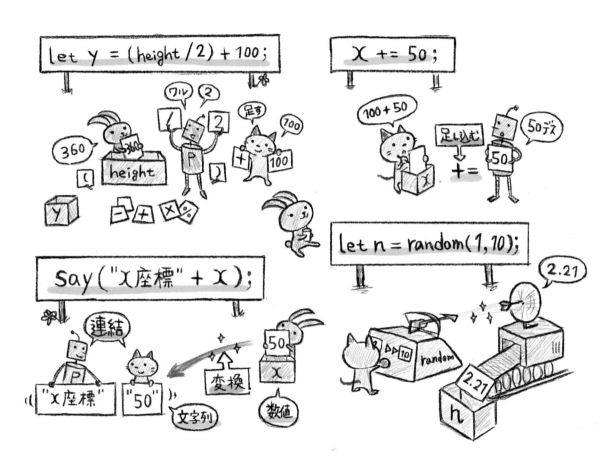

5.1
四則演算

プログラミングでも、計算の基本は
「足す」「引く」「かける」「割る」の四則演算です。
ルールは算数と同じですが、式の中に変数や関数が入ります。
変数の入った式は中学校で習う方程式のようにも見えますが、
数式を解いたりする必要はありません。

歩数を計算で求める

x座標が370の魚のところまで、3回動いて
到着させたいとします 図5.1 。ピゴニャンの
x座標は100です。

図5.1 3回に分けて移動する

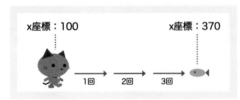

これまでは手元で (370-100)÷3 などと計算
して1回の歩数を決めていましたが、計算はコン
ピューターのほうが得意です。計算式をコード
で書いて、歩数を自動計算させましょう。

まず完成したコードを 図5.2 に示します。今
回はピゴニャンやScratchのネコの登場位置
が大事なので、setupの部分も省略せずにの
せています。コードが長くなってきたので、
サポートサイトからコピー＆ペーストしても
かまいません。

図5.2 の右側のサンプルコードでは、魚を
配置するputFish関数をsetupの中で呼び出し

ています。putFish関数を置くのはdrawの
1行目（`await sleep(1);`の上）でもかまい
ません。Scratchでもプログラムを動かした
い人は、魚の代わりにリンゴなどを置いてみ
るとよいでしょう 図5.3 。

計算式は、変数stepの初期値を決めるとこ
ろで使っています 図5.4 。Scratchなどを知っ
ていれば、おそらく説明がなくても読み取れ
ると思います。

なお、Scratchのブロックとp5.jsのコード
で計算式の数値が異なるのは座標系が異なる
からです（3.3節の 図3.16 ）。計算結果である
変数stepの値はScratch、p5.jsとも同じ90に
なります。

演算子

さて、サンプルコードを確認したところで、
JavaScriptでの演算について順を追って説明
していきましょう。

図5.5 では、Scratchの演算ブロックに対応
するJavaScriptのコードを右側に示していま
す。JavaScriptのコードでは、仮に "a" と "b"
という名前の変数をあてています。

これら「+」「-」「*」「/」などの記号のことを、

図5.2 3回に分けて移動の比較コード

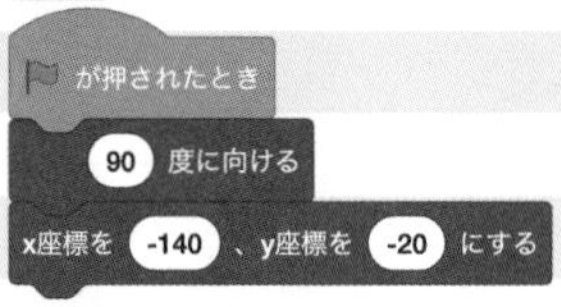

```
function setup() {
    createCanvas(480, 360);
    start(100, 200);    // 最初の座標
    putFish(370, 200); // 魚を配置
}
```

```
async function draw() {
    await sleep(1);
    let step = (370 - 100) / 3; // 演算
    move(step);
    await sleep(1);
    move(step);
    await sleep(1);
    move(step);
    await sleep(1);
    say("ゴール");
}
```

図5.3 Scratchのリンゴ

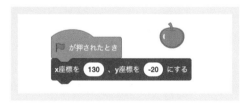

図5.4 1ステップの計算の比較

```
let step = (370 - 100) / 3;
```

図5.5 演算子の比較

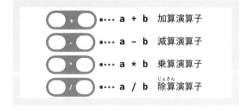

プログラミングの用語で『算術演算子』と呼びます。単に「演算子」ということが多いです。図5.5には「加算演算子」などのかたくるしい名前を並べましたが、解説文くらいでしかこれらの呼び方が使われることはありません。

　ScratchでもJavaScriptでも、かけ算の「×」が「*」に、割り算の「÷」が「/」に置きかわっています。ほとんどのプログラミング言語では演算子に全角の記号は使えないので、*と/の記号が代わりに使われます。

　ちなみに、負の値(−5など)の前に付いている−も演算子です。正の値も+5と書いてよいのですが、通常は省きます。

　プログラミングの演算子はほかにもありま

す。余りを求める%や、累乗（2^2など）を求める＊＊などです。余りを求める%は意外と使うので、またのちほど説明します。

演算のルール

JavaScriptの四則演算のルール（優先順位）は、算数と同じです 図5.6 。数式の見た目も、JavaScriptと算数はほとんど同じです（演算子が違うだけ）。

図5.6 演算の優先順位

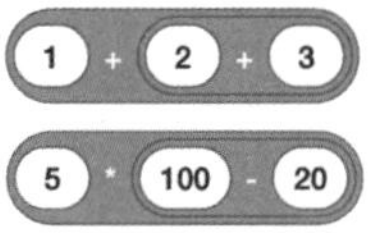

$$1 + 2 + 3$$

$$5 * (100 - 20)$$

Scratchの演算ブロックは値を2個ずつしか組み込めないので、3個以上の値があるときはブロックを入れ子にして数式を組み立てる必要があります。また、演算ブロックが算数の丸カッコの機能も持つので、読み取るのに苦労します。その点、JavaScriptはかなりすっきりしています 図5.7 。

図5.7 複雑な演算

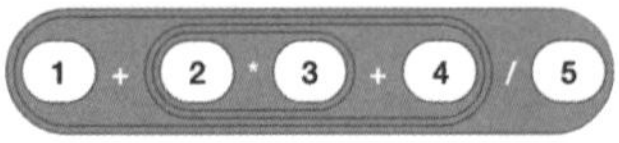

$$(1 + 2 * 3 + 4) / 5$$

変数を式に入れる

ここまではとくに難しいところはないと思いますが、プログラミングでは 図5.8 のように数式に変数が含まれてきます。

図5.8 変数入りの演算

$$(3 + x) / 5$$

数学だと、ここから「xの値を求めましょう」という方程式の問題になるのですが、プログラミングで変数xの値を計算することはありません。数式のコードが実行されるときに、変数が数値に置きかわるだけです。

たとえば、変数xの値が12だったときの、プログラムが実行されていくイメージは 図5.9 のようになります。

図5.9 変数が置きかわっていくイメージ

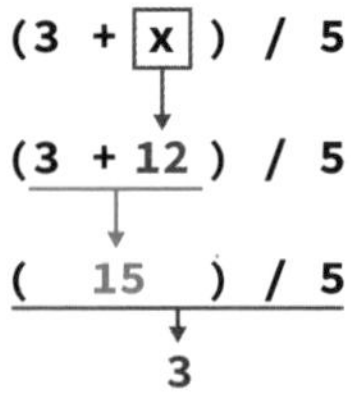

$$(3 + \boxed{x}) / 5$$
$$(3 + 12) / 5$$
$$(\quad 15 \quad) / 5$$
$$3$$

算数では「負の値を足す」と引き算になりますが、プログラミングでも同じです。算数では「100 + −20」などと書かずに「100 − 20」と書きますが、変数のあるプログラミングでは「負の値を足す」こともよくありますので知っておくと役立つでしょう 図5.10 。

図5.10 負の値を足す（変数xが-20の場合）

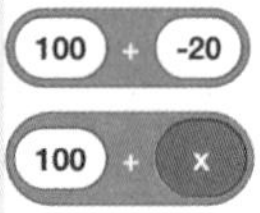

$$100 + -20 \Rightarrow 100 - 20$$

$$100 + x \Rightarrow 100 - 20$$

（−20）

計算するだけでは何も起こらない

計算した結果は、変数に代入したり、関数の引数に指定したりして使用します 図5.11 。

図5.11 計算結果の利用

```
b = a + 5;

say(a * b);
```

いいかえると、計算結果をそのように使用しなければ、ただ計算が実行されるだけで何も起こりません。たとえば、次のコードはa＋5をただ計算しているだけで、変数aが5増えて15になるわけではありません。これは慣れないうちは書いてしまいがちなコードです。

```
let a = 10;
a + 5;     // a+5（10+5）を計算するだけ
print(a); // ➡10（変化なし）
```

演算によって変数の値を変更したいときは、計算結果を必ず代入する必要があることを理解しておきましょう。なお、値が変わるのは左辺（代入記号＝の左側）の変数だけです 図5.12 。右辺にある変数は、演算後も値は変わりません。

関数呼び出しを式に入れる

さて、 図5.2 のサンプルコードでは、次のコードで1回分の歩数を計算していました。

```
let step = (370 - 100) / 3;
```

魚のx座標　　3回で歩く

ピゴニャンの登場位置のx座標

ところで、ピゴニャンが最初の登場位置から移動したあとに歩数の計算をしたくなったらどうすればいいでしょう。移動後はピゴニャンのx座標はもう100ではなくなるので、計算式の中の100という数値は使えなくなります。

図5.12 変数の値が変わるのは＝の左側（左辺）だけ

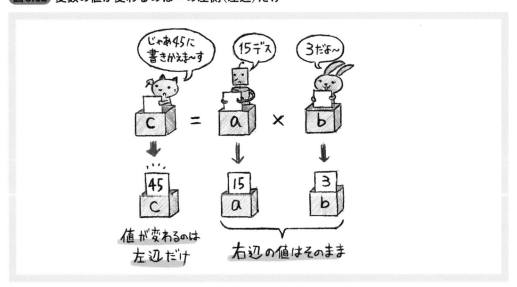

そんなときは、ピゴニャンの現在のx座標を取得するgetX関数を使うのでした。getX関数を計算式の中に入れると、次のようになります。

```
let step = (370 - getX()) / 3;
```

このように、関数呼び出しは数式の中に入れることもできます 図5.13 。関数呼び出しを入れ子にしたときと同じように、まず最初に

miniColumn

ステップアップ

プログラミング言語によっては、割り切れないときには小数点以下が切り捨てられるものもあります。その場合、たとえば、10 ÷ 4は2.5ではなく2になります。JavaScriptでは数値型に整数も小数も含みますが、データ型が整数型と小数型に分かれているプログラミング言語もあるからです（C言語など）。その場合、整数を整数で割った結果も整数型になるので、小数点以下が切り捨てられるのです。

図5.13 数式内の関数呼び出しのイメージ

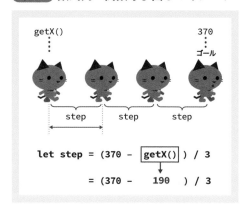

関数が実行され、戻り値に置きかわります。そのあと、ほかの演算が行われます。

計算式の中に関数呼び出しが入ると混乱してしまう人は、getX関数の戻り値をまず変数に代入するとわかりやすいかもしれません。ついでに、魚のx座標も変数に入れてみましょう コード5.1 。

なお、JavaScriptでは、整数でぴったり割り切れないときは結果が小数になります。move関数は小数で歩数を指定してもかまわないので、割り切れるかどうかを気にする必要はありません（goTo関数なども同じです）。

```
let step = 10 / 4; // stepは2.5になる
move(step); // 2.5歩動く
```

miniColumn

English

● 演算子　　オペレーター
　　　　　　operator

「オペレーター」はカタカナ英語にもなっていて、何かを操作する人のことを指します。みなさんはまだ経験がないかもしれませんが、家電の修理依頼やクレジットカードの紛失時などに業者に電話すると「オペレーターにおつなぎします」と言われてずっと待たされます。プログラミングの演算子のことを「オペレーター」と呼ぶのも「操作をする者」だからだと思いますが、記号が小人のように前後の値を操作している様子を想像するとかわいらしいですよね。

コード5.1 getX関数の戻り値を先に変数に入れておく

```
let fx = 370;      // 魚のx座標（fishのx座標なので変数名はfx）
let px = getX();   // ピゴニャンのx座標（p5nyanのx座標なので変数名はpx）
let step = (fx - px) / 3;
```

5.2
代入演算子

プログラミングでは、
変数の値を増やしたり減らしたりすることがよく行われます。
しかし、a + 5と書いても変数aの値は増えないのでした。
これから学ぶ代入演算子は、
変数自体の値を増減するために使う演算子です。

変数自体の値を変える

前にも説明したとおり、a + 5; というコードでは変数aの値は増えません。変数aに5を足した結果は、何かしら変数に代入しないと取り出せません コード5.2。

では、変数a自体の値を増やすことはできないのでしょうか。JavaScriptでは、コード5.3のように、変数aに5を足した結果を同じ変数aに代入することができます。これで、変数a自体の値を増やすことができます。

このようなことが可能なのは、代入の処理よりも演算（右辺）の処理のほうが先に実行されるためです 図5.14。

しかし、記号＝の両側にaがあるのはわかりにくいですよね。JavaScriptでの＝の意味は「等号」ではなく「代入」なのですが、方程式を知っている中学生以上の人はとくに混乱しやすいかもしれません。

コード5.2 ほかの変数に代入して変数の値を変える

```
let a = 10;
let b = a + 5; // 計算結果を変数bに代入
print(a);      // ➡10（変数aの値はそのまま）
print(b);      // ➡15
```

コード5.3 同じ変数に代入して変数の値を変える

```
a = a + 5; // 計算結果を同じ変数に代入
print(a);  // ➡15
```

図5.14 右辺と左辺に同じ変数が置かれたときの処理

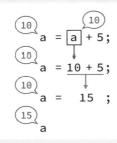

❶右辺の変数 a が値に置きかえられる
❷右辺の式が計算される
❸右辺の値が左辺の変数 a に代入される
❹左辺の変数 a の値が変わる

変数の値を増やす演算子

JavaScriptには、『代入演算子』という、変数自体の値を増やすことのできる演算子があります 図5.15 。これはScratchの[変数を○ずつ変える]ブロックに対応する機能です。

図5.15 代入演算のブロックとコード

```
a ▼ を 1 ずつ変える      a += 1;
```

代入演算子は、＝の左横に＋演算子を置いたものです。たとえばa += 1で、「変数aに1を足しこむ」という処理になります。演算子+=の右辺には、数値ひとつだけでなく、変数や式、関数呼び出しを置くことができます 図5.4 。

代入演算子の見た目は「単なる代入」と似ているので気をつけてください 図5.16 。次のサンプルコードのように、「代入」と「代入演算」の結果はまったく異なります。

代入
```
let a = 10;
a = 1;      // aは1に置きかわる
print(a); // ➡1
```

代入演算
```
let b = 10;
b += 1;     // bは1増えて11に変わる
print(b); // ➡11
```

さまざまな代入演算子

JavaScriptでは、四則演算の演算子すべてに代入演算子が用意されています コード5.5 。

コード5.5 四則演算の代入演算子
```
let a = 15, b = 15, c = 15, d = 15;

a += 5; // aに5を足しこむ （a: 15➡20）
b -= 5; // bから5を引く   （b: 15➡10）
c *= 5; // cを5倍する     （c: 15➡75）
d /= 5; // dを1/5にする   （d: 15➡3）
```

Scratchの[変数を○ずつ変える]ブロックは+=に対応する機能なので、Scratchで変数の値を減らしたいときは「負の数」を足します 図5.17 。一方、JavaScriptには引き算の代入演

コード5.4 代入演算子の使用例
```
a += b + 10; // b+10の結果を足しこむ
x += getX();  // getX関数の戻り値を足しこむ
num += num;   // 自分自身を足しこむ（値が2倍になる）
```

図5.16 変数の値が変わるのは＝の左側（左辺）だけ

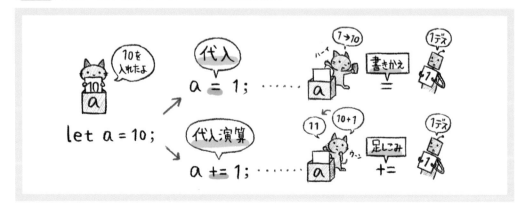

算子 –= があるので、より自然に表現できます。

図5.17 引き算の代入演算子

b -= 5;

コード5.6 の❶❷❸のコードが同じ計算をしていることはわかるでしょうか。

コード5.6 同じ計算結果となる演算

```
b = b - 5;  // ❶同じ変数に代入する
b += -5;    // ❷「-5」を足す
b -= 5;     // ❸これが一番自然に読める
```

足し算と引き算の代入演算はわかりやすいのですが、かけ算と割り算の代入演算はピンとこない人がいるかもしれません。そのような場合には **コード5.7** のように分解して考えてみてください。

コード5.7 かけ算と割り算の代入演算

```
c *= 2;    // cを2倍する
  ↕
c = c * 2; // cに2をかけたものをcに入れる

d /= 3;    // dを1/3にする
  ↕
d = d / 3; // dを3で割ったものをdに入れる
```

miniColumn
みちくさ

実は、単なる代入の演算子 = も「代入演算子」の仲間（というより代表）です。しかし、a = 5 といった処理（これも演算の一種）は通常「代入」と呼ぶため、この本では、代入と同時に何らかの算術演算をともなう a += 5 などの演算に対してのみ「代入演算子」や「代入演算」という用語を使用します。

この代入演算子は、レッスン7やレッスン8で「繰り返し」の構文を学んだあと非常によく使うようになります。処理の繰り返しの中で、変数の値を増やしていったり減らしていったりということをするために代入演算子を使うからです。

miniColumn
ステップアップ

代入演算子のほかに、『インクリメント』『デクリメント』という演算子があります。これは変数を1だけ増やしたり減らしたりするときに使える演算子で、次のように書きます。

```
x++;  // 変数xを1だけ増やす
x--;  // 変数xを1だけ減らす
```

ここで、 ++ と -- という演算子は変数の前にも付けることもできて、上記のように代入のないコードなら、前に付けても後ろに付けても同じ意味になります。しかし、代入のある計算式の中でインクリメントやデクリメントを使うと、前に付けるか後ろに付けるかで計算結果（代入される値）が変わります。

代入のある計算とインクリメント
```
let a = 5, b = 5;
let x = a++ + 5;
```
↑aが1増える前に右辺が計算される➡xは10になる
```
let y = ++b + 5;
```
↑bが1増えたあとに右辺が計算される➡yは11になる

このインクリメント・デクリメントの演算子は、JavaScriptの入門書では通常は教えるのですが、代入演算子を使って次のように書いても結果は同じなので、この本では扱いません。ちなみに、Pythonにはインクリメント・デクリメントの演算子がそもそもありません。

```
x += 1;  // 変数xを1だけ増やす
x -= 1;  // 変数xを1だけ減らす
```

5.3
文字列の足し算

数値同士の四則演算は算数と同じでしたが、
プログラミングでは文字列を使った計算式も書けます。
文字列の足し算もきちんとした正しいコードで、
足し合わされた文字列をつなげます。

文字列の連結

JavaScriptでは文字列どうしの足し算ができます。文字列と文字列を足し合わせると、2つの文字列がつなげられます。たとえば、 図5.18 のコードを実行するとピゴニャンは「こんにちは世界！」としゃべります。

文字列と数値の足し算もエラーにはならず、連結されて文字列になります 図5.19 。いくつの文字列や数値を足し算してもかまいません。

なお、Scratchの演算ブロックでは、文字列と数値を足し合わせても数値しか表示されません。文字列の連結には（足し算ブロックではなく）［○と○］ブロックを使います 図5.20 。

型変換

JavaScriptの文字列と数値の足し算の裏側では『型変換』という処理が行われています。 図5.21 に示すように、一方が文字列だった場合、数値型は文字列型に変換されます。

足し合わされる順番に関係はありません。"p" + 5でも5 + "p"でも、足し合わされる相手が文字列だったときは、数値の5は文字列の"5"に変換されます コード5.8 。

ちなみに、文字列が「数字」のときは、数値同士の計算をしているつもりにならないよう、気をつけましょう。数字同士の場合はもちろん、数値と数字の足し算も文字列に変換され

図5.18 文字列と文字列の連結

```
async function draw() {
  await sleep(1);
  say("こんにちは " + "世界！");
}
```

こんにちは世界！

図5.19 文字列と数値の連結

```
async function draw() {
  await sleep(1);
  say("これは " + 100 + "です");
}
```

これは100です

図5.20 Scratchの文字連結

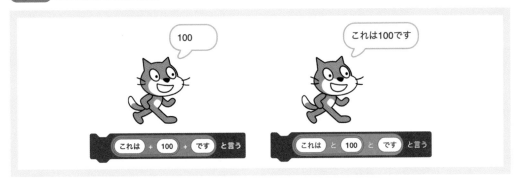

図5.21 型変換のイメージ

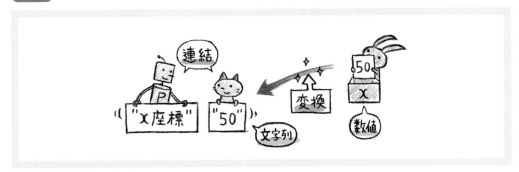

コード5.8 数値と数字の足し算も連結になる

```
print("100" + "100"); // ➡"100100"  （数字＋数字）
print(100 + "100");   // ➡"100100"  （数値＋数字）
```

コード5.9 parseInt関数

```
let str = "10";           // 変数strの中身は数字
let num = parseInt(str);  // 数字➡数値に変換（"10"➡10）
print(num + 5);           // ➡15（数値同士の足し算）
```

て連結されてしまいます。

とくに、文字列が変数に代入されていると この問題に気づけないことがあります。

```
let num = "10"; // 数字
print(num + 5); // ➡"105"
```

この本では扱いませんが、たとえば、アプリの画面から入力された「数値」が、プログラムでは「数字」として受け取られることがあり

ます（ウェブアプリではそうなります）。そのときは数字を数値（整数）に変換するparseInt関数などを使います **コード5.9**。

parseInt関数は、ピゴニャン専用でもp5.js専用でもない、JavaScriptに組みこまれている関数です。parseは「解析する」という意味で、文章やプログラムコードを『パース』するというカタカナ英語にもなっています。なお、Intは整数（integer）の略です。

テンプレート文字列

つなぎ合わせたい文字列と変数がたくさんあるとき、それらをすべて足し算すると読みにくくなってしまいます コード5.10 。

そんなときのために、JavaScriptには『テンプレート文字列』という構文があります 図5.22 。

テンプレート文字列では、文字列を二重引用符 " " の代わりにバッククォーテーション ` ` で囲います。このバッククォーテーションは日常的にはほとんど使わない記号ですが、日本語キーボードの場合は @ キーの位置にあり、 Shift キー（Macでは ⇧ キー）と同時に押して入力します。

` ` の中であれば、変数は ${ 変数 } という形式で（+ をはさまず）文字列の中にそのまま書くことができます。複雑な文字列と変数の連結 コード5.11 ❶ をテンプレート文字列を使って書いたコード コード5.11 ❷ と並べてみます。テンプレート文字列のほうがすっきりして読みやすいですね。

テンプレート文字列の ${ } の中に置ける

のは変数だけではありません。式や関数呼び出しも置くことができます。

```
say(`${(width/2 - 100)/3}歩進むよ`);
print(`x: ${getX()}, y: ${getY()}`);
```

文字列の中に変数を織り交ぜて表示したい場面はよくあるので、プログラミング言語によって記法は異なるものの、「テンプレート文字列」にあたるしくみはどの言語にもたいてい用意されています。

miniColumn

ステップアップ

数字を数値に変換する方法には parseInt 関数のほかに Number 関数があり、同じ記法で使えます。parseInt 関数に小数の文字列を指定すると整数に変換しますが、Number 関数では小数のままです。

```
print(parseInt("3.14"));  // ➡ -3
print(Number("3.14"));    // ➡ -3.14
```

一方、parseInt 関数は何進数か指定できます。

```
print(parseInt("10", 2));  // ➡ -2
```

コード5.10 連結したい文字列と変数がたくさんあると……

```
let x = 100, y = 200;
print("x座標は" + x + "、y座標は" + y + "です");  // ➡x座標は100、y座標は200です
```

図5.22

構文 テンプレート文字列

文字列と ${ 変数名 } という形で書ける
⋯⋯ 一重引用符ではなく「バッククォーテーション」

例

```
print(`x座標:${x}, y座標:${y}`);
say(`こんにちは、${user}さん`);
```

コード5.11 文字列の足し算とテンプレート文字列

```
print("座標値 (x, y) = (" + x + ", " + y + ")");  // ❶文字列の足し算
print(`座標値 (x, y) = (${x}, ${y})`);            // ❷テンプレート文字列
```

5.4 その他の演算

JavaScriptには、四則演算以外の計算に関する演算子や関数がたくさんあります。すべてを紹介することはできないので、ここではScratchに用意されている代表的な演算ブロックに対応するものを紹介します。

代表的な演算の機能

図5.23 に、代表的な Scratch の演算ブロックと JavaScript のコードの対応を示します。

図5.23 の例では引数などを数値で指定していますが、式や変数、関数呼び出しでもかまいません。

```
10 % (1 + 2)
abs(x)
round(getX() / 2)
```

小数点以下を切り捨てる floor 関数は、このあとの剰余演算子や乱数の説明の中でも登場します。また、絶対値を求める abs 関数はレッスン13でも使用します。

以下、それぞれ個別に説明しておきます。

剰余演算子

Scratch の [○を△で割った余り] ブロックに対応する JavaScript の機能は、関数ではなく、演算子として用意されています。これを『剰余演算子』といいます。ちょっと不思議ですが%という記号を使います。剰余演算に%を使うのは、多くのプログラミング言語で共通です。

剰余演算子と floor 関数（切り捨て）を使えば、割り算の商と余りを計算することができます。JavaScript では割り切れないときに結果が小数になりますので、商を求めるには小数点以下を floor 関数で切り捨てます。

```
print(15 / 4);        // ➡3.75
print(floor(15 / 4)); // ➡商3
print(15 % 4);        // ➡余り3
```

余りなんて何に使うのか……と思う人もいるかもしれませんが、割り切れたときに余りが0になることを利用して「○回おきに処理したいとき」に使用したりします。剰余演算子は、レッスン7で繰り返し構文を学ぶときにまた取り上げます。

図5.23 その他の演算の比較コード

Scratch ブロック	JavaScript	結果
10 を 3 で割った余り	`10 % 3`	➡1
2.5 を四捨五入	`round(2.5)`	➡3
3.14 の 切り下げ	`floor(3.14)`	➡3
9.8 の 切り上げ	`ceil(9.8)`	➡10
-10 の 絶対値	`abs(-10)`	➡10

関数として用意される演算

残りの演算は関数として用意されています。これらは実行されると"戻り値"に置きかわる関数で、その戻り値を変数に代入したり、別の関数の引数に指定したりして使用します。

```
let n = round(-1.8); // 変数nは-2
say(abs(n));    // ピゴニャンは「2」としゃべる
```

四捨五入のround（ラウンド）は「丸める」という意味で、整数からはみ出た小数点を刈り取って丸めるイメージです。absは「絶対値」を意味する"absolute"（アブソリュート）の先頭3文字です。切り上げのceil（セイル）は「天井」、切り捨てのfloor（フロアー）は「床」という意味で、なんとなく想像がつきますね。

なお、これらの関数はJavaScriptに組みこまれた関数ではなく、p5.js専用の関数です。また、JavaScriptには`Math.round()`など、それぞれの関数名の前に`Math.`と付いたものが別に用意されています。少し動作が違う関数もあるのですが、おおよそ同じように使えます。

JavaScript以外でも、たいていのプログラミング言語には、ここで紹介したものと同じ名前の演算用の関数が用意されています。

乱数

演算に関係して、もうひとつ紹介しておきたいのは「乱数（らんすう）」です。たとえば1から10までの乱数とは、10面あるサイコロを振るようにして、1から10のいずれかの数がランダムに選ばれます。これを「乱数を生成する」といいます。

Scratchには、演算ブロック群の中に [○から△までの乱数] ブロックがあります。これにp5.jsで対応するのはrandom関数です（ランダム） 図5.24 。関数名の「ランダム」という言葉はカタカナ英語にもなっていますね。

乱数は、p5.jsが得意とするクリエイティブコーディングでもよく使われますし、ゲームやAI、暗号化（あんごうか）など、おどろくほど広い範囲で使われるプログラミングの重要な機能です。

さて、Scratchとp5.jsの乱数には大きな違いが2つあります。

違いのひとつは、Scratchでは「整数の乱数」を生成するのに対して、p5.jsのrandom関数は「小数の乱数」を生成することです。p5.js（やJavaScript）の乱数はより専門的な目的で使えるように作られているからです。

p5.jsの生成する乱数を「整数の乱数」に変えたい場合、 コード5.12 のようにfloor関数と組み合わせて小数点以下を切り捨てます。

図5.24 乱数のコード比較

（1）から（10）までの乱数 `random(1, 10)` ➡1.0から10未満までの小数の乱数を生成する

コード5.12 random関数とfloor関数を組み合わせる

```
let n = random(1, 10);      // ❶1.0～9.999...の乱数を生成
let a = floor(n);           // ❷floor関数で1～9の乱数へ

let b = floor(random(1, 10)); // 上記の2行を一気に記述する場合
```

もうひとつの違いは、p5.jsのrandom関数は「指定した最大値未満の乱数しか生成しない」ことです。たとえば、random(1, 10)は最大でも9.999…までの値にしか置きかわらず、10は決して出てきません。

floor関数は「切り捨て」なので、先ほどの整数の乱数を生成するコードfloor(random(1, 10))は1から9までの整数の乱数しか生成しない……ということになります。一方、Scratchの[1から10までの乱数]ブロックは1から10までの整数の乱数を生成します。

整数の乱数を生成する

Scratchと同じように1〜10の"整数"の乱数を作りたければ、random関数の第2引数に「最大値+1」の値を指定した上で、小数で出てきた結果をfloor関数で切り捨てます。ということで、p5.jsで整数の乱数を生成する構文は図5.25 の上のコードになります。

ここまで書いたことは頭の体操として理解できるまで読み返してみてほしいのですが、そうはいっても少しややこしいので、ピゴニャン専用の関数としてrandomInt関数を用意しました。このrandomInt関数は、Scratchの乱数ブロックをそのまま関数にしたようなもので、引数に指定した2つの数値のあいだの整数乱数を生成します。

`1〜10...の整数乱数を生成`
```
let n = randomInt(1, 10);
```

次回のレッスン6からさっそく乱数を使っていきますが、ここでも例を見ておきましょう。次のコードでは、ピゴニャンの移動先を整数乱数で生成し、そこまで3回で移動するときの歩数を求めています。

```
// 0〜widthの範囲の整数乱数を生成
let x = randomInt(0, width);
// 現在位置から変数xの座標まで
// 3回で移動するときの歩数を計算
let step = abs(x - getX()) / 3;
// 歩数を整数でしゃべらせる
say(`${round(step)}歩×3回で動くよ`);
```

miniColumn
ステップアップ

random関数による小数の乱数を整数にするのに、なぜ四捨五入(round関数)ではなく切り捨て(floor関数)を使うかわかるでしょうか。

たとえば1〜10の乱数は、1から10までの数値が同じ確率で出てこないと困ります。四捨五入だと、1.0〜1.499…までが1で、1.5〜2.499…までが2になるので、1の出る確率が2の出る確率の半分になってしまいます。これが切り捨てなら、1.0〜1.999…までが1、2.0〜2.999…までが2になるので同じ確率になります。

図5.25

構文 整数の乱数

```
floor(random(最小値, 最大値+1))
```

ピゴニャン専用
```
randomInt(最小値, 最大値)
```

例

```
let rnd = floor(random(1, 11));
print(randomInt(1, 10));
```
いずれも1から10の整数乱数を生成

5.5
まとめ

レッスン5では、演算に関する演算子や、演算を行うためのp5.jsの関数について学びました。

算術演算子 プログラミングでは、演算に使う＋や－などの記号を『算術演算子』（あるいは単に演算子）といいます。四則演算のルールは算数と同じです。数式の記法も算数と似ているので、Scratchよりもわかりやすいと思います。ただし、プログラミングにしかない演算子もあり、この本でも「余り」を求める余剰演算子％を使っていきます。

代入演算子 変数の値を増やしたいときに、x + 1; と書いても何も起こりません。変数は「代入」によってしか値が変えられないからです。『代入演算子』は演算と代入を同時に行う演算子で、x = x + 1; と書く代わりに、x += 1; と短く書くことができます。この代入演算子は繰り返し構文（レッスン7）以降によく登場します。

文字列の連結 JavaScriptでは、文字列に別の文字列や数値を足し合わせると連結されます。文字列の連結は、プログラムの状態を調べるために変数の値や計算結果を表示するときによく使います。文字列と変数をいくつも足し算しなくてはならない場合には『テンプレート文字列』がよく使われます。

乱数 四捨五入や切り捨てなどの計算のために、p5.jsには専用の関数が用意されています。とくに「乱数」はプログラミングでよく使うのですが、p5.jsのrandom関数はScratchの[乱数]ブロックと使い方が違うので、Scratchと使い方が同じrandomInt関数をこの本のために用意しました。

....

レッスン5の内容は演算の練習問題ばかりで、具体的にどんなことに使えるのかわからなかったかもしれません。しかし、ピゴニャンを思いどおりの位置に動かしたり、p5.jsでアニメーションを動かしたりするためには、演算子や演算の関数は欠かせない"道具"です。この先のレッスンでもずっと登場しますので、使いながら覚えていきましょう。

Column | 文字列の足し算以外の演算

このレッスン5の本文で文字列と数値の足し算は"連結"になるという話をしました。これは、数値型のデータの加算相手が文字列型であったとき、数値型から文字列型に自動的に型変換が行われて「文字列同士の足し算」になるためです。

```
// 加算相手が文字列型だと……
print("string" + 10);
```
↓
文字列型に型変換される（10 ➡"10"）
↓
```
// 文字列型同士の足し算になる
print("string" + "10"); // ➡string10
```

足し算以外の演算（引き算やかけ算など）は、文字列と数値のあいだでは基本的にはできません。その結果をprint関数でコンソールに表示してみると『NaN』と表示されます。

```
let x = "string" - 10;
print(x); // ➡NaN
```

NaNとは「Not a Number」の略で、「数値ではない何か」という意味になります。ちなみにNaNをsay関数でピゴニャンにしゃべらせても何も表示されません。

話を足し算に戻しましょう。JavaScriptでは、10は数値、"10"は文字列です。これらを足し算すると、数値の10のほうが文字列に変換されて数字同士の連結になります。

```
print(10 + "10"); // ➡"1010"
```

では、「数値」と「数字」に足し算以外の演算を

してみるとどうなるでしょう。なんと、NaNにならずに数値として計算されます。おどろくことに、両方とも文字列の「数字」でも通常の計算になります。

```
print(10 - "10");   // ➡0
print("10" * 10);   // ➡100
print("10" / "10"); // ➡1
```

これは、算術演算子の両側が「数値」に変換できる場合、文字列型の「数字」が自動的に数値型に変換されるためです。ただし、足し算だけは同じ条件でも文字列の連結になるのです。かなりややこしいですね。

JavaScriptのデータ型の自動変換は、便利なときもありますが、気づかないうちにミスが入りこみやすい機能です。本文でも述べましたが、値が変数に入っていると簡単に見落してしまいます。

```
let n = "10";
print(n + 10); // ➡"1010"
print(n * 10); // ➡100
```

「数字」を「数値」として計算したい場合は、自分で型変換したほうが安全です。「数字」を「数値」に変換するにはparseInt関数やparseFloat関数、Number関数を使います コードC5.a 。

ちなみに、parseFloatの"float"は「小数」のことです。正確には、"floating-point number"で「浮動小数点数」（小数）なのですが、プログラミングでは"float"だけで「小数」を意味します。また、詳しい説明は省きますが、「2倍」を意味する"double"もプログラミングでは「小数」を意味します（倍精度浮動小数点数"double-precision floating-point number"の略）。

コードC5.a parseInt関数とparseFloat関数

```
let str = "10";
let num = parseInt(str); // ➡数値型の10に変換
print(num + 10);         // ➡20（数値同士の足し算になる）

let str_pi = "3.14";
let num_pi = parseFloat(str_pi); // ➡数値型の3.14に変換
print(num_pi * 2);               // ➡6.28（数値同士のかけ算になる）
```

レッスン **6**

条件分岐
「もし～」で
コードを分けてみよう

　レッスン6では「条件分岐」について学びます。"条件"によって実行されるコードが分岐する（分かれる）しくみです。これは、Scratchの［もし～なら］ブロックにあたります。

　条件分岐の構文のひとつである **if文** を使えば、「ピゴニャンがキャンバスの中央に止まったとき」だけ何かしゃべらせるといったことができます。また、**else文** を使えば、「そうではなかったとき」に別のことをさせることもできます。if文とelse文のあいだにさらに条件を加える **else if文** と合わせて、3つの構文をこのレッスン6では紹介します。

　if文に指定する条件のことをJavaScriptでは『**条件式**』といいます。「式」というからには計算されて結果に置きかわります。条件が満たされたときは『**true**』、満たされなかったときは『**false**』という値になります。

　頭に思い浮かんだ「条件」を、いかにして「条件式」のコードに置きかえるかがポイントになります。条件式は次回のレッスン7で学ぶ『繰り返し構文』にも登場するので、レッスン6以降、みなさんの"プログラミング的思考"が試されます。

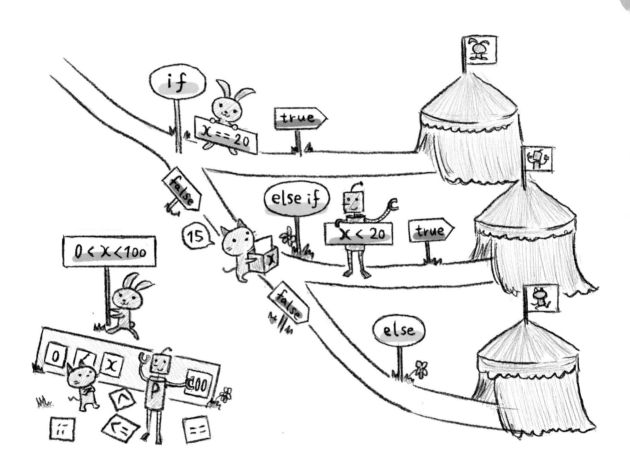

「もし〜なら」 if文

JavaScriptの代表的な条件分岐は『if文』です。
if文を使えば、ある条件が満たされたときだけ実行されるコードを
書くことができます。分岐の条件は『条件式』という形で記述します。
この条件式を思いどおりに書けるようになることが、
プログラミング学習入門編のひとつの目標となります。

ピゴニャンの位置によって色を変える

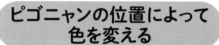

図6.1 のような問題を考えてみます。ピゴニャンをキャンバスのランダムな場所にsetX関数で移動させます。そして、キャンバスの左側に移動したときだけ、ピゴニャンをむらさき色に変えます。

この問題設定では、ピゴニャンの移動先が「プログラムを開始したあと」にしか決まらないので、ピゴニャンをむらさき色に変えるコードを「書くか」「書かないか」はプログラムの実行より前に決めることができません。

とりあえず、ここまでの知識で書けるところまでコードを書いてみましょう コード6.1 。

まず、ピゴニャンの登場位置（x方向）をキャンバス中央に移動しておきます。start関数の引数で座標を変更してもいいのですが、今回はdrawの先頭の `await sleep(1);` より前にsetX関数を呼んで、ピゴニャンが最初から中央に現れたように見せかけます（3.4節）。

図6.1 ピゴニャンの位置によって色を変える

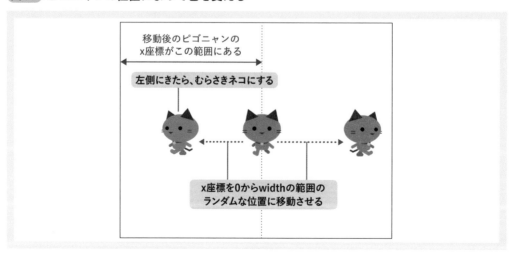

移動後のピゴニャンの
x座標がこの範囲にある

左側にきたら、むらさきネコにする

x座標を0からwidthの範囲の
ランダムな位置に移動させる

コード6.1 ピゴニャンをランダムに移動して色を変えるコード（途中まで）

```
async function draw() {
  /* ❶ピゴニャンを中央に登場させる */
  setX(width / 2); // 中央のx座標はwidthの半分
  turn("下");       // ピゴニャンをこちら側に向ける
  await sleep(1);   // 1秒待つ

  /* ❷ピゴニャンをランダムに移動させる */
  let x = randomInt(0, width); // x座標をランダムに決める
  setX(x);                     // ピゴニャンを移動

  /* ❸もし、ピゴニャンがキャンバスの左側に来たら…… */
    changeColor("plum");  // むらさき色に変える
  */
}
```

ピゴニャンの移動先（x座標）を決めるための乱数の生成には、ピゴニャン専用のrandomInt関数を使います。キャンバスの左端から右端の範囲なので、0からwidthまでの乱数を生成しています。システム変数widthはキャンバスの幅（480）を意味するのでしたね。

この乱数のx座標にピゴニャンを移動させ、それがもしキャンバスの左側であれば、ピゴニャンの色をむらさき色" plum"に変更します。

Scratchの[もし～なら]ブロック

まずScratchならこれをどう書くか考えましょう。

Scratchで条件分岐をしたいときは[もし～なら]ブロックを使います **図6.2**。[もし～なら]ブロックの六角形の"穴"には[条件]ブロックが入り、その条件が満たされたときだけ、中に組み入れたブロックが実行されます。Scratchの場合、「大なり」「小なり」「等しい」の3種類の[条件]ブロックが用意されています。

ネコの座標がxという名前の[変数]ブロックに入っているとすると、Scratchのプログラムは **図6.3** のようになります。むらさき色

図6.2 Scratchの[もし～なら]ブロック

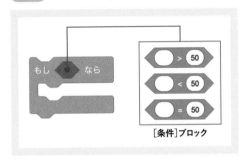

図6.3 Scratchの条件分岐

をScratchの「色の効果」で表現すると135くらいになります。

ここで、Scratchとp5.jsのキャンバスの座標系をあらためて確認しておきましょう（**図6.4** の左）。Scratchのほうはキャンバスの中心が(0, 0)なので、ネコがキャンバスの左側に移動したことは「座標xが0より小さいとき」、つまりx < 0で表現されます。

図6.4 p5.js と Scratch の座標系の違い

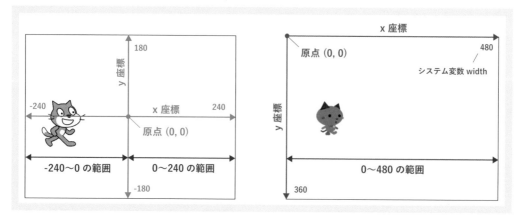

if文

Scratchの［もし〜なら］ブロックに対応するJavaScriptの構文は『if文』です 図6.5。"if"は「もし……」という意味の英単語です。

ifというキーワードのあとに、丸カッコ( )と波カッコ{ }が続きます。( )の中に『条件式』を書き、{ }の中には「条件が満たされたとき」に実行したいコードを書きます。これら全体を指して"if文"といいます。

条件式についてはのちほど詳しく紹介します。if文でもScratchと同じように不等号(大なり>、小なり<)が使えますので、ひとまずはこれらを使って説明をしていきます。

なお、if文の{ }で囲われた部分のことを、プログラミングの用語で『ブロック』と呼びます 図6.6。Scratchの「ブロック」とは意味がまったく違うので混乱しますね。すでに見てきた

function setup() や async function draw() に続く{ }も同じくブロックです。この先のレッスンでもこのブロックは登場します。

if文を使って書いてみよう

では、ピゴニャンがキャンバスの左側に移動したらむらさき色にするプログラムを、if文を使って書いてみましょう 図6.7。新しく

miniColumn
みちくさ

if ( )の部分は関数の呼び出しとよく似ていますが、まったく別の構文です。if (...);{ ... }というように、( )のあとにセミコロンを書いてしまわないように注意してください。実はこのように書いても記法としては正しいので、エラーも警告も出ません。

図6.5 構文 if文

```
if (条件式) {
    条件が満たされたときに実行されるコード
}
```

 例
```
let num = randomInt(1, 10);
if (num < 5) {
    print("5未満でした");
}
```

図6.6 Scratchのブロックとif文のブロック

図6.7 if文の比較コード

![Scratchブロック]	`async function draw() {`
	`    setX(width / 2);`
対応なし	`    turn("下");`
	`    await sleep(1);`
	`    let x = randomInt(0, width);`
	`    setX(x);`
	`    if (x < width / 2) {`
	`        changeColor("plum");` ← 条件分岐
	`    }`
	`}`

登場した知識は最後の3行になります。

p5.jsとScratchで座標系が異なることに注意してください（**図6.4**の右側）。ピゴニャンがキャンバスの左側に移動したかどうかは、システム変数を使って`x < width / 2`という条件式で表しています。`x < 240`としてもよいのですが、システム変数`width`を使っておけば、キャンバスの大きさを変更したときもそのままのコードで動きます。

なお、Scratchのネコは「こちら」には向けられないので、代わりに色を元に戻すブロッ

クを入れています。Scratchは実行終了後も位置や色はそのままになってしまうので、このように元に戻すブロックが必要です。

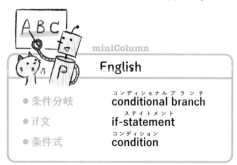

miniColumn

English

● 条件分岐	**conditional branch** （コンディショナルブランチ）
● if文	**if-statement** （ステイトメント）
● 条件式	**condition** （コンディション）

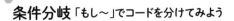

6.2

条件式

JavaScriptの条件式で使える『比較演算子』(不等号など)は
Scratchよりもたくさんの種類があります。
条件式は、if文だけでなく、次回以降に学ぶ「繰り返し構文」でも使います。
思い浮かべた条件を"式"として書けるように、
記法と考え方をしっかり頭に入れておきましょう。

比較演算子

if文の条件式に使われる不等号<などのことを『比較演算子』といいます。JavaScriptではこの比較演算子を使って条件式を記述します。JavaScriptで使える比較演算子の一覧を 表6.1 に示します。Scratchにはないものもありますね。

表6.1 JavaScriptの比較演算子

比較演算子	例	条件が満たされるとき
==	A == B	AとBが等しいとき
!=	A != B	AとBが等しくないとき
<	A < B	AがBより小さいとき
<=	A <= B	AがB以下のとき
>	A > B	AがBより大きいとき
>=	A >= B	AがB以上のとき

ここで、まず注意したいのは「等しいとき」の条件です 図6.8 。JavaScriptでは、等号 = は"代入"を表す演算子として使われてしまって

いるので、「等しいとき」という条件は等号を2つ並べて == と書きます。この記法は、ほとんどのプログラミング言語で共通です。

一方のScratchでは、ややこしいことに「等しいとき」の記号が = です。JavaScriptに慣れないうちは if (x = 5)などと誤って書いてしまうこともありますが、文法的に間違いではないためエラーにはなりません(警告は出ます)。

また、JavaScriptには「等しくない」という比較演算子もあります 図6.9 。たとえば、「xが5ではないとき」という条件を表すのに、Scratchでは [〜ではない] ブロックと組み合わせる必要がありますが、JavaScriptでは他と同じように比較演算子ひとつで書けます。

図6.9 「等しくない」の条件式

その他、JavaScriptには「〜以上のとき」「〜以下のとき」の比較演算子もあります。ただし、≧ や ≦ といった全角記号は使えないので、>= や <= というように半角記号を2つ並べて表現します。代入演算子(+= など)と同じ

図6.8 「等しい」の条件式

```
if (x == 5) {
}
```

く、＝は右側に置かれます。

表6.2に比較演算子の具体例を挙げておきます。比較演算子は、その右辺にも左辺にも変数や式を置くことができます。また、==と!=では文字列の比較もできます（それ以外の比較演算子は数値のみが対象です）。

表6.2 比較演算子の使用例

具体例	意味
`if (x == 5)`	変数xが5のとき
`if (str != "hello")`	変数strが"hello"ではないとき
`if (x > y)`	変数xが変数yより大きいとき
`if (20 < y)`	20が変数yより小さいとき
`if (r >= x + 10)`	変数rがx + 10以上のとき
`if (t * t <= 20)`	変数tの2乗が20以下のとき

条件式の結果

条件式は"式"なので、if文のコードが実行されるときに計算され、結果の"値"に置きかわります。ただし、「不等式が計算される」というのはおかしな表現なので、プログラミングの用語では「式が『評価』される」といいます。

p5.jsのprint関数を使えば、条件式が評価された結果をコンソールで確認することができます。次のコードを打ちこんで確認してみましょう。なお、ピゴニャンのsay関数ではうまく表示されません。

```
let n = 10;
print(n == 10); // ➡true
print(n > 20);  // ➡false
```

trueやfalseという英単語が表示されたかと思います。英単語の"true"は「本当の」、"false"は「間違った」という意味です。たしかに、条件式が正しいときは「本当」ですし、条件式が違う

ステップアップ

JavaScriptの比較演算子==は、数値（数値型）と数字（文字列型）を区別できません。そのため、`10 == "10"`という条件式は満たされます。前回のレッスンでも説明したように、JavaScriptでは、相手が文字列だと"数値"が自動的に"数字"に変換されてしまうのです。一方、他のプログラミング言語の多くは数値と数字を区別します（`10 == "10"`は満たされません）。

このデータ型の自動変換は便利なときもあるのですが、問題が入りこむ原因にもなります。そのため、JavaScriptにも"数値"と"数字"を区別する演算子===と!==が用意されており、本格的なアプリ開発では基本的にこちらを使います。ただし、この本では多くのプログラミング言語で共通した記法である==と!=を使用します。

図6.10 if文の処理を分解する

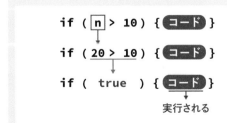

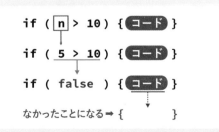

ときは「間違った」ですね。

if文が実行されるときの処理を分解すると**図6.10**のようになります（ただし、実際にはこのような変化を目で見ることはできません）。

真偽値型

このように、JavaScriptでは、条件式が満たされたときは『true』という結果になり、満たされなかったときは『false』という結果になります。プログラミングでは「真」と「偽」という訳があてられます。

このtrueとfalseは『真偽値型』という種類の"値"です。「論理値型」や「ブール型」と呼ばれることもあります。文字列のように見えますが、文字列型ではないので引用符 " " で囲

図6.11 範囲を指定する

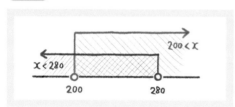

いません。

真偽値の使い方は数値や文字列と同じで、`let x = true;`といったように変数に代入することもできますし、`if (x == true)`といったように変数と比較することもできます。ただし、say関数では真偽値型は表示されません。

真偽値は、この先もさまざまな場面で登場します。trueとfalseの用語に慣れてもらうために、この本では「条件式が満たされたとき」のことを「条件式がtrueのとき」と表現します。falseも同様です。

if文の入れ子

たとえば、キャンバスの中央付近（240あたり）を表すのに、`200 < x < 280`という表現を使いたくなるかもしれません。しかし残念ながら、`if (200 < x < 280)`という条件式の書き方はJavaScriptではできません。これは2つに分解して、「`200 < x`かつ`x < 280`」と表現する必要があります**図6.11**。

「かつ」を表現する方法のひとつは、if文を二重（入れ子）にすることです**図6.12**。**コード6.2**

図6.12 入れ子のif文

のように、外側のif文で200 ＜ xという条件を、内側のif文でx ＜ 280という条件を設定すれば、if文を2つとも通り抜けるのは200 ＜ x ＜ 280を満たすときだけになります。

ただ、この方法だとif文の入れ子が深くなるほどコードの読み取りが難しくなってきます。波カッコ｛ ｝を入れ子にするのはif文だけでなく、これから学ぶ構文でどんどん増えていきます。もしif文の入れ子を使わずにコードが書けるのなら、そちらの方法を選んだほうがよいでしょう。

論理演算子

Scratchには、if文の入れ子とは別の方法で「かつ」を表現する専用のブロックがあります 図6.13 。「かつ」のほかにも「または」と「ではない」の3種類があり、これらのことをプロ

図6.13 Scratchの論理演算ブロック

グラミングでは『論理演算子』といいます。

JavaScriptの論理演算子もScratchと同じ3種類で、「かつ」「または」「ではない」が用意されています 表6.3 。英語ではAND（かつ）・OR（または）・NOT（ではない）といいますが、日本語でもこの英語表現を使います。

AND演算子を使って「200 ＜ xかつx ＜ 280」を表現すると200 ＜ x && x ＜ 280となります 図6.14 。&&を「かつ」と頭の中で読み替えてください。

「または」の例も見ておきましょう。たとえ

コード6.2 if文の入れ子による範囲の指定

```
if (200 < x) {
  // ここには「xが200より大きい」ときだけ到達する
  if (x < 280) {
    // ここには「xが200より大きい、かつ、280より小さい」ときだけ到達する
    say("キャンバスの真ん中にいるよ");
  }
}
```

表6.3 JavaScriptの論理演算子

演算子	意味	例	条件が満たされるとき
&&	AND演算子（かつ）	A && B	AとBの両方が満たされたとき
||	OR演算子（または）	A || B	AかBのいずれかが満たされたとき
!	NOT演算子（ではない）	!A	Aが満たされなかったとき

図6.14 ANDの比較コード

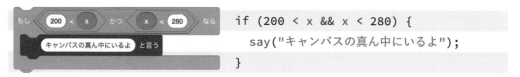

```
if (200 < x && x < 280) {
    say("キャンバスの真ん中にいるよ");
}
```

図6.15 ORの比較コード

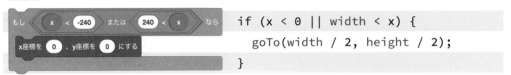

```
if (x < 0 || width < x) {
    goTo(width / 2, height / 2);
}
```

ば、ピゴニャンがキャンバスの外に出たとき
に、キャンバスの中央に戻したいとします。
「キャンバスの外に出た」と判断されるのは次
の2パターンです。

- x座標がキャンバスの左端より小さいとき
（ x座標 < 0）
- x座標がキャンバスの右端より大きいとき
（width < x座標 ）

どちらか一方でも条件を満たしたら「キャン
バスの外に出た」ことになるので、OR演算子
でつなぎます 図6.15 。

ちなみにOR演算子を使わずに書くと、次の
ように同じ内容のif文を並べるしかありません。

```
if (x < 0) {
  goTo(width / 2, height / 2);
}
```

```
if (width < x) {
  goTo(width / 2, height / 2);
}
```

miniColumn

みちくさ

　「かつ」「または」という表現は、正式には高
校数学の「集合と命題」という単元で登場しま
す。ただ、同じ意味のことは小学校の算数で
も学んでいます。"AかつB"は「AとBの両方
の条件を満たす」とき、"AまたはB"は「AとB
の少なくともどちらかの条件を満たす」ときと
いう意味です。このほか、「Aではない」とい
う表現もあります。

　NOT演算子！は、Scratchのようにif
(!(x == 5))という形でも使えますが、こ
れはif (x != 5)と書いたほうが自然です
（前出の 図6.9 ）。NOT演算子は、真偽値（true
またはfalse）と一緒に使うことの多い演算子
です。それについてはまた先のレッスンで説
明します。

　論理演算子は組み合わせて使うこともでき
ます。どのように組み合わせてもかまいませ
んし、同じ論理演算子を何度使ってもかまい
ませんが、四則演算と同じように優先順位が
あります。優先順位が高いものから「NOT→
AND→OR」となり、ORが最後に計算されま
す。優先順位を変えたいときは、丸カッコで
囲います。

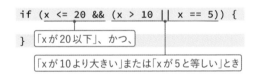

```
if (x <= 20 && (x > 10 || x == 5)) {
}
```
「xが20以下」、かつ、
「xが10より大きい」または「xが5と等しい」とき

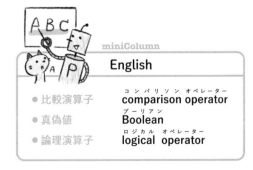

miniColumn

English

- 比較演算子　comparison operator
- 真偽値　Boolean
- 論理演算子　logical operator

6.3

「そうでなければ〜」
else文 と else if文

else文を使えば、すべての条件式がfalseだったときにだけ実行される
コードが書けます。else if文を使えば、条件式をさらに追加することが
できます。これら2つの構文をif文と組み合わせて使うことで、
さまざまな条件分岐を表現することができます。

else文

if文を使えば「条件式がtrueのとき」にだけ実行するコードを書くことができました。しかし、「条件式がfalseのとき」にだけ実行するコードは書けません。条件によって実行されるコードを2つに分けたいことはよくあります。そのため、Scratchには「もし〜なら」と「そうでなければ」がセットになったブロックがあります 図6.16 。

このブロックに対応するJavaScriptの構文は『else文』です 図6.17 。“else”とは「〜のほかに」という意味です。else文は、必ずif文とセットで記述します。

if文だけだったコードにelse文を追加することで、コードの分岐処理の流れは 図6.18 のよう

図6.16 Scratchの［〜でなければ］ブロック

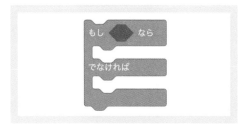

になります。この図の破線部分は実行されないことを表しています。このように、「コードを実行するかしないか」ではなく、「どちらのコードを実行するか」を表現することができます。

レッスン6の最初の コード6.1 のサンプルコードをelse文を使って書きかえてみましょう。ピゴニャンがキャンバスの左側に移動しなかったとき（つまり右側に移動したとき）は、ピ

図6.17 構文 else文

```
if (条件式) {
    条件が満たされたときに実行するコード
} else {
    条件が満たされないときに実行するコード
}
```

例
```
let num = randomInt(1, 10);
if (num >= 5) {
    print("5以上");
} else {
    print("5より小さい");
}
```

図6.18 if文〜else文の処理の流れ

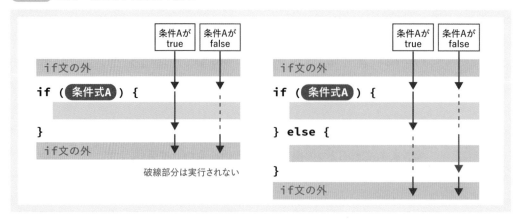

図6.19 if文〜else文の比較コード

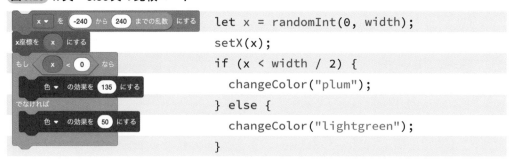

```
let x = randomInt(0, width);
setX(x);
if (x < width / 2) {
  changeColor("plum");
} else {
  changeColor("lightgreen");
}
```

ゴニャンを緑色 "lightgreen" にしてみます **図6.19**。

else if文

if文とelse文を使えば、実行するコードを「もし〜のとき」と「それ以外のとき」の2つに分けられました。しかし、もっと細かく条件を設定したいときもあります。たとえば、キャンバスの右側かそれ以外かではなく、キャンバスの右端（x > 360）か、左端（x < 120）か……といった場合です。

これに対して、JavaScriptでは『else if文』を使って条件式を追加することができます **図6.20**。else文と同じく、else if文は必ずif文とセットで記述します。

条件式が2つ以上になると、Scratchのほうには専用のブロックがもうありません。条件分岐のブロックを入れ子にして表現することになり、少し読み取りにくくなります **図6.21**。

else if文がひとつ追加されることで、**図6.22** のように分岐が3つになります。このコードにはelse文がないので、すべての条件がfalseの場合には何も実行されません。

なお、if文やelse文とは異なり、else if文はいくつでも追加することができます **コード6.3**。

図6.20

構文 **else if 文**

```
if (条件式A) {
    条件Aが満たされたときに実行するコード
} else if (条件式B) {
    条件Bが満たされたときに実行するコード
}
```

例
```
let num = randomInt(1, 10);
if (num > 8) {
    print("8より大きい");
} else if (num < 3) {
    print("3より小さい");
}
```

図6.21 if文〜else if文の比較コード

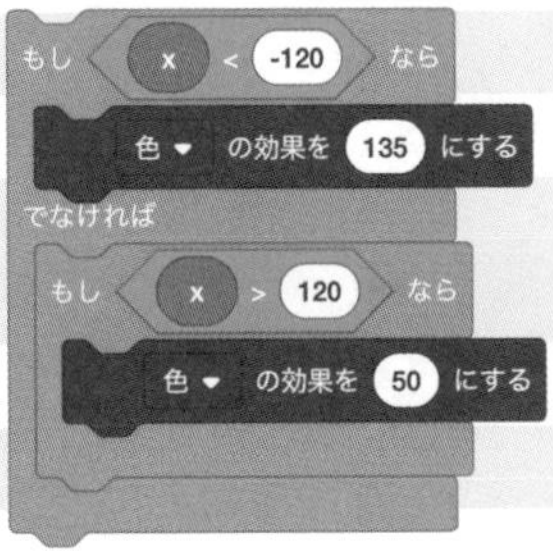

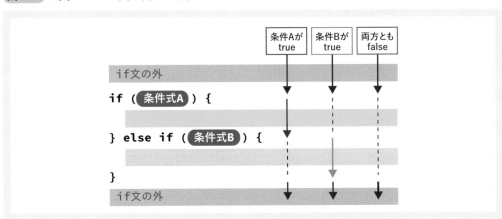

```
if (x < 120) {        // キャンバスの左端
    changeColor("plum");

} else if (x > 360) { // キャンバスの右端

    changeColor("lightgreen");

}
```

図6.22 if文〜else if文の処理の流れ

条件Aが true　条件Bが true　両方とも false

```
if文の外

if (条件式A) {


} else if (条件式B) {


}
if文の外
```

コード6.3 else if文はいくつでも追加できる

```
if (条件式A) {
    // 条件式Aがtrueのときに実行されるコード
} else if (条件式B) {
    // 条件式Bがtrueのときに実行されるコード
} else if (条件式C) {
    // 条件式Cがtrueのときに実行されるコード
} else if ...
```

else if文はいくつでも追加できる

if文〜else if文〜else文

else if文のあとにelse文を置くこともよくあります。else if文はいくつでも置けますが、else文は必ず最後にひとつだけ置きます。

これもScratchのプログラムとくらべておきましょう **図6.23**。Scratchのほうはブロックが増えるのでかなり混乱しますね。

if文の最後をelse文で閉じたときの分岐の流れは **図6.24** のようになります。else文があ

ると、すべての条件が満たされなかったときにも必ずelse文のコードが実行されます。

複数の条件式が同時にtrueになるとき

else if文を使って条件式を並べていくと、複数の条件式がtrueになってしまうこともあります。たとえば、次のコードのような状態です。

図6.23 if文〜else if文〜else文の比較コード

```
if (x < 120) {          // キャンバスの左端
    changeColor("plum");

} else if (x > 360) { // キャンバスの右端
    changeColor("lightgreen");
} else {                // どちらでもない
    say("キャンバスの真ん中にいるよ");
}
```

図6.24 if文〜else if文〜else文の処理の流れ

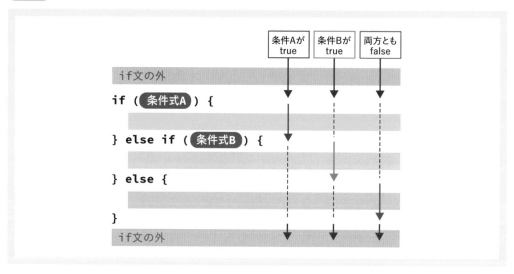

```
let n = 25;

if (n >= 10) {
  print("10以上です"); // ➡true
} else if (n >= 20) {
  print("20以上です"); // ➡true
} else if (n >= 30) {
  print("30以上です"); // ➡false
}
```

```
let n = 25;

if (n >= 10) {
  print("10以上です"); // ➡実行される
}

if (n >= 20) {
  print("20以上です"); // ➡実行される
}

if (n >= 30) {
  print("30以上です"); // ➡実行されない
}
```

　複数の条件式が満たされる場合、最初に条件式がtrueになったコードだけが実行されます 図6.25 。なぜなら、else if文は「else ➡ if」ということであり、それまでの条件式がすべてfalseのときに、else（そのほか）の条件として次のif文を追加するものだからです。右上のコードがその例です。

　ちなみに、条件を満たすコードをすべて実行したいときは、else if文を使わず、単純にif文を並べます。

　このように、条件を複数並べるときには必ずelse if文を使わなければいけない……ということはありません。else if文やelse文を使うのは、if文からはじまる一連の分岐処理の「いずれかひとつだけ」を実行したいときです。

図6.25 **複数の条件式が同時にtrueになるときの処理の流れ**

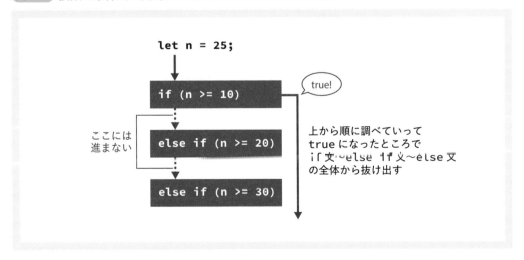

6.4

三項演算子

JavaScriptにはif文以外の条件分岐の構文も
いくつか用意されています。
ここでは、変数に代入する値や関数の引数にする値を
条件に応じて選ぶことのできる『三項演算子』を紹介します。

「どちらかの値を選ぶ」三項演算子

『三項演算子』は、条件に応じて2つの値からどちらか一方を選ぶための構文です 図6.26 。if文とは異なり、選ばれた値をそのまま変数に代入したり、関数の引数に指定したりすることができます。

たとえば、変数xが50より大きいときには変数yに100を、そうでないときは変数yに-100を代入する場合は 図6.27 のように書きます。

三項演算子の構文は、ifを?に、elseを:に置きかえたイメージで覚えるとよいかと思いま

miniColumn

みちくさ

三項演算子の「三項」というのは、「項が3つある」ということです。"項"というのは演算子の前後にある値や式のことで、三項演算子の場合はA ? B : Cなので3つです。ちなみに、足し算などの算術演算子はA + Bなので二項演算子、負の値に付けるマイナス記号は-Aなので単項演算子といいます（"単"は1つという意味）。

図6.27 三項演算子のコード例

```
let y = x > 50 ? 100 : -100 ;
```

図6.26 構文　三項演算子

```
条件式 ? A : B
```
A ……条件式が満たされたときに選ばれる値
B ……条件式が満たされなかったときに選ばれる値

例
```
let msg = x < width / 2 ? "左" : "右";
changeColor(x < width / 2 ? "plum" : "lightgreen");
```

図6.28 三項演算のイメージ

す。「この条件どう？trueならこっち：falseならこっち」という感じです **図6.28**。

三項演算子はScratchにはない条件分岐の構文ですが、そのまま変数に代入したり関数の引数にできるのはとても便利なので、中級者以上のプログラマーはよく使います。アプリ開発などで使われる一部の技術では、三項演算子（や論理演算子）でしか条件分岐が書けない場合もあるので、この本でも解説しておきました。

三項演算子を使ってみる

if文〜else文で書かれたコードを三項演算子に置きかえられるのは、条件によって変数に代入する値を選ぶだけの場合などです。まずはif文を使って書いた **コード6.4** を見てください。

このコードの`let msg;`から下の部分は、三項演算子を使って **コード6.5** のように1行で書くことができます。

また、条件によって関数の引数を変更したいだけのときにも使えます。 **コード6.6** では、魚の登場したx座標に応じて、turn関数の引数を変更しています。まずはif文を使っています。

このコードの最後の条件分岐の部分は、三

コード6.4 if文〜else文のコードの例❶

```
async function draw() {
  await sleep(1);

  // 1〜10の乱数
  let n = randomInt(1, 10);

  // 変数nの値に応じて変数msgの内容を変える
  let msg;
  if (n >= 5) {
    msg = "5以上";
  } else {
    msg = "5未満";
  }
}
```

コード6.5 三項演算子の使用例❶

```
let msg = n >= 5 ? "5以上" : "5未満";
```

コード6.6 if文〜else文のコードの例❷

```
async function draw() {
  // 中央に移動して正面（下）を向かせる
  setX(width / 2);
  turn("下");
  await sleep(1);

  // 魚をx方向にランダムに配置
  let x = randomInt(0, width);
  putFish(x, height / 2);
  // ピゴニャンを魚のいる方向に向ける
  if (x > width / 2) {
    turn("右");
  } else {
    turn("左");
  }
}
```

項演算子を使って コード6.7 のように1行で書くことができます。

コード6.7 三項演算子の使用例❷

```
turn(x > width / 2 ? "右" : "左");
```

変数宣言はif文の外で……

ところで、少し前のサンプルコード コード6.4 では、if文の手前で変数msgを宣言し、if文の中で値を代入していました。これは次のようには書けないのでしょうか。

```
let n = randomInt(1, 10);
if (n >= 5) {
  let msg = "5以上";
} else {
  let msg = "5未満";
}
```

実際、このコードを実行してもエラーは出ません。しかし、上のコードの最後（else文の閉じカッコよりも外）に次の1行を追加してみてください。

```
say(msg);
// ➡エラー：「msg is not defined」
```

「msgは定義されていません」というエラーになってしまいます。どうやらif文やelse文の{ }から出てしまうと、変数msgは存在していないことになってしまうようです。これは、if文などの{ }の中で宣言された変数の有効範囲が、その{ }の中に限定されるからです 図6.29 。

この有効範囲のことをプログラミングの用語では『スコープ』といいます。変数のスコープの話はレッスン12で詳しく説明します。ひとまずは、if文の{ }で宣言した変数は{ }の中でしか使えないと覚えておいてください。

図6.29 if文のブロックと変数の有効範囲

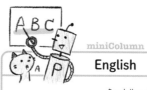

6.5
まとめ

　レッスン6では、条件分岐の構文として、「if文」「else文」「else if文」の3点セットと三項演算子について学びました。

if文　JavaScriptでは、「if文」と「else文」、「else if文」を組み合わせることによって、さまざまな条件でコードを分岐させることができます。Scratchの条件分岐ブロックにはelse if文にあたるものがないため、条件を増やすためには何重にも入れ子しなくてはならず、かなり読みにくくなります。JavaScriptではelse if文を並べることで条件をいくつでも追加できます。

条件式　「もし〜なら」の〜にあたる部分をJavaScriptでは『条件式』といいます。JavaScriptの条件式で使える『比較演算子』はScratchよりも多くの種類があります。なお、「等しいとき」の条件を表す記号がScratchとは異なり、等号が2個==になります。if (x = 5) と書いてもエラーにならないので、間違わないよう注意が必要です。

論理演算子　複雑な条件式を書くためには、「かつ」や「または」などの『論理演算子』も必要です。Scratchには言葉で書かれたブロックが用意されていましたが、JavaScriptでは&&と||になります。論理演算子を複数組み合わせて表現することもよくありますので、複雑な条件式でも読み取れるよう、この記号に少しずつ慣れていきましょう。

条件式の評価と真偽値　条件式は"式"なので、計算（評価）されるとtrueかfalseという『真偽値』に置きかわります。この本では「条件がtrueのとき」といった表現を使っていきます。真偽値は、数値、文字列と並んでJavaScriptでよく使われるデータ型です。これらは"値"の三点セットとして頭に入れておいてください。

‥‥‥‥‥‥‥‥‥‥‥‥

　今回のif文ではじめて、function setup()や async function draw()以外の『ブロック』{ }が登場しました。次回以降のレッスンでは{ }がさらに増えていきます。{ }の中に{ }が入れ子になるほどコードの読み取りが難しくなってくるので、p5.jsのコード整形を使って常にインデントを整えておきましょう。

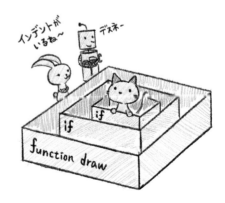

6

Column | 式と文

JavaScriptに限らず、プログラミング言語の多くは、『式』と『文』という2つの基本要素でプログラムが構成されています。なお、"文"という用語が文章の中にあるとややこしいので、英語の"statement"のカタカナ読み（ステートメント）が使われることもあります。ちなみに、「式」は"expression"です。

さて、"式"といえば3 + 4やx * yといったものが頭に思い浮かびますが、レッスン6で学んだように、x < 10やa == bなどの「条件式」も（その名のとおり）式です。プログラミング言語における"式"とは、「評価されると"値"に置きかわるコード」のことをいいます。数式3 + 4は7になりますし、不等式x < 10はtrueやfalseになります。

この定義にしたがうと、単体の値や変数も式ということになります。つまり、数値10や文字列"hello"、真偽値true、変数msgなども、プログラミングでは式になります。getX()などの関数呼び出しも「戻り値」という"値"に置きかわるので式です（戻り値が定義されていない関数もJavaScriptでは「undefined」という値を返します）。

では"文"のほうは何かというと、JavaScriptの場合、「;」（セミコロン）で終わるコードと、if文のようにブロック{ }で囲われているコードを指します。簡単にいえば、変数に代入したり関数の引数に指定できるものは"式"で、それ以外のものは"文"と考えてもよいでしょう。なお、let x = getX() + 100;といったように、"文"は"式"から構成されます。

レッスン6で学んだ「条件分岐」において"式"を意識してほしいのは、次の2点についてです。

❶ if文の条件式は"式"であれば何を指定してもよい

❷ if文は"文"、三項演算子を使ったコードは"式"である

まず、❶のif文の条件式が「式であればなんでもよい」ということは、次のif文も文法的には正しいということです。

```
if (x = 5) { ... }  // 代入も式
```

つまり、if (x == 5)と書きたかったところをif (x = 5)と書き間違えてしまっても、エラーにはなりません（ただし、警告は出ます）。ちなみに、x = 5という式が評価されると5に置きかわります。代入（代入式）が評価されると「代入された値」に置きかわるからです。そして、条件式では「0以外の数値はtrue」とみなされるので、このif文は「常にtrue」となります（条件式で何がtrueになるかは、次のレッスン7の最後のコラムで説明します）。

もうひとつ、❷の「三項演算子を使ったコードは"式"である」という点ですが、三項演算子をif文の仲間だと思ってしまうと、変数に代入したり引数に指定したりする使い方がピンとこないかもしれません。本文の コード6.5 コード6.7 を見て、頭をひねった人もいるでしょう コードC6.a 。

しかし、三項演算子のコードが"式"だと思えば、 コードC6.a のような使い方は自然ですね。"式"は値に置きかわるものであり、変数に代入したり引数に指定したりするためのものですから。したがって三項演算子は、「if文の仲間」というよりも「戻り値ありの関数呼び出しの仲間」だと思ったほうがよいでしょう。そうすれば、

コードC6.a （再掲）三項演算子の使用例❶❷

```
let msg = n >= 5 ? "5以上" : "5未満";  // 変数に代入
turn(x > width / 2 ? "右" : "左");      // 引数に指定
```

コード **C6.b** のようなコードも読み取れると思います。

　ちなみに、三項演算子に一番近い仲間は、論理演算子の&&や||です。論理演算子で条件分岐するというのは不思議な気もしますが、条件式も"式"なので、変数に代入したり引数に指定したりできます。論理演算子で条件分岐するときの構文は コード **C6.c** のとおりです。三項演算子がif文〜else文の式バージョンだとすると、論理演算子はif文の式バージョンといえます。

　三項演算子や論理演算子による条件分岐は、JavaScriptで本格的なアプリ開発をするときに使われる『ＪＳＸ』という構文で必要となります。JSXの中では"文"が使えない(つまりif文が使えない)からです。みなさんがJSXを使うようになるのはもう少し先になりますが、三項演算子や論理演算子による条件分岐はp5.jsでも使ってみてくださいね。

コード C6.b 三項演算子は関数呼び出しの仲間だと考える

```
z = (y + (x > 0 ? 100 : -100)) / 2;
```

↕ (x > 0 ? 100 : -100)の部分を関数呼び出しだと考える

```
z = (y + 三項演算子) / 2;
```

コード C6.c 論理演算子と三項演算子

論理演算子&&を使った条件分岐の構文
条件式 && 式

条件式が真：&&のあとの式(の値)に置きかわる
条件式が偽：falseに置きかわる

```
print(x >= 0 && "正");
// xが0以上のとき ➡"正"
// xが0未満のとき ➡false
```

論理演算子||を使った条件分岐の構文
条件式 || 式

条件式が真：trueに置きかわる
条件式が偽：||のあとの式(の値)に置きかわる

```
print(x >= 0 || "負");
// xが0以上のとき ➡true
// xが0未満のとき ➡"負"
```

その条件式
まちがってるよね？　え,ホントに？　n==5

まあ式なら
なんでもいいよ　if (n = 5)

イチオウ
ソウデスガ…　ウーソ

この条件を満たすなら
お前に宝をやろう　"宝"　x>0　&&

let usa = x>0 && "宝";

while文
繰り返しの魔法を
使ってみよう

　レッスン7では「繰り返し構文」について学びます。これはScratchの［〜まで繰り返す］ブロックや［○回繰り返す］ブロックにあたる機能で、与えた条件式が満たされているあいだ、指定したコードを繰り返します。

　JavaScriptには『while文』と『for文』という繰り返し構文が用意されています。while文のほうが構文がシンプルなので、レッスン7ではまずwhile文について説明しながら、繰り返し構文の基本を学びます。

　さまざまな繰り返しのパターンを頭に入れておくことが大切なので、マウスクリックなどの入力イベントも含め、いくつかの典型的な例を挙げていきます。また、繰り返し構文とセットで使われる2つの命令、繰り返しを途中で抜け出す『break文』と、途中で次の繰り返しに飛ぶ『continue文』も紹介します。

　Scratchが［〜まで繰り返す］ブロックであるのに対してwhile文は「〜のあいだ繰り返す」なので、Scratchからのステップアップでは条件式を「〜まで」から「〜のあいだ」に読み替える必要があります。

125

7.1

「〜のあいだ繰り返す」
while文

同じコードの繰り返し実行はプログラミングではとてもよく見られ、
『ループ』とも呼ばれます。繰り返しの終了は、ループの中で値が
変化していく変数を使った「条件式」で記述します。

同じコードを繰り返す

ピゴニャンを3回に分けて歩かせたいとき、これまでは 図7.1 の左側のように同じコードを3回書いてきました。しかし、同じコードを何度も書くのは面倒ですし、あとから修正するときにミスも起こりやすくなります。

もし、図7.1 の右側のように書くことができれば、「3回」の部分の数値を変えるだけで、10回でも100回でもコードの分量は同じになります。コードを修正するときも1ヵ所だけで済みます。

プログラマーは面倒なことを嫌いますから、繰り返しを楽に記述するための構文は当然用意されています。今回のレッスンで紹介する『while文』と、次回のレッスンで紹介する『for文』です。"while" も "for" も「〜のあいだ」という意味の英単語です。

なお、プログラミングの「繰り返し」のことを英語でloopといい、これはそのまま日本語でも『ループ』という用語としてよく使われます。while文を使った繰り返しを「whileループ」、for文を使った繰り返しを「forループ」といいます。

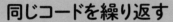

図7.1 同じコードの繰り返しを楽に書きたい

```
let cnt = 0;

move(50);
await sayFor(cnt, 0.5);
cnt += 1;

move(50);
await sayFor(cnt, 0.5);
cnt += 1;

move(50);
await sayFor(cnt, 0.5);
cnt += 1;
```

以下を「3回」繰り返し

〜ここから〜
```
move(50);
await sayFor(cnt, 0.5);
cnt += 1;
```
〜ここまで〜

Scratchの繰り返しブロック

Scratchには、3種類の繰り返しブロックがあります 図7.2。

たとえば、ネコを3回歩かせるプログラムを［○回繰り返す］ブロックを使って作ると 図7.3 のようになります。変数ブロックを使えば、同じプログラムを［〜まで繰り返す］ブロックで作ることもできます 図7.4。この書き方については後ほど詳しく説明します。

実際のところ、［〜まで繰り返す］ブロックさえあれば、他の2つの繰り返しブロックがなくても、すべての繰り返しパターンが表現できます。ただ、「○回繰り返す」と「ずっと繰り返す」はよく使う繰り返しパターンなので、便利なように個別にブロック化されています。

JavaScriptの繰り返し構文であるwhile文とfor文は、どちらもScratchの［〜まで繰り返す］ブロックに対応します。先ほど述べたように、このタイプの繰り返し構文だけですべて記述できるからです。ただし、for文は「○回繰り返す」パターンがより書きやすい構文になっています（次回のレッスンで説明します）。

miniColumn

みちくさ

本文ではさらりと流していましたが、図7.1 の左側の繰り返しになっているコードが、3つとも「まったく同じ」であることも大事なポイントです。もし変数cntを `cnt += 1;` という形ではなく、`cnt = 1; cnt = 2;` …と増やしていたら、まったく同じコードにはならないので単純には繰り返せません。

図7.2 Scratchの繰り返しブロック

図7.3 ［○回繰り返す］ブロックの例

図7.4 ［〜まで繰り返す］ブロックの例

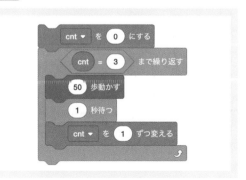

while文

この本では、JavaScriptの繰り返し構文について、記法がシンプルなwhile文から学んでいきます。「3回に分けて歩く」という例はfor文で書くのが普通なのですが、ここでは頭の体操もかねてwhile文で書いてみます。

まず、while文の構文は 図7.5 のとおりです。if文とそっくりですが、（ ）の中の条件式がtrue（トゥルー）のあいだ、{ }の中の処理が繰り返されます。条件式の記法はif文とまったく同じで、比較演算子を使って書きます。もちろん論理演算子（&&や｜｜など）も使えます。

このレッスンの冒頭に挙げた「3回に分けて歩く」例をwhile文で書いてみましょう。せっかくなので、図7.6 では5回の繰り返しに増やしています。ピゴニャンが右方向に50歩ずつ5回動きます。while文を使えば、ピゴニャンを何回歩かせてもコードの長さは変わりません。

カウンター変数

JavaScriptのwhile文でもScratchの［～まで繰り返す］ブロックでも、一定の回数だけ繰り返すためには、いま何回目の繰り返しなのか数えておく必要があります。図7.6 のサンプルコードでは、回数を数えるために変数cntが使われています。

繰り返しに入る前に変数cntを0とし、繰り返しのコードの最後でcntを1だけ増やしています。ループを1周するごとに変数cntが1ずつ増えるので、cntの値は繰り返し回数を意味するようになります。

公式な用語ではないのですが、このような変数のことを『カウンター変数』や『ループカウンター』と呼びます。日本語でも数を数えるこ

図7.5

構文 while文

```
while (条件式) {
    条件が満たされているあいだ
    繰り返し実行されるコード
}
```

例
```
let cnt = 0;
while (cnt < 5) {
    print(cnt + "回目です");
    cnt += 1;
}
```

図7.6 5回に分けて歩く比較コード

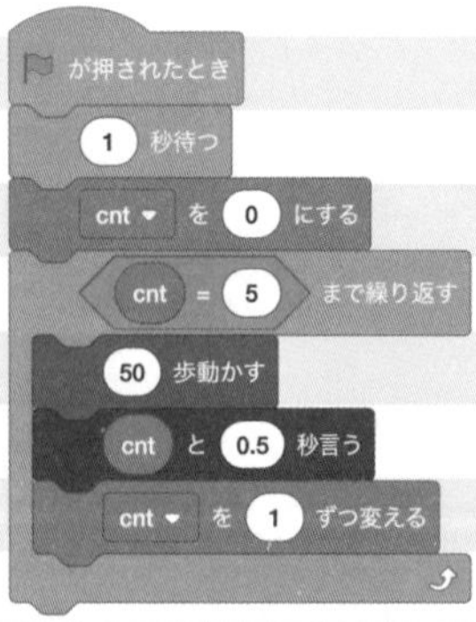

```
async function draw() {
    await sleep(1);
    let cnt = 0;
    while (cnt != 5) { // cntが5ではないあいだ繰り返す
        move(50);
        await sayFor(cnt, 0.5);
        cnt += 1;
    }
}
```

とを「カウントする」といいますね。cntという変数名は "counter"（カウントするもの）の略です。この本では「カウンター変数」の呼び名を使っていきます。

JavaScriptとScratchのサンプルコードを見くらべると、条件式は違っていますが、どちらの場合も変数cntが4まで繰り返しています。それだと4回しか繰り返していない気がしますが、カウンター変数が0からはじまっているので、0➡1➡2➡3➡4で5回繰り返したことになります。

プログラミングでは、この「0から数えはじめる」という考え方のほうが一般的です。この数え方は後ほどレッスン9で学ぶ「配列」でも使います。数字を0から数えることに慣れていきましょう。

「～まで」と「～のあいだ」

さて、 図7.6 のサンプルコードのJavaScriptとScratchの条件式が異なっているのはなぜだかわかるでしょうか。Scratchでは「～まで繰り返す」であった部分が、JavaScriptでは「～のあいだ繰り返す」に変わるからです。

Scratchの条件文が（JavaScript風に書けば）cnt == 5となっているのに対し、while文では反対のcnt != 5になっています。どちらも同じ5回の繰り返しですが、Scratchでは「変数cntが5と等しくなるまで」になり、while文では「変数cntが5と等しくないあいだ」となるのです 図7.7。

文字を打ちこむプログラミング言語の繰り返し構文は、ほとんどがJavaScriptと同じ「～のあいだ」という条件で、Scratchからステップアップするためにはここで頭を切り替える必要があります。

なお、「～のあいだ」という条件式では、「5回繰り返す」ためにcnt != 5という表現はあまり使いません。というのも、状況によってはカウンター変数が1ずつ増えるとは限らず、5を飛び越えてしまうかもしれないからです。

そのため、カウンター変数が目標値を飛び越えたときにも繰り返しが確実に終わるよう、「5回繰り返す」ための条件式はcnt < 5と書くのが一般的です。

図7.7 繰り返し条件の「まで」と「あいだ」の違い

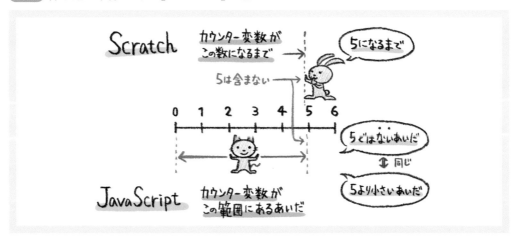

いろいろな 繰り返しパターン

繰り返し構文の使い方は、たくさんのコードを読んだり、
自分でコーディングしていくことで身についていきます。
ここでは、典型的な繰り返しのパターンを見てみましょう。

カウントダウンする

繰り返し回数の指定では、カウントを増や
すだけでなく、カウントを減らしていく（カウ
ントダウンする）こともできます。

```
async function draw() {
  await sleep(1);

  let cnt = 5; // 5からはじめる

  // cntが0より大きいあいだ繰り返す
  while (cnt > 0) {
    move(50);
    await sayFor(cnt, 0.5);

    cnt -= 1;  // 1ずつ減らす
  }
}
```

繰り返しの条件式を`cnt > 0`に変更するこ
とを忘れないようにしましょう。条件式を間
違えると、繰り返しの終わらない『無限ルー
プ』になってしまいます。もし無限ループにな
ってしまったら、あわてずにプログラムの停
止ボタン［■］を押して終了させてください。

同じ回数の繰り返しを表現する条件式は何
パターンもあります。たとえば、カウンター
変数が1ずつ減っていくこのコードの場合、次
の3つの条件式はすべて同じ結果となります。

```
while (cnt > 0)  // 0より大きいあいだ
while (cnt >= 1) // 1以上のあいだ
while (cnt != 0) // 0ではないあいだ
```

カウンター変数以外の 変数を使う

ループの中で使用できる変数はカウンター変
数だけではありません。繰り返すたびに値を更
新していく変数がいくつあってもかまいません。

次のサンプルコードでは、カウンター変数
cntだけでなく、変数xもループの中で25ず
つ増やしています。その変数xを使って、ピ
ゴニャンを登場位置からx座標350までsetX
関数で動かしています。draw() { }やその
先頭のawait sleep(1);は残したまま、先
ほどのサンプルコードから書きかえてくださ
い。

```
let x = 125;  // 初期座標+25の位置
let cnt = 0;

while (cnt < 10) {
  setX(x);     // ピゴニャンを移動
  await sleep(0.5);

  x += 25;      // ピゴニャンのx座標の更新
  cnt += 1;
}
```

この例を見て気づいたかもしれませんが、カウンター変数を使わずに条件式を書くこともできます。ピゴニャンの座標を表す変数 x を使って、「変数 x が 350 以下のあいだ」という条件式を書いてもよいのです。

```
let x = 125;

// xが350以下のあいだ繰り返す
while (x <= 350) {
  setX(x);
  await sleep(0.5);
  x += 25;
}
```

このように、繰り返し回数を数えるカウンター変数を使わなくとも、ループの中で変化する変数をうまく使うことで同じようにピゴニャンを動かすことができます。

乱数を使う

乱数（5.4節）を使って条件式を書くこともできます。この場合、ループが何回繰り返されるかはプログラムを実行するまでわかりません。 コード7.1 は、1〜10の乱数を生成し、それが8より小さいあいだ繰り返します。つまり、毎回7割の確率でピゴニャンが動きます（キャンバスから出る確率は約10％）。

なお、条件式の中に関数呼び出しを入れても構わないので、次のように、変数 num を使わずにもっと短く書くこともできます。

```
while (randomInt(1, 10) < 8) {
  move(70);
  await sleep(1);
}
```

何度歩いたか、ピゴニャンにしゃべらせてみましょう。

```
let cnt = 1;

while (randomInt(1, 10) < 8) {
  move(70);
  await sayFor(cnt + "回目！", 1);
  cnt += 1;
}
```

このサンプルコードの変数 cnt はカウンター変数のように見えますが、while 文の条件式の中では使われていません。「○回目！」としゃべるためだけに使われており、初期値は0ではなく1としています。変数名と「カウンター変数であるかどうか」は切り離して考えてください。

実際のところ、乱数を繰り返し構文の条件式に使うことはあまりないのですが、カウンター変数や座標のように増え続けたり減り続けたりする変数だけが条件式に使われるわけではないことを頭に入れておいてください。

ループの中で条件分岐する

繰り返し構文と条件分岐を組み合わせることで、同じコードの繰り返しでありながら、実行する内容を変えることができます。while

コード7.1 乱数を使った条件式の例

```
let num = randomInt(1, 10); // 1〜10の乱数を生成

while (num < 8) {  // 8より小さいあいだ繰り返す
  move(70);
  await sleep(1);

  num = randomInt(1, 10); // 乱数を更新
}
```

図7.8 繰り返し＋条件分岐の問題設定

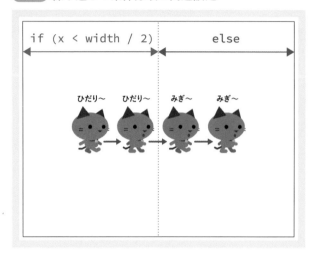

文とif文の入れ子になります。

　図7.8 のようにピゴニャンが左から右に移動していくプログラムにおいて、ピゴニャンがキャンバスの左側にいるか右側にいるかでセリフを変えてみましょう。

　ピゴニャンの現在のx座標を変数xとすると、ピゴニャンが「キャンバスの左側にいる」という条件式は`x < width / 2`と書けるの

でしたね。そして、左側でなければ右側にいるはずなので、「右側にいるとき」の条件分岐はelse文を使います。

　完成したコードを **図7.9** に示します。コードは、`draw() { }`の先頭の`await sleep(1);`の下に書き写してください。この例では参考のため、左側にScratchのプログラムも示しています。

　こうしてwhile文とif文、else文を組み合わせると、ブロック`{ }`の中に別のブロックが入りこんできて複雑になってきますね。ブロックの入れ子が深くなってくると、正しくインデント（コードの前の空白）が付けられていることが重要になります。

　コードをひととおり書いたら、［編集］メニューから「コード整形」を選択してインデントを整える習慣を付けましょう。ショートカット `Ctrl`-`Shift`-`F`（`⌘`-`⇧`-`F`）を覚えて使えるとベストです。

図7.9 繰り返し＋条件分岐（while文＋if文）の比較コード

```
let x = 125;
while (x < width) {
    setX(x);
    if (x < width / 2) {
        say("ひだり～");
    } else {
        say("みぎ～");
    }
    await sleep(0.5);
    x += 25;
}
```

繰り返しと剰余演算子

もうひとつ、繰り返しと条件分岐の組み合わせの例を見ておきましょう。レッスン5(5.4節)で学んだ剰余演算子%を使います。

剰余演算子は「余り」を求めます。たとえば、`let n = 10 % 3;`というコードを実行すると変数nの値は1になります。この「余り」そのものはあまり使い道がありませんが、「余りが0になるとき」というif文の条件式はとても有用です。3で割って余りが0になるのは「3回に1回」を意味するからです。

次のコードでは、ピゴニャンは3の倍数しかしゃべりません(3から15まで)。なお、カウンター変数cntを1からはじめている理由は、このページの「みちくさ」に書いています。

```
let cnt = 1; // 1からはじめる

while (cnt <= 15) {
  if (cnt % 3 == 0) {
    say(cnt);
  } ←cntが3の倍数のときだけ実行される
  await sleep(0.5);

  cnt += 1;
}
```

カウンター変数を使わなくてもかまいません。図7.10 のコードでは、ピゴニャンのx座標が100の倍数になったときだけ、オレンジ色の魚を置いています。変数xは50ずつ増えているので、青とオレンジの魚が交互に配置されます。

miniColumn

みちくさ

3で割った余りが0になる数には「0も含まれる」ことを頭に置いておいてください。レッスン7の冒頭でも述べたように、プログラミングでは0から数えはじめることが多いので注意が必要です。0回目に実行したくないときは、カウンター変数を0以外の数からはじめるか、条件式を「`cnt != 0 && cnt % 3 == 0`」にするなどの工夫が必要です。

```
商  余
1 ÷ 3 = 0 … 1
2 ÷ 3 = 0 … 2
3 ÷ 3 = 1 … 0
4 ÷ 3 = 1 … 1
5 ÷ 3 = 1 … 2
6 ÷ 3 = 2 … 0
7 ÷ 3 = 2 … 1
```
なるほど

図7.10 剰余演算子を使って青とオレンジの魚を交互に置く

```
let x = 0;

while (x < width) {
  if (x % 100 == 0) { // 100の倍数のとき
    putFish(x, 100, "orange");
  } else { ←オレンジ色の魚
    putFish(x, 100); ←青色の魚
  }

  x += 50;
}
```

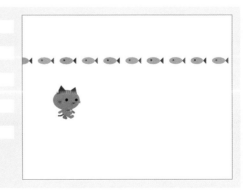

7.3

入力イベントがあるまで繰り返す

Scratchと同じように、p5.jsでもマウスクリックやキー入力などの
『入力イベント』に反応するプログラムを書くことができます。
入力イベントに関してはレッスン11でも取り上げますが、
ここではwhile文と組み合わせる方法を説明します。

入力イベント

もう少しwhileループらしい使い方、つまり「○回繰り返す」以外のパターンを見てみましょう。

Scratchを知っている人は、図7.11に示したような、キーボードやマウスからの入力を調べる条件ブロックを使ったことがあるかもしれません。

プログラムは、通常、コードの上から下に向かって順番に実行されていきます。一方で、マウスクリックやキー入力はそうした流れとは関係なく、いつ起こるかもわかりません。そのような"出来事"のことを『イベント』といいます。

イベントを使えば、カウンター変数などを使わずにループを終わらせることができます。図7.12は、マウスボタンが押されるまでネコが歩くScratchのブロックコードの例です。

ゲームを作ることの多いScratchでは、このようにイベントでループを終わらせるコードが多いため、そうした条件が自然に書けるように「〜まで繰り返す」という文章表現になっているのだと思われます。

miniColumn
みちくさ

用語ではありませんが、イベントが起こることを「イベントが発火する」ともいい、発火したイベントに対してプログラムが反応することを「イベントを受け取る」とか「拾う」といいます。「発火する」というのは少し独特ですが、元々英語で使われていた表現で、"fire"という単語を訳したものです。この本では、「起こる」や「発生する」、「受け取る」を使っていきます。

図7.11 Scratchの調べるブロック

図7.12 マウスが押されるまでネコが動く

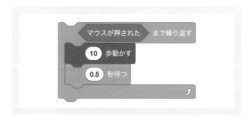

マウスボタンが押されるまで

p5.jsでは、「マウスが押された」というイベントを、mouseIsPressedというシステム変数で受け取ります。

変数mouseIsPressedの値は真偽値（trueまたはfalse）です。マウスが押されているあいだはmouseIsPressedはtrueになり、マウスが押されていないときはfalseになります。

変数mouseIsPressedを使ってwhile文で繰り返しのコードを書いてみましょう。「マウスが押されるまで繰り返す」という条件を「〜のあいだ繰り返す」の形にいいかえれば、「マウスが押されていないあいだ繰り返す」になります。

```
async function draw() {
  await sleep(1);

  // マウスが押されていないあいだ繰り返す
  while (mouseIsPressed == false) {
    move(10);
    await sleep(0.5);
  }
}
```

上のコードを実行するとピゴニャンが歩きだしますが、キャンバス上のどこかをクリックすると止まります。このとき、ピゴニャンが止まるまで、マウスボタンを心持ち長めに押してください。というのは、繰り返し中はsleep関数によってプログラムが0.5秒ずつ止まるので、その停止中にマウスが押されてもイベントがプログラムに伝わらないからです（これはScratchでも同じです）。

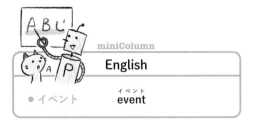

miniColumn
English

● イベント　　event

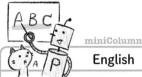

miniColumn
English

変数mouseIsPressedの名前は"mouse is pressed"、つまり「マウスが押された」という文章になっています。この文章が「正しい」なら変数の値は true、「間違っている」なら false ということですね。

キーを押したとき

続いて、キーボードのキーを押したときの例も見てみましょう。Scratchの場合、どのキーが押されたか調べるブロックが用意されています。図7.13のコードは、a のキーが押されるまでネコが歩き続けるものです。

図7.13 a キーが押されるまでネコが動く

一方、p5.jsには、何かしらのキーが押されたというイベントを受け取るkeyIsPressedと、押されたキーの中身（文字）を知っているkeyという2つのシステム変数に分かれています。変数keyIsPressedは、mouseIsPressedと同じく、押されているあいだtrueになります。

ここでは「a のキーが押されるまで繰り返す」としたいので、keyのほうを使います。while文の条件式（〜のあいだ繰り返す）で表現すると、「a のキーが押されていないあいだ」となり、key != "a" となります。

```
while (key != "a") {
  move(10);
  await sleep(0.5);
}
```

　実行ボタンを押したら、キャンバスを一度クリックしてからキーを入力してみてください。キャンバスをクリックして選択しておかないとキーの入力を受け付けません。また、先ほどのマウスボタンと同じように、心持ち長めに a キーを押す必要があります。

　なお、矢印キーや Enter キーなど、文字が割り当てられていない特殊なキーの場合、システム変数keyにはその「名前」が入ります。特殊キーの名前はprint関数で確認できます。

```
print(key); // keyの中身が確認できる
```

キーでピゴニャンを動かす

　それでは、矢印キーでピゴニャンを操縦してみましょう コード7.2 。

　システム変数keyの値は、左矢印キーが"ArrowLeft"、右矢印キーが"ArrowRight"です。"arrow"は「矢印」、"left"と"right"はそれぞれ「左」と「右」という意味です。

　このサンプルコードでも心持ち長めに矢印キーを押す必要がありますが、キーを押したままにしておいてもピゴニャンは動きます。

コード7.2 左右の矢印キーでピゴニャンを動かす

```
while (true) {
  if (keyIsPressed == true) { // もし何かキーが押されたら
    if (key == "ArrowLeft") { // もし←キーだったら
      turn("左"); // 左を向いて
      move(30);  // 30歩動く
    } else if (key == "ArrowRight") { // もし→キーだったら
      turn("右"); // 右を向いて
      move(30);  // 30歩歩く
    }
  }
  await sleep(0.2); // 無限ループでは必ずsleepする
}
```

　今回のコードの中に記述されているwhile(true)という繰り返し条件は、Scratchの[ずっと]ブロックに当たるものです。while文は条件式がtrueのあいだ繰り返すので、条件式に直接trueを指定することで無限ループになります。

　また、if文を二重にしてif (keyIsPressed == true)で囲んでいる理由は、このif文をコメントアウトしてみるとわかります。左右いずれかの矢印キーを1回押しただけで、ピゴニャンはそちらの方向にずっと歩き続けます。

　これは、keyの値が、「押された瞬間のキー」ではなく、「最後に押されたキー」だからです。つまり、左矢印キーを1回でも押すと、そのあとkeyの値はずっと"ArrowLeft"のままになります。そのため、キーを押した瞬間を判断するif (keyIsPressed == true)で囲んでおかないと、条件式key == "ArrowLeft"はずっとtrueになります。

繰り返しにはsleepを忘れずに……

　入力イベントを使った繰り返しで注意してほしいのは、ループの中にsleep関数を必ず入れることです。sleep関数がないとループが速く回りすぎて、キーボードやマウスの入力を受け付けられなくなり、停止ボタン[■]を押しても止まらなくなることがあります。

　こうなると、ブラウザーを閉じるしか止める方法がなくなります。ブラウザーを閉じてp5.jsを終わらせるとスケッチが保存されないので、スケッチはこまめに保存しておく習慣をつけておいてください。一息ついたらすぐ Ctrl -S （⌘-S）です。

7.4

繰り返しの途中で……

繰り返しの条件式を満たしていても、途中でループから
抜け出したいときがあります。また、ループの途中で実行をやめて、
次の繰り返しに進みたいときがあります。
そのための命令であるbreak文とcontinue文を紹介します。

ループから抜け出す break文

基本的にはwhile文の条件式がtrueのあい
だ繰り返したいけれど、途中で「何か」が起こ
ったら、ループを途中で抜け出したいという
ことがあります。JavaScriptにはそのために
『break文』が用意されています 図7.14。

break文は、ループの中でif文と組み合わせ
て使います。break;という書き方なので関数
のようにも見えますが、末尾に()は付きませ
ん。break文が呼ばれると、そこからあとのwhile
内のコードはすべてスキップして、whileの閉じ
カッコ}の外にまでプログラムの実行が飛びま
す。

コード7.3 では、「1回目」から「10回目」まで
ピゴニャンがしゃべりながら歩きます。しか
し、途中で5より大きな乱数が出たらループ
を抜け出し、「終わり！」としゃべります。

入力イベント+break文

マウスやキーボードからの入力があるまで
繰り返したいとき、入力イベントの解説では
`while (mouseIsPressed == false)`と
いうように、while文の条件式の中で終了を
判断する方法を紹介しました。

図7.14　**構文** break文

```
while (…) {
  繰り返し処理(breakする回も実行される)
  if (条件式) {
    breakする直前にだけ実行したい処理
    break;
  }
  繰り返し処理(breakする回は実行なし)
}
└─▶ ここまでプログラムの実行が飛ぶ
```

例
```
let cnt = 0;

while (cnt < 10) {
  let n = randomInt(1, 10);
  if (n > 8) {
    say("アウト！");
    break;
  }
  await sayFor(cnt + "回目", 1);
  cnt += 1;
}
```

break文を使えば、入力イベントがあるまで繰り返すループを コード7.4 のようにも書くことができます。

while文の条件式の中で変数mouseIsPressedを使うよりも、break文を使ったほうが素直に「マウスボタンが押されたとき」（mouseIsPressed == true）と書けます。また、break文を使う方法なら、イベントを受け取ったときに1回だけ実行したい処理を、同じif文の中に書いておくことができます。

コード7.3 break文の例

```
let cnt = 0;

while (cnt < 10) {
  say(`${cnt + 1}回目`); // しゃべる
  await sleep(0.5);

  // 乱数が5より大きくなると……
  if (randomInt(1, 10) > 5) {
    break;  // ループから抜け出す ✪
  }

  move(30); // 動く
  await sleep(0.5);

  cnt += 1;
}
✪

say("終わり！");
```

breakすると、ここに飛んでくる

次の繰り返しに進む continue文

break文とよく似た命令に『continue文』があります 図7.15 。break文がループを抜け出すのに対し、continue文はループを抜け出さず、while文の先頭（条件式のチェック）に戻るだけです。

break文にくらべると、continue文は少しわかりにくい命令です。具体例を見てみましょう。 コード7.5 は、先ほどのbreak文の コード7.3 をcontinue文に書きかえたものです。

break文のときとは違って、このコードでは必ず「1回目」から「10回目」までピゴニャンはしゃべります。continue文が呼ばれてもループを抜け出すわけではないからです。

では何が変わるかというと、continue文よ

コード7.4 入力イベント＋break文

```
while (true) {
  move(10);
  await sleep(0.5); // sleepを忘れずに！

  // マウスボタンが押されたら……（入力イベント）
  if (mouseIsPressed == true) {
    say("にゃ〜"); // にゃ〜としゃべって……
    break;       // 抜け出す（ピゴニャン停止）
  }
}
```

図7.15　構文　continue文

ここまでプログラムの実行が飛ぶ

```
while (条件式) {
  繰り返し処理(continueする回も実行される)
  if (条件式) {
    continueする直前にだけ実行したい処理
    continue;
  }
  繰り返し処理(continueする回は実行なし)
}
```

例

```
let cnt = 1;

while (cnt <= 9) {
  let n = randomInt(1, 5);
  if (n > 4) {
    cnt += 1;
    continue;
  }
  putFish(cnt * 50, 100);
  cnt += 1;
}
```

り後ろにあるmove関数などがときどき実行されなくなります。歩くピゴニャンを観察していると、同じテンポで進むのでなく、ときどき少し立ち止まるように見えます。

continue文の注意点

while文の中でcontinue文を使うときに注意したいのは、「次の繰り返し」に進むときにカウンター変数が自動的には更新されないことです。 コード7.5 でも、5より大きな乱数が出たときは変数cntの値が増えません。

もし、continue文が呼ばれても繰り返しは10回にしたいのであれば、 コード7.6 のように、continue文が呼ばれる直前に変数cntを更新するコードが必要です。

コード7.5 continue文の例

```
let cnt = 0;

while (cnt < 10) {  ☆
  say(`${cnt + 1}回目`);
  await sleep(0.5);

  // 乱数が5より大きくなると……
  if (randomInt(1, 10) > 5) {
    continue; // 次の繰り返しに進む  ☆
  }

  move(30);
  await sleep(0.5);

  cnt += 1;
}

say("終わり！");
```

> continueされるとここにくる

> continueされた回は、以降は実行されない

コード7.6 while文の中でcontinue文を使うときの注意点

```
if (randomInt(1, 10) > 5) {
  cnt += 1;
  continue; // 次の繰り返しに進む
}
```

> これがないとcntの値が増えない

注意 while文を使ったイベント待ちのコードについて

このレッスン7で紹介しているwhile文を使ったイベント待ちのコードは「ピゴニャンのスケッチ」のみで動きます。この本を終えて本来のp5.jsを使うようになると、 コード7.7 のように if 文だけで書けます。レッスン14で説明しますが、本来のp5.jsの function draw() { ... } の中に書かれたコードは、while(true) { ... } と同じようにずっと繰り返し実行されるからです。

コード7.7 本来のp5.jsでのイベント待ちのコード（while文は不要）

ピゴニャンのスケッチのコード
```
async function draw() {
  ...
  while(true) {
    if (mouseIsPressed == true) {
      // マウスボタンを押されたときの処理
    }
  }
  ...
}
```

⬇

本来のp5.jsコード
```
function draw() {
  ...
  if (mouseIsPressed == true) {
    // マウスボタンを押されたときの処理
  }
  ...
}
```

7.5
まとめ

レッスン7では、繰り返し構文のひとつである while 文について学びました。

while文 Scratch には繰り返しのブロックが3種類ありますが、JavaScript の『while 文』は Scratch の［〜まで繰り返す］ブロックに対応します。ただし、条件式が「〜まで繰り返す」から「〜のあいだ繰り返す」に変わるので、その読み替えに工夫が必要です。

カウンター変数 繰り返し構文の条件式の基本は、「ある変数がある範囲にあるあいだ」という表現になります。たとえば、「○回繰り返す」パターンでは、変数の初期値を0に設定し、ループの中で変数を1ずつ増やします。そして、条件式を「**変数** < ○」と記述すれば、ループは○回繰り返します。このように回数を数えるために使われる変数は「カウンター変数」や「ループカウンター」と呼ばれます。

さまざまな繰り返しパターン 条件式を工夫することで、ほとんどあらゆる繰り返しを記述することが可能です。カウンター変数を増やしたり減らしたりするだけでなく、ループの中で値が変わる別の変数を使って条件式を書くこともできます。まずは、典型的な繰り返しパターンと条件式の表現をたくさん書いて覚えるのがよいでしょう。

break文とcontinue文 Scratch にはない機能として、JavaScript には、繰り返しの途中でループを抜け出す『break 文』と、繰り返しの途中で次の条件式の評価に飛ぶ『continue 文』があります。とくに break 文は、あらかじめ条件式に書いておくことのできない「何か」が起こったときにループを抜け出す方法としてよく使われます。

入力イベント while 文は、同じコードを繰り返す以外の目的でも使われます。そのひとつが「入力イベントがあるまでプログラムを止める」ことです。たとえば、システム変数 mouseIsPressed はマウスのボタンが押されたときだけ true となります。変数 mouseIsPressed を while 文の条件式やループ内の if 文の条件式で使えば、マウスボタンが押されるまでプログラムを停止することができます。なお、入力イベントを待ち受ける方法は while 文以外にも『イベントハンドラー』というしくみがあり、それについてはレッスン11で学びます。

JavaScript の繰り返し構文には、もうひとつ、for 文がありますね。構文がより簡単な while 文で繰り返し処理に慣れたところで、より広い場面で使われる for 文に進みましょう。

Column 条件式における真偽値との比較の省略

前回のレッスン6のコラムに引き続き、条件式の話をしたいと思います。前回のコラムで「if文の条件式は、"式"であればなんでもよい」と説明しました。これは、今回のレッスンで学んだwhile文でも、次のレッスンで学ぶfor文でも同様です。

単体の変数も"式"なので、システム変数mouseIsPressedのように真偽値に置きかわる変数の場合は == true を省略することができます。

```
if (mouseIsPressed == true) { ... }
```
‡同じ意味
```
if (mouseIsPressed) { ... }
```

条件式の評価の流れを確認してください。これは「マウスボタンが押された」ときに条件式が満たされる場合です。条件式に「== true」と書く必要はないことがわかります。

```
if (mouseIsPressed == true)
  ↓
if (true == true)
  ↓
if (true)
```
‡同じ意味
```
if (mouseIsPressed)
  ↓
if (true)
```

「マウスボタンが押されなかった」ときに条件が満たされる場合も、次のようにNOT演算子を付けることで「== false」を省略することができます。

```
if (mouseIsPressed == false)
```
‡同じ意味になる
```
if (!mouseIsPressed)
```

NOT演算子は真偽値を反転させる(!false ➡ true)ので、mouseIsPressed が false のときに条件式がtrueになります。

```
if (!mouseIsPressed)
  ↓
if (!false)
  ↓
if (true)    // 条件式が満たされる
```

また、関数呼び出しも"式"なので、条件式に単体で使うことができます。

```
if (randomInt(0, 1) == 1) { ... }
```
‡同じ意味
```
if (randomInt(0, 1)) { ... }
```

ただ、上の例ではrandomInt関数を使っていますが、randomInt(0, 1)の結果は真偽値ではなく、0か1の数値です。なぜ== 1を省略できるのでしょうか。

これは、JavaScriptの条件式において、真偽値(trueとfalse)だけが「条件を満たす」(真)あるいは「満たさない」(偽)を決める値ではないからです。

JavaScriptの条件式において"偽"と判定されるのは、false、0、""(空文字)、undefined、NaN(レッスン5末のコラム)、null です(nullとは「値が存在しない」ことを示す特殊な値です)。これら以外の値はすべて"真"と判定されます。

先ほどのradomInt(0, 1) == 1という条件式は、0のときに偽、1のときに真となればいいので、== 1を省略することができます。

乱数が1だったとき
```
if (radomInt(0, 1))
  ↓
if (1)
  ↓
if (真)
```

乱数が0だったとき
```
if (radomInt(0, 1))
  ↓
if (0)
  ↓
if (偽)
```

なお、条件式で==を省略するのは、真偽値の場合だけにしたほうがよいでしょう。それ以外の場合に省略してしまうと思わぬミスにつながります。関連して、真偽値に置きかわる変数や関数の名前は、mouseIsPressedなどのように、そうであるとわかるように付けるのが作法です。

レッスン **8**

for文
決められた範囲で
繰り返してみよう

　レッスン8では、もうひとつの繰り返し構文である『for文』について学びます。for文を使えば、Scratchの［○回繰り返す］ブロックをwhile文よりも短く書くことができます。

　while文で「○回繰り返す」ときは、ループの外でカウンター変数を宣言し、ループの中でカウンター変数の値を更新していました。いつもこの形になるのであれば、構文の中にカウンター変数の宣言と更新式を組みこんでしまおう……というのがfor文です。

　レッスン8でも、さまざまな繰り返しのパターンを見ていきます。「○回繰り返す」だけがfor文の役割ではありません。実際はほとんどの場面でwhile文ではなくfor文が使われるほど、幅広い繰り返しパターンに対応できます。また、繰り返しの繰り返し（二重ループ）もプログラミングの現場ではよく使われるので紹介しておきます。

　このレッスン8の最後には、文字列や「値のリスト」から文字や値をひとつずつ取り出しながら繰り返す『for ... of文』も紹介します。これは次のレッスンで学ぶ『配列』でおもに使われる繰り返し構文です。

8 for文 決められた範囲で繰り返してみよう

8.1

「○回繰り返す」 for文

for文の（ ）の中には、繰り返しの「条件式」に加えて、
条件式の中で使われる変数の「変数宣言」と「更新式」を記述します。
繰り返しの制御に関する記法がまとめられただけで、
繰り返しの考え方はwhile文と同じです。

for文

まずはfor文の構文を示します。

for文の（ ）内で、「変数宣言」「条件式」「更新式」を区切っている記号が「;」（セミコロン）であることに注意してください。関数呼び出しの引数と似ていますが、「,」（カンマ）区切

りではありません。

while文とfor文の置きかえの様子を 図8.2 に示します。while文ではあちこちに散らばっていたカウンター変数の処理が、for文では（ ）の中にすべて集められています。for文のブロック{ }の中には繰り返す処理だけが残るのでコードがすっきりしますね。

図8.1

構文 for文

for （ 変数宣言 ; 条件式 ; 更新式 ） {
　　条件が満たされているあいだ
　　繰り返し実行されるコード
}

例
```
for (let i = 0; i < 10; i += 1) {
    move(30);
    await sayFor(i + "回目", 0.5);
}
```

図8.2 while文からfor文の置きかえ

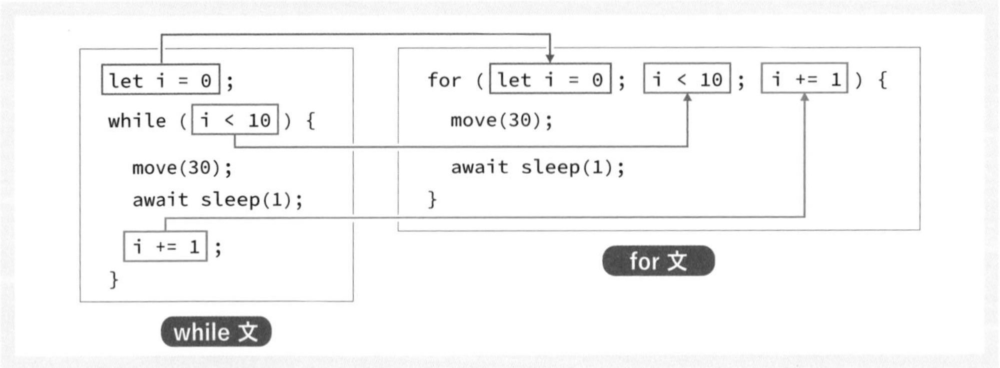

```
let i = 0 ;
while ( i < 10 ) {
    move(30);
    await sleep(1);
    i += 1 ;
}
```
while 文

```
for ( let i = 0 ; i < 10 ; i += 1 ) {
    move(30);
    await sleep(1);
}
```
for 文

144

ただし、それは逆にいうと、for文では（ ）内の3つの項目の意味や実行順を覚える必要があるということです（while文だとコードを読めばわかりました）。

以下の順序をしっかり頭に入れてください。

❶ 変数宣言　➡ループに入る前に1回だけ実行
❷ 条件式　　➡trueなら❸へ、falseなら終了
❸ 繰り返し処理を実行
❹ 更新式
❺ ➡❷に戻る

図8.3 にfor文の処理の流れをまとめておきます。とくに、最初のループに入る前に「条件式」を一度通ることを忘れがちなので注意です。変数の初期値によっては、ループを一度も実行せずにfor文を通り過ぎることもあります。

for文のサンプルコード

for文を使ったサンプルコードを **図8.4** に示

します。内容は、前回のレッスン7の最初のプログラムと同じで、ピゴニャンがいま何周目かしゃべりながら5回歩きます。

for文のコードと対応するよう、Scratchのほうは［○回繰り返す］ブロックを使って組み立てています。JavaScriptでは繰り返し回数をしゃべりながら歩きますが、Scratchにはカウンター変数にあたるものがないので空欄にしています。

このサンプルコードでは、for文のカウンター変数の名前を「i」としています。for文では、繰り返し回数を数えるカウンター変数の名前をiにする慣習があります。繰り返しの繰り返し（二重ループ）ではカウンター変数を2個使うこともありますが、そのときはiとjにします。3個使うときはkです。i, j, k,……とアルファベットの順番ですね。

複数の変数を使う

for文の（ ）の中で用意できる変数はひとつだけではありません。 **コード8.1** のように、「変数宣言」と「更新式」は「,」（カンマ）で区切って複数記述することができます。ただし、「条件式」だけはひとつしか書けません。

区切り文字が「,」（カンマ）だったり「;」（セミコロン）だったりややこしいですね。でも、「;」

図8.3 for文の処理の流れ

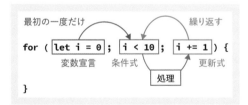

図8.4 for文を使って5回に分けて歩く比較コード

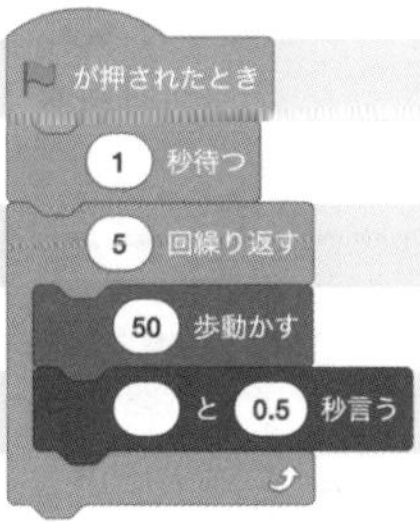

```javascript
async function draw() {
    await sleep(1);
    for (let i = 0; i < 5; i += 1) {
        move(50);
        await sayFor(i, 0.5);
    }
}
```

コード8.1 for文の()内で複数の変数を使う

```
for (let i = 0, j = 0; i < 5; i += 1, j += 2) {
  say(i + "と" + j);
  await sleep(1);
}
```

コード8.2 for文の()の中は個別のコードとしても正しい

```
let i = 0, j = 0;  // ❶変数宣言の構文として正しい
i < 5;             // ❷警告は出るが、記法として間違いではない
i += 1, j += 2;    // ❸警告は出るが、記法として間違いではない（iとjの値も変わる）

// ❹セミコロンがあれば1行で書いてもかまわない
let i = 0, j = 0; i < 5; i += 1, j += 2;
```

（セミコロン）が「1行の区切り」を意味することは、for文の()の中でも、その他の場所でも同じです。つまり、for文の()の中に3行のコードが書かれていると考えればよいのです。

まず **コード8.2** の❶のように変数宣言は1行で複数の宣言ができました。また、❸のように、代入演算をカンマで並べる記法も（警告は表示されますが）実は普通に書くことができます。そして、❷のように、条件式についても同様です。

このように、for文の()の中には、1行ずつのコードを❹のように3つ並べているだけです。ただ、3つ目のコードの「;」だけが省略されているのです。

カウンター変数の有効範囲

for文の()の中で宣言する変数について、注意点がひとつあります。どのサンプルコードでもかまいませんので、for文の外で変数iを使おうとしてみましょう。

```
for (let i = 0; ……) {
  ……
}

say(i); // ➡エラー「i is not defined」
```

図8.5 for文と変数の有効範囲

これはレッスン6のif文のところ（6.4節）で説明したのと同じで、変数の『スコープ』の問題です **図8.5**。ひとまずは、for文の()の中で宣言した変数は、for文の{}の中でしか使えないと覚えておいてください。

なお、for文の{}の中で宣言した変数もその{}の中でしか使えません。これはif文とまったく同じです。

```
for (let i = 0; i < 5; i += 1) {
  let num = 10;   // for文のブロック内で宣言
}

say(num); // ➡エラー
```

8.2 いろいろな 繰り返しパターン

○回繰り返すだけがfor文ではありません。前回のwhile文のレッスンで
紹介した繰り返しパターンをfor文でも書いてみましょう。
while文のコードと見くらべるとよい学習になります。

カウントダウンする

まずはカウントダウンです コード8.3 。カウ
ントアップでもカウントダウンでも { } の中
のコードはまったく同じで、( )内の記述
だけが変わります。変数iを1ずつ減らしなが
ら、0より大きいあいだ繰り返します。

カウンター変数以外の 変数を使う

コード8.4 はカウンター変数を使わずに繰り
返すパターンです。繰り返しがちゃんと終了

するのであれば、使用する変数はどんなもの
でもかまいません。

コード8.5 は、繰り返しの中で複数の変数を
使うパターンです。これは8.1節でも紹介し
ましたが、ここではカウンター変数iとx座標
を表す変数xを使っています。

ただし、for文の()内に変数が増えてくる
と読み取りづらくなります。工夫すればカウ
ンター変数だけで書ける場合があるので、ま
ずはそれを検討してみましょう。たとえば、
コード8.5 のfor文のコードは コード8.6 のよう
にも書けます。頭の中で変数iを0➡1➡2➡
... と更新しながら計算してみてください。

コード8.3 カウントダウン

for文
```
for (let i = 5; i > 0; i -= 1) {
  move(50);
  await sayFor(i, 0.5);
}
```

while文
```
let i = 5;
while (i > 0) {
  move(50);
  await sayFor(i, 0.5);
  i -= 1;
}
```

コード8.4 カウンター変数以外の変数を使う

for文
```
for (let x = 125; x <= 350; x += 25) {
  setX(x);
  await sleep(0.5);
}
```

while文
```
let x = 125;
while (x <= 350) {
  setX(x);
  await sleep(0.5);
  x += 25;
}
```

コード8.5 複数の変数を使う

for文
```
for (let i = 0, x = 125; i < 10; i += 1, x += 25) {
  setX(x);
  await sleep(0.5);
}
```

while文
```
let x = 125, i = 0;
while (i < 10) {
  setX(x);
  await sleep(0.5);
  x += 25;
  i += 1;
}
```

コード8.6 コード8.5と同じプログラムをカウンター変数だけで書く

```
for (let i = 0; i < 10; i += 1) {
  setX(125 + i * 25); // 125➡150➡175➡ ……
  await sleep(0.5);
}
```

コード8.7 乱数を使った繰り返し

for文
```
for (let num = 1; num < 8; num = randomInt(1, 10)) {
  move(70);
  await sayFor(num, 1);
}
```

while文
```
let num = 1;
while (num < 8) {
  move(70);
  await sayFor(num, 1);
  num = randomInt(1, 10);
}
```

コード8.8 for文の( )内で関数の戻り値を使う

```
for (let x = getX(); x < width; x = getX()) {
  move(30);
  await sleep(0.5);
}
```

乱数を使う

for文でも乱数を使った繰り返しのコードを書くことができます。**コード8.7**では、1〜10の乱数が8未満のあいだ繰り返します。

この**コード8.7**では、更新式の中で代入演算子(+=など)が使われていませんが、変数の値が更新されるならどんな式でもかまいません。乱数の話からは離れますが、たとえば、**コード8.8**のようなコードも書くことができます。変数宣言でも関数の戻り値を使っていますが、これならピゴニャンが今どの位置にいてもキャンバスの右端まで30歩ずつ動きます。

繰り返し+条件分岐

次のコードは、for文とif文を組み合わせた例です。剰余演算子%を使って、進むたびに別の言葉を交互にしゃべらせます。

```
for (let i = 0; i < 10; i += 1) {
  move(30);
  if (i % 2 == 0) {
    say("エッ");
  } else {
    say("ホッ");
  }
  await sleep(0.5);
}
```

miniColumn
みちくさ

同じ結果になる繰り返しの条件式や計算式をいくつも考えられるようになっておくことは大切です。演算を使って変数の数を減らすことはミスを減らすことにもつながります。この本のサンプルコードもパズル感覚でいろいろと書きかえてみてください。

「2で割った余りが0」は2の倍数、つまり"偶数"を意味します。剰余演算子を使って偶数と奇数を区別するパターンはよく使われます。実行例は **図8.6** のとおりです。

入力イベントがあるまで繰り返す

マウスクリックやキー入力などの入力イベントがあるまで繰り返すパターンだと、繰り返しを終了させるために変数を宣言したり更新したりする必要がありません。たとえば、while文では次のように書ける場合です。

```
while (mouseIsPressed == false) {
    // マウスボタンが押されるまで
    // 繰り返す処理
}
```

for文は、構文の中に変数の宣言や更新式を含むので、この場合はwhile文を使うしかないのでしょうか。実は、for文の変数宣言と更新式は省略できます。つまり、（ ）内に繰り返しの条件式だけを記述することができます（セミコロン「;」は残します）。

```
for (; mouseIsPressed == false;) {
    // マウスボタンが押されるまで
    // 繰り返す処理
}
```

こうなるともうwhile文とまったく同じものになるので、繰り返し構文はfor文だけでもよいということになります。

for文とwhile文の使い分け

for文でここまでできると、while文の出番がなくなりそうですね。実のところ、for文の扱いに慣れてくるほど、while文を使う機会は減ってきます。プログラミ

図8.6 剰余演算子を使ったコードの実行例

ング言語によってはfor文だけしか構文が用意されていないものもあります。

ただ、コードは読みやすいことがとても大切です。while文がfor文よりも良いところは、（ ）の中に条件式しか書かないところです。繰り返しの条件式に変数を使わないパターン、たとえば、入力イベントで繰り返しを終了する場合にはwhile文を使ったほうがよいでしょう。他にも、別のプログラムから送られてきたデータによって繰り返しを終了する場合などでもwhile文のほうがよいことがあります **図8.7**。

- ループの中で更新されていく変数を使って条件式を記述するならfor文
- ループやプログラムの外から受け取るデータで条件式を記述するならwhile文

図8.7 for文とwhile文の使い分け

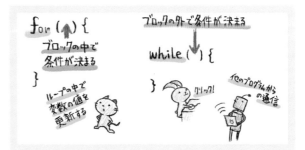

##
繰り返しの中で繰り返す

for文の中にfor文を書くと、繰り返しの繰り返しになります。
これを「二重ループ」といいます。三重にも四重にもできますが、
二重ループはよく使われるので、コードを読むだけで内側のループと
外側のループの流れがつかめるように慣れていきましょう。

ピゴニャンを往復させる

ピゴニャンが5回動いたところで方向を反転して往復させたい場合、どうすればよいでしょう。ひとつの方法は コード8.9 のように剰余演算子%を使うことです。

このコードでは、ピゴニャンを3回反転させるために合計15回歩かせています。また、`i % 5 == 0`はiが0のときもtrueになって

しまうので、iは1からはじめています。少し頭をひねる必要がありますね。

もうひとつの方法は、ループを二重にすることです。まずピゴニャンが5回動くループを記述し、その外側を3回のループで囲います。外側のループの最後にはピゴニャンを反転させるturnBack関数を置きます 図8.8 。Scratchのコードとも比較しておきましょう。

なお、Scratchのネコは反転したときに上

コード8.9 剰余演算子%を使ってピゴニャンを往復させる

```
for (let i = 1; i <= 15; i += 1) {  // 変数iは1からはじめる
  move(50);
  await sleep(0.5);
  if (i % 5 == 0) { // 5回に1回だけ
    turnBack();      // 方向を反転する
  }
}
```

図8.8 二重ループを使ってピゴニャンを往復させる比較コード

```
for (let i = 0; i < 3; i += 1) {
  for (let j = 0; j < 5; j += 1) {
    move(50);
    await sleep(0.5);
  }
  turnBack();
}
```

図8.9 図8.8の二重ループの処理の流れ

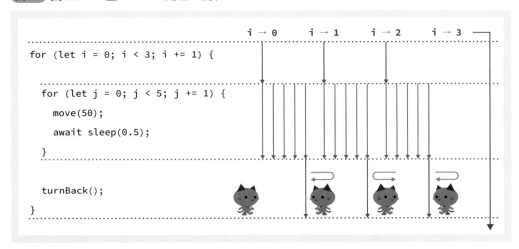

コード8.10 魚を四角く並べる

```
for (let y = 80; y <= 180; y += 25) {
  for (let x = 240; x <= 390; x += 50) {
    putFish(x, y); // 魚を座標(x, y)に配置する
  }
}
```

内側ループ　外側ループ

下がひっくり返ってしまうので、気になる人は[回転方向を左右のみにする]ブロックを最初に入れてください。

　二重になったループの流れを **図8.9** に示します。内側のループ（図中のオレンジ色の矢印）が5回終わるたびに、外側のループ（図中の青色の矢印）が1回進んでいる様子をイメージできるでしょうか。

　内側の5回ループでピゴニャンを5回歩かせ、外側の3回ループでピゴニャンを3回反転させます。これで5×3の15回動きます。「for」文の書き方も基本どおりですし、剰余演算子を使ったコードより素直に読み取れるかと思います。

魚を四角く並べる

　次は、剰余演算子では書けない例を見てみ

図8.10 コード8.10の実行結果

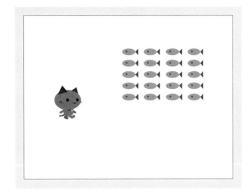

ましょう。魚を四角く並べてみます。**コード8.10** は読み取れるでしょうか。実行結果は **図8.10** のとおりです。

　このコードの二重ループの部分を図解すると、**図8.11** のようになります。内側のループ（オレンジ枠）で魚を横一列に並べていきます。

図8.11 コード8.10の二重ループの構造

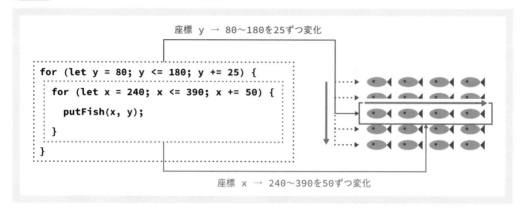

それを、外側のループ（青枠）の回数だけ繰り返すことで縦に並べていきます。

変数xとyの値の変化をコンソールに表示してみましょう。putFish関数のすぐ下に次の1行を追加してください。print関数の引数はテンプレート文字列（5.3節）にしています。引用符がバッククォーテーション「｀」なので注意してください。

```
print(`x: ${x}, y: ${y}`);
```

このコードを実行すると、コンソールにxとyの値が並びます（長いのでここでは示しません）。変数xが変化しているあいだは、変数yの値が変わっていない様子がわかります。

二重ループとbreak文およびcontinue文

レッスン7のwhile文の説明の中で、ループを途中で抜け出すbreak文を紹介しましたが、for文でもまったく同じように使えます。

ここでは、二重以上のループで使うときの補足をしておきます。break文は、それが呼び出されたループだけから抜け出します。二重ループの場合、内側のループでbreak文が呼び出されると、内側のループだけから抜け出して外側のループの中に移動します。

試しに、先ほどの コード8.10 にbreak文を追加してみましょう。まずは「外側のループ」の中にbreak文を置きます コード8.11 。このコードでは、変数yが155になったとき、つまり4回目の繰り返しで魚を描画する前にbreakします。

コード8.11 外側のループにbreak文を追加したコード

```
for (let y = 80; y <= 180; y += 25) {
  if (y == 155) { // 4回目の繰り返し
    break;  ←追加
  }
  for (let x = 240; x <= 390; x += 50) {  ┐
    putFish(x, y);                         │内側ループ
  }                                        ┘
}
```
（右側に「外側ループ」の注記）

図8.12 外側のループに break 文の実行結果

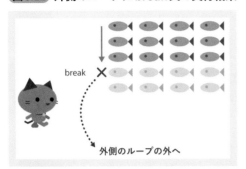

外側のループの外へ

図8.13 内側のループに break 文の実行結果

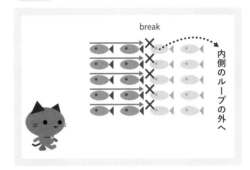

内側のループの外へ

コード8.12 内側のループに break 文を追加したコード

```
for (let y = 80; y <= 180; y += 25) {
  for (let x = 240; x <= 390; x += 50) {
    if (x == 340) {
      break;          追加
    }
    putFish(x, y);
  }
}
```

内側ループ　外側ループ

　このコードを実行してみると、魚が3行描かれたところで終了します 図8.12 。4回目のputFish関数が実行される前に break しているので、これで正しい動作であることがわかります。外側のループで break 文が呼び出されたので、二重ループ全体から抜け出します。

　続いて、 コード8.10 の「内側のループ」に break 文を置いてみましょう。変数 x が 340 になったとき、つまり3回目の繰り返しで break します コード8.12 。

　今度は、魚が縦に2列しか描かれなくなります 図8.13 。魚は横一列に4匹ずつ描画されるはずなので、3匹目が描かれる前に break していることがわかります。ただ、内側のループを抜けても外側のループに移動するだけなので、また次の内側のループがはじまり、内側のループは結局5回繰り返します。

　以上のルールは continue 文でも同じです。continue 文が呼び出されると、その一番内側のループの「更新式」に処理が飛びます。break を continue に書きかえて試してみてください。

miniColumn

みちくさ

　外側のループの変数が、x ではなく y であることを不思議に思った人がいるかもしれません。なぜ、x ➡ y の順番ではないのだろう……と。実際、外側のループと内側のループを入れ替えても結果は同じになります。y を外側にするのは、横書きの文章を書くのと同じように、左から右へ1行ずつ上から下へと魚などを描いていくのが自然に感じられるからです。

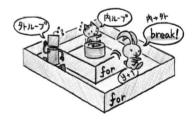

8.4

値のリストを使って
繰り返す for ... of文

for文は変数を更新しながら繰り返しましたが、for ... of文は
「値のリスト」からひとつずつ値を取り出しながら繰り返します。
次回のレッスン9で学ぶ『配列』で使うことの多い構文です。

for ... of文

　プログラミングの現場では、商品の注文リストやゲームのアイテムリストなど、複数のデータ（値）がまとめられた「**リスト**」（一覧）を処理することがよくあります。そうしたプログラミングでは、リストから値をひとつずつ取り出しては同じ処理を繰り返し、リストの最後までいくと終了する……というパターンが多くなります。

　そうした処理を簡単に書けるようにしたのが『**for ... of文**』です。for ... of文は、指定されたリストからひとつずつ値を取り出し、変数（あるいは定数）にその値を代入します。リストの最後まで繰り返すとループを終了します。

　for ... of文の構文を 図8.14 に示します。先頭のキーワードは同じくforですが、（ ）内に

条件式や更新式がなく、「 定数 of リスト 」という形になっています。"A of B" は「Bの中のA」という意味なので、「リストの中の定数」となります。リストからひとつ取り出された値が定数に入っているというイメージがつかめるでしょうか 図8.15 。

　constはレッスン4（4.4節）以来の登場ですね。あとから別の値を代入できない「定数」を宣言するためのキーワードです。変数(let)ではなく定数(const)にしているのは、for ... of文で取り出した値を書きかえることはないからです。letが使えないわけではありません。

　なお、Scratch にはfor ... of文にあたる機能（繰り返しブロック）はありませんので、以下ではJavaScriptのコードのみで説明していきます。

図8.14 　**構文** for ... of文

```
for (const 定数名 of 値のリスト) {
    リストの値をすべて取り出すあいだ
    繰り返し実行されるコード
}
```

例
```
let str = "ABCDE";
for (const ch of str) {
    await sayFor(ch + "さん", 0.5);
}
```

文字列から1文字ずつ取り出す

さて、「値のリスト」といわれても、この本ではまだ習っていませんね。でも実はひとつ、すでにみなさんが知っているリストがあります。「文字列」です。

JavaScriptでは、文字列は「文字」というデータが順に並んだリストとしても扱われます。「hello」という文字列は、"h", "e", "l", "l", "o"という5個の文字データのリストになっています。ということで、for ... of文を使って1文字ずつ取り出しながら繰り返し処理してみましょう。

コード8.13は、「こんにちは」の文字をひとつずつ順番に取り出し、その文字をしゃべりながらピゴニャンが歩くプログラムです。

コード8.13　文字列から1文字ずつ取り出す

```
for (const ch of "こんにちは") {
  move(65);
  say(ch);
  await sleep(1);
}
```

for ... of文が繰り返されるたびに、定数chに "こ" ➡ "ん" ➡ "に" ➡ "ち" ➡ "は" と代入されていきます 図8.16。5文字なので、ループは5回繰り返されます。もちろん、文字列を変数に代入してもかまいません。

図8.15　for ... of文のイメージ

図8.10　コード8.13の実行結果

for文 決められた範囲で繰り返してみよう

```
let hello = "こんにちは";

for (const ch of hello) {
  ...
}
```

　ちなみに、このコードで使われている変数名のchは、「文字」を意味する英単語“character”の先頭2文字で、1文字のデータを入れる変数名としてよく使われます。

並べた値から1つずつ取り出す

　文字列以外にもうひとつ、自分で自由に並べた値のリストからひとつずつ値を取り出す例を紹介しましょう。これは次のレッスンで学ぶ『配列』というものなのですが、ちょっと先取りしておきたいと思います。

　まず コード8.14 とその実行結果の 図8.17 を見てください。

　先ほどの コード8.13 ではfor ... of文のofの後ろが文字列だったところを、コード8.14 では「値のリスト」に変更しています。角カッコ [ ] の中に、カンマで区切って値を並べることで「値のリスト」になります。リストには数

値や文字列を混ぜることもできます。

　続いて、コード8.15 の例を見てください。値のリストも変数に代入してからfor ... of文で使うことができます。このサンプルコードの1行目は、次のレッスン9で学ぶ『配列』の宣言そのものです。

　ちなみに、定数名のdirは「方向」を意味する“direction”の先頭3文字です。この先もよく登場する変数名です。

図8.17 コード8.14の実行結果

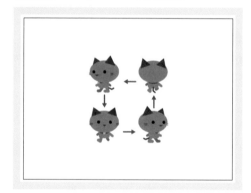

コード8.14 値のリストから1つずつ値を取り出すコード

```
for (const dir of ["上", "左", "下", "右"]) {  // [ ]の中に値を並べた値のリスト
  move(65);
  turn(dir);
  await sleep(1);
}
```

コード8.15 値のリストを変数に代入してから使用する

```
let directions = ["上", "左", "下", "右"]; // 配列の宣言（レッスン9の先取り）

for (const dir of directions) {            // 配列（並べた値のリスト）から1つずつ値を取り出す
  略
}
```

8.5
まとめ

レッスン8では、for文とfor ... of文について学び、for文を使った二重ループの例を見てきました。

for文　『for文』は、繰り返しの条件式に使われる変数の「変数宣言」と「更新式」を構文の中に組みこんだものです。Scratchの［○回繰り返す］ブロックをwhile文より短く記述することができます。プログラミングで使う繰り返しパターンのほとんどは「変数の値がある範囲にあるあいだ」として記述できるので、○回繰り返すパターンに限らず、ほとんどすべての繰り返しがfor文で書けてしまいます。

for文とwhile文の使い分け　何でも書けるfor文ですが、イベント入力で繰り返しを終了するなど、ループ内で増減する変数を条件式に含まない繰り返しの場合はwhile文のほうがすっきりと書けます。プログラムコードは読みやすいことが大切なので、用意されている構文の中から最も適切なものを選んで使用しましょう。

二重ループ　レッスン8では二重ループの例も紹介しました。今回はfor文を二重にしましたが、while文の中にfor文を入れたり、for文とfor ... of文を入れ子にすることもあります。三重、四重の繰り返しも使われますが、まずは二重ループのコードを読み取れるようになることを目指しましょう。

for ... of文　for文の仲間である『for ... of文』を使えば、文字列などの「値のリスト」から値を順番に定数に代入し、その定数を使った繰り返し処理を記述することができます。「値のリスト」の最後まで繰り返すと終わるので、条件式を記述する必要がありません。for ... of文は配列とセットで使うのが基本なので、次回のレッスン9で詳しく紹介します。

JavaScriptの繰り返し構文は「while文」「for文」「for ... of文」だけではなく、文字列や配列などの「値のリスト」に対して使える構文が他にもたくさんあります。それらは発展の内容になりますが、レッスン13で紹介しています。

Column | 再帰呼び出し

このレッスン8のまとめで、JavaScriptにはほかにも繰り返し構文があると述べましたが、そのひとつに関数の『再帰呼び出し』があります。これは、関数定義の中で自分自身を呼び出す関数のことです。この内容を理解するにはレッスン13で学ぶ『引数あり、戻り値ありの関数定義』の知識が必要なので、それらを学んだあとに本コラムを読んでみてください。

小話になりますが、1980〜90年代にプログラミングの学習をはじめるといえば、まずは「C言語」からでした。そのC言語の学習で初心者の高い壁だったのが『ポインター』と『再帰呼び出し』です。JavaScriptにはポインターのしくみはありませんが、レッスン4やレッスン9の最後のコラムの内容（どこでも『箱』）の話はポインターと関連した話です。一方、再帰呼び出しのほうは、どのプログラミング言語でも使えるのですが、入門言語がC言語からPythonやJavaScriptになるにつれて入門書ではあまり扱われなくなってきました。

ところが2010年代の後半あたりから、『関数型プログラミング』という考え方が中級者以上のプログラマーのあいだで流行りだします（考え方自体は1950年代からあります）。関数型プログラミングの説明はこの本では省略しますが、その中で繰り返し構文として使われる技術のひとつが「再帰呼び出し」であるため、再び重要な基本知識となってきました。

冒頭にも書きましたが、再帰呼び出しとは、関数定義の中で自分自身を呼び出す関数のことです。たとえば、次のような形です。

```
/* 関数定義 */
function func() {
  func(); // 自分自身を呼び出す
}
```

```
/* 関数呼び出し */
func(); // 無限ループになるので注意
```

定義したfunc関数を呼び出すと、その中でfunc関数が呼び出され、そしてその中でまた

func関数が……というように、永遠に終わらない無限ループになります（ので、上のコードを実行しないでくださいね）。これでは使い物になりませんが、とにかく「繰り返しになる」ということはわかるかと思います。

このコードを書きかえて、何回目の呼び出しであるかをprint関数で表示するようにします。呼び出し回数は引数で指定して、再起呼び出しのときに実引数の値を1ずつ増やします。これもまだ無限ループのままなので実行しないでください。コードを読み取ることで動きはわかるかと思います。

```
/* 関数定義 */
function func(n) {
  print(n); // 何回目の呼び出しか表示
  func(n + 1); // 自分自身を呼び出す
}
```

> まだ無限ループになるので注意

```
/* 関数呼び出し */
func(1);        // ➡ 1 2 3 ...
```

では、繰り返し（再帰呼び出し）が終了するようにしてみましょう。引数n（呼び出し回数）が5になったら再起呼び出しをやめてreturn文を呼びます。こうすると無限ループにはならず、5回だけの繰り返しになります（実行してみてかまいません）。

```
/* 関数定義 */
function func(n) {
  print(n);
  if (n == 5) {
    return n; // nが5になったら終わり
  } else {
    func(n + 1); // 自分自身を呼び出す
  }
}
```

```
/* 関数呼び出し */
func(1); // ➡ 1 2 3 4 5
```

これが再帰呼び出しの基本ですが、ここまでの話ならそれほど難しくはありません。再帰呼び出しが入門者の壁になるのは、「関数の中で処理した結果を、次の関数で受け取ってまた処理

する」ということをするときです。そして、再帰呼び出しの本来の使い方はこちらなのです。

　例として、階乗の計算をする関数を考えてみましょう。たとえば4の階乗とは4×3×2×1で、計算すると24になります。

　まずは関数定義の中で普通にfor文を使って書いてみると、次のようになります。なお、関数名のfactは「階乗」を意味する "factorial" の先頭4文字です。

```
/* 関数定義 */
function fact(n) {
  let num = 1; // 1からはじめる
  for (let i = 1; i <= n; i++) {
    // 1➡2➡3➡4と増えていく変数iをかけていく
    num *= i;
  }
  return num;
}

/* 関数呼び出し */
print(fact(4)); // ➡24（4の階乗）
```

　これを再帰呼び出しで書くと次のようになります。ポイントは、return文のところでfact関数の再帰呼び出しがされていることです。

```
/* 関数定義 */
function fact(n) {
  if (n == 1) {
    // 引数が1になったら終わり
    return 1;
  } else {
    // 再帰呼び出し
    return n * fact(n - 1);
  }
}

/* 関数呼び出し */
print(fact(4)); // ➡24（4の階乗）
```

　return文に関数呼び出しが指定されると、returnする前にまず関数が実行されます。引数を数値に置きかえて流れを見てみましょう。

```
return n * fact(n - 1);
```
⬇nが4からはじまる場合
```
return 4 * fact(4 - 1);
```
⬇returnするより先にfact(4-1)が実行される
⬇関数呼び出しfact(3)のreturn文は次のようになる
```
return 3 * fact(3 - 1);
```
⬇fact(3-1)が実行される
```
return 2 * fact(2 - 1);
```
⬇fact(2-1)が実行される
⬇n == 1なので
```
return 1; // 再帰呼び出し終了
```

　このように、まずはreturn文が実行されることなく、どんどんfact関数が再帰呼び出しされていきます。そして、引数nが1になったところでやっとreturn文が実行され、1段前のfact(2)の実行のreturn文に戻ります。そこからパタパタと呼び出し元に戻っていきます。

⬇fact(1)の中
```
return 1;
```
⬇戻り値1とともにfact(2)のreturn文に戻る
```
return 2 * (1); // (1)はfact(1)の戻り値
```
⬇戻り値2とともにfact(3)のreturn文に戻る
```
return 3 * (2); // (2)はfact(2)の戻り値
```
⬇戻り値6とともにfact(4)のreturn文に戻る
```
return 4 * (6); // (6)はfact(3)の戻り値
```
⬇戻り値24とともに最初の関数呼び出しに戻る
```
print(24); // ➡24
```

　頭がこんがらがりますね。でも、自分で何度もコードを書いたりして慣れてくると、return文の形から次のように変化していく様子が頭に浮かぶようになります。

```
return n * fact(n - 1)
```
⬇
```
fact(4) ➡4 * fact(3)
        ➡4 * (3 * fact(2))
        ➡4 * 3 * (2 * fact(1))
        ➡4 * 3 * 2 * (1)
```

レッスン

配列
連結された魔法の箱を使ってみよう

　レッスン9では、Scratchの「リスト」にあたる『配列(はいれつ)』について学びます。配列とは、複数の値を順に並べてひとまとめにしたもので、箱のたとえでいうと"連結(れんけつ)された箱"のようなものです。それぞれの箱に入れられた値のことを『要素(ようそ)』といい、『インデックス』と呼ばれる番号でその場所を指定します。

　さまざまな値が入れられる配列と繰り返し構文の組み合わせは強力です。たとえば、["上", "下", "左", "右"]という文字列の配列を用意すれば、その要素(文字列)を順に取り出しながらピゴニャンの向きを上➡下➡左➡右に変えていくループが作れます。

　また、配列には『メソッド』と呼ばれる「その配列専用の関数」がたくさん用意されており、配列に要素を追加したり削除したりすることができます。たとえば、配列listに10という値(要素)を追加したければ、pushメソッドを使って`list.push(10);`と書くことができます。

　配列は、アプリ開発に欠かせない重要な『データ構造(こうぞう)』です。このレッスン9では新しい用語がたくさん登場しますので、ひとつひとつ学んでいきましょう。

let list = [50, 30, 20, 150];

list[2] = 100;

list.push (50);

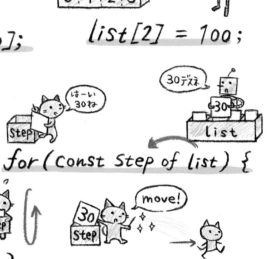

for (const step of list) {

}

9 配列 連結された魔法の箱を使ってみよう

9.1
配列の基本

まずは、『配列』を宣言する方法と、
その『要素』を読み取ったり書きかえたりする方法を覚えましょう。
『インデックス』(要素番号)によって要素を指定すれば、
あとは普通の変数と扱い方は同じです。

配列　連結された"箱"

while文やfor文を使えば、1➡2➡3➡...など規則的に変化する変数をループの中で使用することができました。また、for ... of文を使えば、規則性なく並べた値のリストからも順に値を取り出せるのでした。

コード9.1 は、ピゴニャンが歩きながら「グー」「チョキ」「パー」としゃべるプログラムです。

for ... of文の ( ) の中の角カッコ [ ] で囲われた「値のリスト」のことをJavaScriptでは『配列』といいます。配列は、複数の値をひとまとめにして1個の変数として扱うためのプログラミング言語のしくみのひとつです。

変数が"箱"だとすると、配列は"連結された箱"のようなものです 図9.1。連続するデータをa1, a2, a3, ...といった個別の変数で管理するのは大変なので、そういう場合には配列を使ってデータをひとつにまとめます。

なお、数値や文字列、真偽値などが「ひとつ

の値」であるのに対して、配列のように「複数の値のまとまり」になっているものを『データ構造』といいます。配列は「値が順番に並んでいるデータ構造」です。JavaScriptの他のデータ構造には、たとえば、次のレッスン10で学ぶ『オブジェクト』などがあります。

Scratchのリスト

ScratchにもJavaScriptの「配列」にあたるものがあります。「リスト」です。Scratchのリストは、「変数」のペインにある「リストを作る」ボタンから、変数ブロックと同じ手順で作ることができます。 図9.2 にその流れを示します。ここではリストの名前は「list」としておきます。

リストを作成すると、変数と同じように、変数ペインにリストを操作するためのブロックが表示されます。また、キャンバスにはリストの内容を表示する小窓が現れます。

コード9.1 ピゴニャンがしゃべりながら歩くコード

```javascript
for (const msg of ["グー", "チョキ", "パー"]) {
  move(100);
  await sayFor(msg, 1);   // ➡グー ➡ チョキ ➡ パー
}
```

Scratchのリストに値を設定するには、
[○を～に追加する]ブロックを使ってひとつ
ずつ追加します。 図9.3 では、listという名前
のリストを作成して、「おはよう」などの言葉
を4つ追加した様子です。

なお、Scratchではプログラムの実行が終
わってもリストの中身が残ってしまうので、
プログラムが実行されるたびに同じ値を何度
も追加してしまいます。そのため、最初に
[～のすべてを削除する]ブロックを入れる必
要があります。

図9.3 Scratchのリストに値を追加

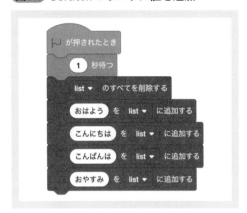

図9.1 配列のイメージ（連結された"箱"）

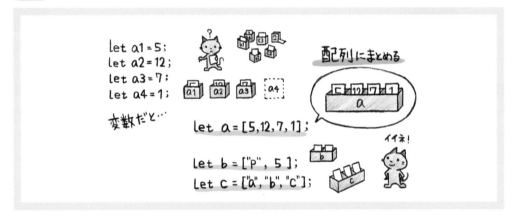

図9.2 Scratchでリストを作成する流れ

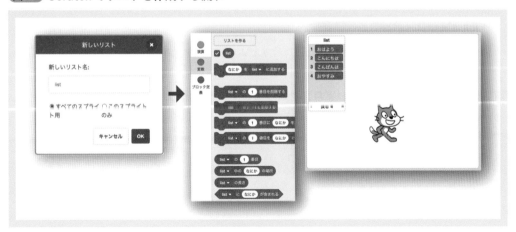

9 配列 連結された魔法の箱を使ってみよう

配列の宣言

話をJavaScriptに戻しましょう。JavaScriptの配列宣言の構文を 図9.4 に示します。配列を表現する [値, 値, ……] という記法を「配列リテラル」といいます（4.3節）。

図9.3 のScratchのプログラムと同じ内容のJavaScriptのコードは コード9.2 のようになります。このコードだけで、Scratchの 図9.2 の処理（リストの作成）も含みます。

JavaScriptの場合、配列の値は、宣言するときに初期値として1行で指定できます。コードは単語の途中でなければどこでも改行できるので、コード9.3 のように行を分けて書くこともできます。

なお、コード9.3 のように書いたときにp5.js

のコード整形（3.1節）を使うと、最後の "おやすみ" の後にも「,」（カンマ）が付けられます。この最後のカンマは付けても付けなくてもかまいません。最後にカンマを付けておくと、

miniColumn
ステップアップ

図9.4 の配列宣言の構文で 配列名 と書かれている部分は、正確にいうと 変数名 です。配列というのは [要素, 要素, ...] の部分であり、数値や文字列と同じく、変数の中身（＝代入されるデータ）です。ただ、この本では「変数○○に代入された配列」といった書き方はせず、シンプルに「配列○○」と書きます。次回のレッスンで学ぶ『オブジェクト』でも同様です。

図9.4 構文 配列宣言

```
let 配列名 = [要素, 要素, ...];

その他の書き方
let 配列名 = [];  ……… 空の配列
```

例
```
let prime_nums = [11, 13, 17, 19];
let greetings = ["Good Morning",
                 "Hello",
                 "Good Evening"];
```

コード9.2 配列の宣言（図9.3のScratchのプログラムの比較コード）

```
async function draw() {
  await sleep(1);

  let list = ["おはよう", "こんにちは", "こんばんは", "おやすみ"];
}
```

コード9.3 配列の初期値の記法（プログラムの内容はコード9.2と同じ）

```
async function draw() {
  await sleep(1);

  let list = [
    "おはよう",    // 各データに対してコメントも入れられる
    "こんにちは",  // 昼のあいさつ
    "こんばんは",  // 夜のあいさつ
    "おやすみ"   ← 最後はカンマは不要
  ];
}
```

あとからプロパティを追加するときにカンマの付け忘れを防ぐ効果はあります。

なお、配列に入れられた個々の「値」のことを『要素』といいます。「値」のことをわざわざ「要素」と言いかえるのはなぜかというと、「配列の値」というのは [要素 , 要素 , ...] 全体を指すからです 図9.5 。たとえば、 コード9.2 の " おはよう " という文字列は、「配列の値」ではなく、「配列の要素の値」というのが正確です。

配列を使ってみる

図9.3 の Scratch のプログラムにブロックを追加して、リストの1番目と4番目の内容をネコに言わせてみましょう。[〜と言う]ブロックに [〜の○番目] ブロックをはめこみます。 図9.6 の左側が変更後のプログラムで、実行結果は 図9.7 のようになります。

対応する JavaScript のコードを 図9.6 の右側に示しています。Scratch と同じく、配列の中の「おはよう」と「おやすみ」という文字列をピゴニャンにしゃべらせています。

ここで、Scratch の [〜と言う] ブロックと JavaScript の say 関数を見くらべると、

図9.7 図9.6の実行結果（Scratch）

図9.5 配列の値と要素の関係

配列の値

```
let list = [ "おはよう" , "こんにちは" , "こんばんは" , "おやすみ" ];
```
要素の値 — 要素　要素　要素　要素

図9.6 配列の使用の比較コード

```
async function draw() {
    await sleep(1);
    // 対応なし
    let list = ["おはよう",
                "こんにちは",
                "こんばんは",
                "おやすみ"];
    say(list[0]);  // ➡おはよう
    await sleep(1);
    say(list[3]);  // ➡おやすみ
}
```

（Scratch 側）
- 🏳 が押されたとき
- 1 秒待つ
- list ▼ のすべてを削除する
- おはよう を list ▼ に追加する
- こんにちは を list ▼ に追加する
- こんばんは を list ▼ に追加する
- おやすみ を list ▼ に追加する
- list ▼ の 1 番目 と言う
- 1 秒待つ
- list ▼ の 4 番目 と言う

165

配列 連結された魔法の箱を使ってみよう

JavaScriptのほうは **配列名** [**○番目**] という記法で要素の値を選んでいることがわかります **図9.8**。そしてどうやら、Scratchのリストと JavaScriptの配列の「○番目」を指す数字がひとつズレているようです。

この「○番目」を表す数字（整数）のことを『**インデックス**』と呼びます。JavaScriptのインデックスは、先頭が0番目からはじまります **図9.9**。配列のインデックスが0からはじまるのは JavaScriptに限らず、文字を打ちこむプログラミング言語のほとんどで共通です。一方、Scratchのリストはインデックスが1番目からはじまるので、**図9.6** のようにズレてしまうのですね。

ちなみに、インデックスを使って配列の要素の値を読み取ったり書きかえたりすることを、「配列の要素に『アクセス』する」とよくいいます。また、配列の要素の値を読み取る（使う）だけのときは「配列の要素を『参照』する」と

もいいます。これらの表現は、次回のレッスンで学ぶ『オブジェクト』でも使われます。

では、**図9.6** のサンプルコードを書きかえて、配列listの内容をすべてピゴニャンにしゃべらせてみましょう **コード9.4**。インデックスの数値と配列の要素の場所をコードでよく確認してみてください。

コード9.4 配列listの内容をしゃべらせる

```
let list = ["おはよう",
            "こんにちは",
            "こんばんは",
            "おやすみ"];

say(list[0]);    // ➡おはよう
await sleep(1);
say(list[1]);    // ➡こんにちは
await sleep(1);
say(list[2]);    // ➡こんばんは
await sleep(1);
say(list[3]);    // ➡おやすみ
```

ところで、この「インデックスが0からはじまる」という文法は、本などで説明するときにちょっと困ります。配列の「1番目の要素」といったときに、**配列** [0] と **配列** [1] のどちらを指すのかはっきりしないからです。この本では、配列の「1番目の要素」は **配列** [1] を指すことにします。つまり、先頭の要素は「0番目の要素」です。

図9.8 インデックスによる要素の指定

```
say(list [0] );
        インデックス
```

図9.9 配列のインデックスと要素へのアクセス

例①	`let list = [`	`"おはよう",`	`"こんにちは",`	`"こんばんは",`	`"おやすみ"`	`];`
	インデックス	0	1	2	3	
	要素へのアクセス	`list[0]`	`list[1]`	`list[2]`	`list[3]`	

例②	`let nums = [`	`100,`	`300,`	`700`	`];`	
	インデックス	0	1	2		
	要素へのアクセス	`nums[0]`	`nums[1]`	`nums[2]`		

配列の要素を書きかえる

コードの中で 配列名 [インデックス] という形で書けば、その使い方は変数とほとんど同じです。代入によって要素の値を書きかえることもできますし、関数の引数に指定することもできます。

図9.10 にサンプルコードを示します（配列宣言は省略しています）。Scratch と JavaScript のインデックスがひとつズレているので、その点に注意して見くらべてください。Scratch はリストの操作が日本語の文章になっているのでわかりやすいですね。一方、JavaScript のほうが短く書けて、「変数」らしい扱い方ができます。

変数と配列に対して同じ操作をしているコードを並べて見くらべてみましょう コード9.5。変数名 の部分が 配列名 [インデックス] になっているだけで扱い方は同じであることがわかります。

図9.10 配列の書きかえや代入の比較コード

```
await sayFor(list[0], 1); // ➡おはよう
let msg = list[1];        // 変数に要素の値を代入する
await sayFor(msg, 1);     // ➡こんにちは
list[2] = "Good Evening"; // 要素の値を書きかえる
say(list[2]);             // ➡Good Evening
```

コード9.5 変数と配列の操作を見くらべる

変数
```
// 宣言
let step = 50;

// 関数の引数に指定
move(step);

// 代入
step = 100;

// 計算式の中で利用
let step_3 = step * 3;

// 代入演算子で値を増やす
step += 10;
```

配列
```
// 宣言
let list = [10, 20, 30, 40];

// 関数の引数に指定
move(list[0]);

// 代入
list[1] = 200;

// 計算式の中で利用
let step_5 = list[2] * 5;

// 代入演算子で値を増やす
list[3] += 10;
```

9.2
配列と繰り返し

配列は、繰り返し構文とセットでよく使われます。
要素の値を使うだけならfor ... of文で記述するのがシンプルです。
ただし、配列の要素の値を書きかえたいときには
for文とインデックスを使う必要があります。

配列+for ... of文

配列と繰り返し構文の組み合わせについて、まずは前回のレッスン8で学んだfor ... of文から説明します。配列からひとつずつ取り出した要素を「使う」だけであれば、for ... of文を使うのが一般的です。for ... of文の構文を 図9.11 に示します。Scratchにはない構文ですので、ここではJavaScriptのみで説明していきます。

for ... of文のイメージは 図9.12 のようになります。"連結された箱"の先頭から順番にひとつずつ要素を選び、定数にその値を書き写

図9.12 for ... of文のイメージ図

図9.11 **構文** for ... of文（配列版）

```
for (const 定数名 of 配列) {
    配列の要素の値をすべて取り出すあいだ
    繰り返し実行されるコード
}
```

例
```
let list = [20, 130, 235, 80];
for (const pos of list) {
    setX(pos);
    await sleep(1);
}
```

コード9.6 配列listの内容をピゴニャンがしゃべる（for ... of文）

```
let list = ["おはよう", "こんにちは", "こんばんは", "おやすみ"];

for (const msg of list) {
    say(msg); // ➡おはよう ➡ こんにちは ➡ こんばんは ➡ おやすみ
    await sleep(1);
}
```

していきます。その定数はループの中で使うことができます。

配列 list の内容をすべてピゴニャンにしゃべらせる コード9.4 のコードを for ... of 文で書きなおしてみましょう。 コード9.6 に示すように、定数 msg に配列 list の要素がひとつずつ入れられ、say 関数の引数に渡されています。

for...of文と配列の書きかえ

このように、for ... of 文は、配列の要素の値を「使う」には便利です。しかし、配列本体の要素を書きかえたい場合には使えません。 コード9.7 のコードは、for ... of 文の定数 (const) を変数 (let) に置きかえて、ループの中でその変数の値を書きかえていくものです。

実行してみると、ループの中で変数 ch の値が "A" に書きかわっていることはピゴニャン

コード 9.7 配列本体の書きかえに for...of 文は使えない

```
let list = ["a", "b", "c", "d"];

for (let ch of list) {
  ch = "A"; // 変数chの値をすべて"A"に変更する
  say(ch); // ➡A ➡ A ➡ A ➡ A
  await sleep(0.5);
}

print(list); // ➡[a, b, c, d]
```
↑ 配列本体の中身は変わらない

コード 9.8 繰り返し構文の中で配列本体を書きかえたいときは for 文を使う

```
let list = ["a", "b", "c", "d"];

for (let i = 0; i < 4; i += 1) {
  list[i] = "A"; // 配列本体の要素へのアクセス
  say(list[i]); // ➡A ➡ A ➡ A ➡ A
  await sleep(0.5);
}

print(list); // ➡["A", "A", "A", "A"]
```
↑ 配列本体の中身が変わる

のセリフから確認できます。しかし、ループを出てから配列 list をコンソールに表示しても ["a", "b", "c", "d"] のままです。for ... of 文では配列本体の要素を書きかえられないのです。

なお、コード9.7 では、配列の中身をコンソールで確認するために print 関数を使っています。配列を print 関数で表示すると、

▶(4) ["a", "b", "c", "d"]

と表示されます。最初の (4) は要素の数です。先頭の [▶] をクリックすると各要素の値がインデックス付きで展開されます 図9.13 。

配列+for文

繰り返し構文の中で配列本体の中身を書きかえたい場合には for 文を使います。0 からはじまるカウンター変数をインデックスとして使い、配列の要素に直接アクセスします。 コード9.7 の内容を for 文とインデックスを使って書きかえたものを コード9.8 に示します。

配列の中身の書きかえのほか、繰り返し構文の中で配列を複数使いたいときにも、for ... of 文ではなく for 文を使ったほうが便利です コード9.9 。for ... of 文は、配列を同時にひとつしか扱えないからです。

図9.13 コンソールに配列を表示する

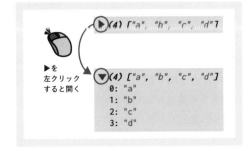

コード9.9 繰り返し構文の中で複数の配列にアクセスする

```
// 繰り返し構文の中で同時にアクセスする配列
let list = ["a", "b", "c", "d"];
let nums = [0, 1, 2, 3];

for (let i = 0; i < 4; i += 1) {
  say(list[i] + nums[i]); // →a0 ➡ b1 ➡ c2 ➡ d3
  await sleep(1);
}
```

コード9.10 配列の長さ（要素数）を調べる

```
let list = ["a", "b", "c", "d"];

for (let i = 0; i < list.length; i += 1) { // list.lengthの中身は「4」
  print(list[i]);
}
```

図9.14 配列＋for文のイメージ

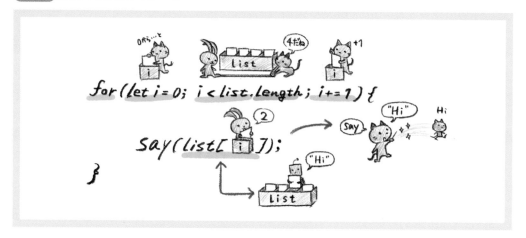

配列の長さ

さて、 **コード9.8** のfor文の繰り返し回数が4なのは、配列の要素が4個あるからです。この4という数は目で見て数えましたが、配列の要素が増えると数えるのも大変になってきます。

また、のちほど説明するように、配列の要素はあとから追加や削除ができます。プログラムの途中で要素数が変わるのに、コードに4という固定の数値しか書けないのでは困りますね。

でも安心してください、配列は自分の要素数をちゃんと知っています。「 **配列名** .length」という特別な変数に、最新の要素数が入っているのです。 **コード9.10** に例を示しますが、ここに出てくる配列listの要素数はlist.lengthの中に入っています。この特別な変数をfor文の条件式で使えば、配列の要素数がプログラムの途中で変わっても問題ありません **図9.14** 。

この "length" という英単語は「長さ」という意味です。JavaScriptでは、配列の要素数のことを『配列の長さ』ともいいます。list.lengthというのは、配列listの長さを表して

いるわけです。

ちなみにこの`.length`は、Scratchの［〜の長さ］ブロックに対応します 図9.15。どちらも「長さ」という同じ表現ですね。

図9.15 リストと配列の「長さ」

```
list ▼  の長さ        配列名.length
```

プロパティ

この「配列名`.length`」のように、ドット`.`をはさんで記述される特別な変数のことを『**プロパティ**』といいます。`list.length`は「配列listのlengthプロパティ」です。

p5.jsで使える特別な変数には、他にシステム変数（widthなど）がありましたね。同じような「特別な変数」なのに、なぜlengthプロパティの前には「配列名」を付けるのでしょうか。それは、キャンバスの幅はプログラムにひとつしかないのに対して、配列の「長さ」は配列の数だけあるからです。

```
let list_A = [0, 1, 2, 3]; // 長さ 4
let list_B = ["A", "B"];   // 長さ 2

print(list_A.length); // ➡4
print(list_B.length); // ➡2
```

miniColumn
English

● 長さ **length**（レングス）
● プロパティ **property**（プロパティ）
（「特性」という意味）

"property"という英単語は「特性」という意味です。配列の長さ（length）は、わたしたちの身長や体重のように、それぞれの配列に備わっている特性（プロパティ）というわけですね。

なお、配列のプロパティはlengthのみですが、次のレッスン10で学ぶ『オブジェクト』では、自分で自由にプロパティを定義することができます。少し先取りしておくと、オブジェクトというのは「オブジェクト型」のデータ構造なのですが、配列もオブジェクト型のひとつなのでlengthプロパティを持っています。

この本では取り上げませんが、p5.jsやJavaScriptには配列以外にもオブジェクト型のデータがいろいろと用意されており、それらの多くがプロパティを持っています。

miniColumn
ステップアップ

実は、文字列もlengthプロパティを持っており、「文字列`.length`」には「文字数」が入っています。

```
let str = "hello";  // 5文字
print(str.length);  // ➡5
```

文字列は「オブジェクト型」ではなく「文字列型」なのに、なぜプロパティを持っているのでしょうか。JavaScriptには文字列を扱うためのオブジェクトである「Stringオブジェクト」（ストリング）が用意されています。そして、コードの中で文字列型のlengthプロパティが参照されるときだけ、文字列型からStringオブジェクトに自動的に変換されるからです。

```
let str = "hello";
```
↑ 変数strは文字列型
```
print(str.length);
```
↑ strはStringオブジェクトに変換される
```
print(str);
```
← ただの文字列型に戻る

9.3

配列のメソッド

配列の要素を追加したり削除したりするには『メソッド』を使います。
配列のメソッドとは「その配列専用の関数」のようなもので、
要素の追加や削除のほかにも、
配列に対するさまざまな操作ができます。

配列に要素を追加する

代入によって配列の要素の値を書きかえることはできますが、Scratchのように、配列に新しい要素を追加したいときはどうすればよいでしょうか。

配列の末尾（最後）に新しい要素を追加するだけなら、末尾の要素の次のインデックス、つまり「 最後のインデックス +1」の位置に値を代入します コード9.11 。

ちなみに、「 最後のインデックス +1」は「要素数」と等しいので、lengthプロパティを使って記述することもできます。次のように書けば、配列の要素数が途中で変わってもコードを修正する必要がありません。

```
list[list.length] = "end";
```

配列に新しい要素が追加できるようになると、規則性のある値や乱数などの配列は自動で生成できます。 コード9.12 は空配列（要素のない配列）を宣言して、for文でその要素を生成する例です。

このようにインデックスを使って配列の末尾に要素を追加することはできますが、配列

コード9.11 インデックスを使って、配列の末尾に新しい要素を追加する

```
let list = [0, 1, 2, 3];
list[4] = "end";  // 最後のインデックス＋1 ➡4
print (list);     // ➡[0, 1, 2, 3, "end"]
```

コード9.12 連番の配列と乱数の配列を自動生成する

```
let nums = []; // 連番用の空配列
let rand = []; // 乱数用の空配列

for (let i = 0; i < 5; i += 1) {
  nums[nums.length] = i;                  // 連番
  rand[rand.length] = randomInt(1, 10);   // 乱数
}

print(nums); // ➡[0, 1, 2, 3, 4]
print(rand); // ➡実行するたびに結果が変わる
```

図9.16 **メソッド** **配列の基本メソッド**(push、pop、shift、unshift)

配列名**.push(**要素**)** ………… 末尾に要素を追加

配列名**.pop()** ………………… 末尾から要素を削除

配列名**.shift()** ……………… 先頭から要素を削除

配列名**.unshift(**要素**)** …先頭に要素を追加

例

```
let list = [1, 2, 3];

list.push(10);      [1, 2, 3, 10]
list.pop();         [1, 2, 3]
list.shift();       [2, 3]
list.unshift(0);    [0, 2, 3]
```

図9.17 **配列の基本メソッドのイメージ**

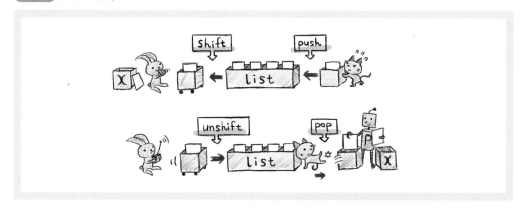

の先頭に要素を追加することは簡単にはできません。また、先頭や末尾の要素を削除することもできません。そういう操作がしたい場合は、配列の『メソッド』を使います。

miniColumn

みちくさ

インデックスを使用した配列への要素の追加は「末尾以外の位置」に対しても可能です。その場合は、途中の「飛ばされた位置」に undefined（アンデファインド）という値が入ります。

```
let list = [0, 1, 2, 3];
list[6] = 6;
print (list);
// ➡[0, 1, 2, 3, undefined, undefined, 6]
```

配列操作の基本メソッド

配列のメソッドとは、その配列専用の"関数"のようなものです。配列名**.**メソッド名**( )** という記法で呼び出します。意味も記法もプロパティと似ていますね。プロパティはその配列専用の"変数"であり、プロパティとメソッドは対（つい）となる機能です。

配列のプロパティはlengthだけですが、メソッドはたくさんあります。配列の先頭や末尾に対する要素の追加と削除を行う基本メソッド4つを 図9.16 に示します。

この4つのメソッドの機能は、図9.17 のようなイメージで覚えるとよいでしょう。配列

図9.18 基本メソッドのブロックとの比較

	配列の先頭	配列の末尾
要素の追加	list ▼ の 1 番目に 値 を挿入する 配列名.unshift(値)	値 を list ▼ に追加する 配列名 .push(値)
要素の削除 （取り出し）	list ▼ の 1 番目を削除する 配列名.shift()	list ▼ の list ▼ の長さ 番目を削除する 配列名 .pop()

図9.19 スタック

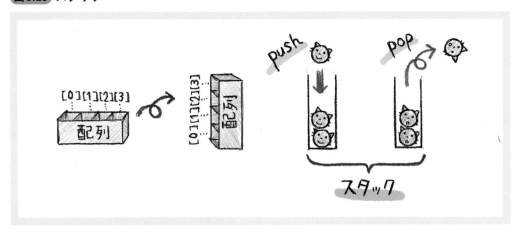

の末尾に対する操作は、押しこんで追加（push）、ポンッと弾いて削除（pop）です。先頭に対する操作はもう少しおだやかに、要素を前後に押して移動（shift・unshift）する感じです（"un"は反対の意味を示す接頭語）。

　Scratchのブロックと対応させた形でも4つの基本メソッドを見ておきましょう **図9.18**。Scratchのほうではリストの名前が「list」であるとしています。4つのメソッドのうち、pushメソッドのみ、Scratchの［リストを〜に追加する］ブロックとそのまま対応します。それ以外のメソッドは、［リストの○番目を削除する］ブ

ロックと［リストの○番目に□を挿入する］ブロックに特定の値を指定した場合にあたります。

スタックとキュー

　図9.19 と **図9.20** に、配列の基本メソッドをさらに別の観点から見たイメージを示します。

　図9.19 は配列の"末尾"に対する操作で、配列を90°回して縦に置き、要素を上から押しこんだり（push）、上からポンッとはじき出したり（pop）するイメージです。これは『スタック』というデータ構造を図化したものです。スタック

図9.20 キュー

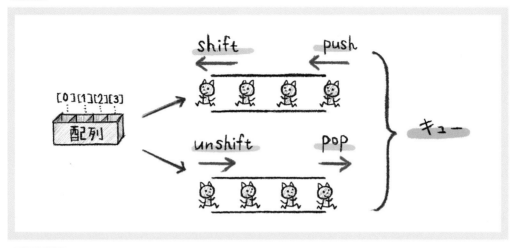

コード9.13 push と unshift で要素を追加する

```
let list = [0, 1, 2];

list.push(3);       // 末尾に「3」を追加
print(list);        // ➡[0, 1, 2, 3]

await sleep(1);     ← sleepを挟まないとprint関数が正しく表示されない

list.unshift(-1); // 先頭に「-1」を追加
print(list);        // ➡[-1, 0, 1, 2, 3]
```

は「積み重ねられた皿」にたとえられ、最後に追加された皿(データ)が最初に取り出されます。

図9.20 で示しているのは、『キュー』というデータ構造のイメージを図示したものです。"que" とは「待ち行列」という意味で、最初に並んでいた人(最初に追加されたデータ)が最初に行列から抜け出します。使うメソッドの組み合わせによってデータの移動方向が変わります。

基本メソッドを使ってみる

要素を追加する2つのメソッド(push と unshift)では、その引数に「新しい要素の値」を指定します。 コード9.13 に例を示しています。

なお、p5.jsでは、2つのprint関数のあいだにsleep関数を置かないと、配列の中身がコンソールに正しく表示されません(どちらも同じ内容になってしまいます)。これはp5.jsの問題であって、JavaScriptの問題ではありません。

コード9.11 や コード9.12 で示した配列末尾への要素の追加も、 配列名 [最後のインデックス +1]を使うより、puchメソッドを使うのが自然です。 コード9.14 は、pushメソッドを使って乱数の配列を生成し、ピゴニャンをその歩数で歩かせるプログラムです。

一方、配列から要素を削除するメソッド(popとshift)には引数を指定しません。

```
let list = [0, 1, 2];

list.pop();      // 末尾の「2」を削除
print(list);    // ➡[0, 1]

await sleep(1);

list.shift();  // 先頭の「0」を削除
print(list);   // ➡[1]
```

また、popとshiftは、配列から削除した要素の値を"戻り値"として返します。その戻り値を利用することで、 コード9.15 のように、配列から削除した要素の値を変数に代入したり、そのまま関数の引数にすることができます。

これらは「要素を削除する」メソッドというより、「要素を取り出す」メソッドというほうが近いかもしれません。ちなみに、Scratchはリストから値を削除するだけで、値を取り出すことはできません。

先頭や末尾以外の要素を操作するメソッド

4つの基本メソッド以外にも、配列のメソッドはたくさんあります。すべては紹介しきれませんので、ここではScratchにブロックとして用意されているものを紹介しておきます。なお、これらのメソッドについては、そういうものがある……ということだけ頭に置いておいて、必要になったときにまた調べれば十分でしょう。

まず、Scratchの[リストの◯番目を削除する]と[リストの◯番目に□を挿入する]のブロックには、JavaScriptのsplice（スプライス）メソッドが対応します。実は、このspliceメソッドだけで4つの基本メソッドの役割もはたせるのですが、何でもできる道具はそれだけ使い方も難しくなるので、簡単に使える道具も必要だ……ということです。

図9.21 にspliceメソッドの構文を示します。Scratchの[リストの◯番目を削除する]と[リ

コード9.14 pushメソッドで配列を生成する

```
let steps = []; // 乱数用の空配列

for (let i = 0; i < 5; i += 1) {
  steps.push(randomInt(1, 10) * 10);  // 乱数×10の値を配列に追加していく
}

// for ... of文でひとつずつ取り出す
for (const step of steps) {
  move(step); // 各要素の値の歩数だけ動く
  await sayFor(step, 1);  // 歩数をしゃべる
}
```

コード9.15 popメソッドやshiftメソッドで要素を取り出して使う

```
let list = [0, 1, 2];

let num = list.pop(); // 末尾の「2」を取り出してnumに代入
print(num);              // ➡2

await sleep(1);

print(list.shift());  // ➡0（先頭の「0」を取り出してprint関数に引数として渡す）
```

図9.21

メソッド spliceメソッド

この構文は覚えなくても大丈夫

配列名 `.splice(` 操作の基準位置 `,` 削除する要素数 `,` 挿入する要素 `, ...)`

配列名 `.splice(` 削除位置 `, 1)` ·················· 指定位置から要素を削除

配列名 `.splice(` 挿入位置 `, 0,` 要素 `)` ···· 指定位置に要素を追加

例
```
let list = [0, 1, 2, 3, 4];                         [0, 1, 2, 3, 4]
                                                            ↓
list.splice(2, 1);················ インデックス2の位置の要素を削除   [0, 1, 3, 4]
list.splice(2, 0, 100);···· インデックス2の位置に100を追加   [0, 1, 100, 3, 4]
```

図9.22 spliceメソッドの比較コード

Scratch	JavaScript
list の 3 番目を削除する	`let list = ["イヌ", "サル", "オニ", "キジ"];`
	`list.splice(2, 1);   // インデックス2の「オニ」を削除`
list と言う	`say(list);          // ➡イヌ, サル, キジ`
3 秒待つ	`await sleep(3);`
100 歩動かす	`move(100);`
list の 2 番目に ネコ を挿入する	`list.splice(1, 0, "ネコ"); // インデックス1に「ネコ」を挿入`
list と言う	`say(list);         // ➡イヌ, ネコ, サル, キジ`

ストの〇番目に□を挿入する]ブロックは、spliceメソッドに特定の引数を指定した場合になります。ひとまずは、この2つのブロックに対応するsplice関数の書き方が理解できればよいでしょう。

図9.22 にspliceメソッドのサンプルコードを示します。なお、Scratchのほうではリストの定義を省略しています。

配列の中身を調べる

Scratchのリストにはあと2つブロックがあります。[リストに〇が含まれる]という条件ブロックと、[リストの中の〇の場所]という変数ブロックです。これらはリストの中身を調べる

もので、「走査(そうさ)」という処理になります。これに対応するJavaScriptのメソッドは、includes(インクルーズ)メソッドとindexOf(インデックスオブ)メソッドです **図9.23**。

どちらのメソッドも戻り値を返します。includesメソッドの戻り値は真偽値で、引数で指定した値が配列に含まれていたらtrue、そうでなければfalseです。indexOfメソッドの戻り値は整数で、引数で指定した値が配列に含まれていれば、そのインデックスを返します。含まれていないときは-1が返ります。

これらのメソッドを使ったサンプルコードを **図9.24** に示しておきます。includesメソッドで「オニ」が家来(配列list)に含まれていないか確認してから、鬼ヶ島に出発します。もし家来に「オニ」がいたら、そのインデックスを

図9.23 メソッド includesメソッドとindexOfメソッド

配列名.includes(値) …… 指定の値が配列に含まれるか
・配列に含まれている　→ true
・配列に含まれていない → false

配列名.indexOf(値) …… 指定の値のインデックスを調べる
・配列に含まれている　→ そのインデックス
・配列に含まれていない → -1

例

```
let list = [10, 20, 30];
print(list.includes(20));
                        ⇒ true
let n = list.indexOf(20);
print(n);            ⇒ 1
```

図9.24 includesメソッドとindexOfメソッドの比較コード

```
let list = ["イヌ", "サル", "オニ", "キジ"];
if (list.includes("オニ") == true) {
  let idx = list.indexOf("オニ");
  say((idx + 1) + "番目の家来はオニだ！");
} else {
  say("鬼ヶ島へ出発だ！");
}
```

コード9.16 random関数で配列からランダムに要素を取り出す

```
let list = ["イヌ", "サル", "オニ", "キジ"];

say("本日、鬼ヶ島に行くのは……");
await sleep(3);
say(random(list) + "さんです！"); // 配列listから要素をランダムに選ぶ
```

ピゴニャンにしゃべらせています。配列の中身をいろいろと変更して試してみてください。

配列からランダムに要素を選ぶ

　最後に、メソッドではありませんが、p5.jsのrandom関数の便利な使い方を紹介します。random関数の引数に配列を渡すと、配列の中からランダムに要素を選んでくれます コード9.16 。この機能はこの先でも利用します。なお、randomInt関数ではなくrandom関数なので気をつけてください。

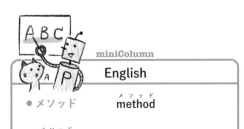

miniColumn
English

● メソッド　method

　"method"とは「方法」や「手順」という意味の英単語で、プログラミングでも「処理をする方法」（手順）という意味になります。ほとんど同じ機能を指す「関数」（function）よりも直感的な表現ですね。

9.4
まとめ

レッスン9では配列について学びました。関連する用語も、「インデックス」「要素」「プロパティ」「メソッド」など、新しいものがたくさん登場しました。メソッドの種類も多かったですね。

`配列` 『配列』は、プログラミングでデータを扱うときの最も基本的なデータ構造です。Scratchなどで作るシンプルなゲームでは配列（リスト）を使うことはあまりなかったかもしれませんが、複雑なゲームやアプリ開発などでは、いくつもの配列をこねくり回すのがプログラミング……といった感じになります。

`インデックス` 配列の操作の基本は、『インデックス』という通し番号を使った要素へのアクセスです。Scratchのリストとは違い、文字を打ちこむプログラミング言語の多くではインデックスを0から数えはじめます。ただ、実際には配列の要素に個別にアクセスすることは少なく、for文やfor ... of文を使って要素に順番にアクセスしながら処理していきます。

`プロパティ` 配列の長さ（要素数）は、`配列名`.lengthという特別な変数に入っています。この.lengthの部分は『プロパティ』と呼ばれ、「この配列専用の変数」です。for文の条件式でlengthプロパティを使えば、配列の長さが変わっても条件式のコードを書きかえる必要がありません。

`メソッド` Scratchのリストを操作する各種のブロックに対して、JavaScriptには『メソッド』という「配列専用の関数」が用意されています。`配列名`.`メソッド名`()という記法で呼び出し、ドット.の前に指定された配列を操作します。配列に使えるメソッドの数は非常に多いので、すべて覚えるのは大変です。この本で紹介したものも含めて、必要になったときに調べればよいでしょう。

....

なお、配列に関する大事な知識をこのレッスンの本文では説明していません。

ひとつは、配列の入った変数を別の変数に代入しても、その要素はコピー（複製）されず、同じ要素に2つの変数（配列名）からアクセスできるようになる……ということです。つまり、コピーした配列の要素を変更すると、元の配列の要素も同じように変わってしまいます。これについては、このあとのコラムで詳しく説明します。

もうひとつは、配列の要素にさらに配列を指定した「二次元配列」です。二次元配列が必要になるケースは少なくありませんが、やや発展の内容になるのでこの本では扱いません。

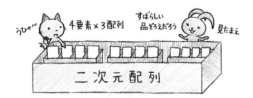

Column | 配列のコピー

　まとめのところで「配列の入った変数を別の変数に代入しても、その要素はコピー（複製）されない」と述べましたが、実際にコードで確認してみましょう。

```
let list1 = [0, 1, 2]; // 配列の宣言
let list2 = list1;      // 配列同士の代入

// 配列の要素を変更
list1[0] = "list1から変更";
print(list2); // ➡["list1から変更", 1, 2]

await sleep(1);
list2[2] = "list2から変更";
print(list1);
// ➡["list1から変更", 1, "list2から変更"]
```

図C9.a 配列の変数の参照

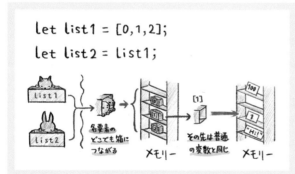

図C9.b 配列の変数の参照先の変更

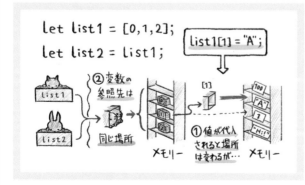

　このように、配列（の入った変数）を別の変数に代入すると、どちらの変数からでも同じ要素にアクセスできるようになります。変数の値が「数値」「文字列」「真偽値」のときは、このようなことは起こりません。なぜでしょうか。

　これは、レッスン4の最後のコラムの内容と関連します。変数とは「どこでも箱（ボックス）」で、箱をのぞきこむとメモリー上に置かれたデータ（値）が見える……という話は覚えているでしょうか。こうして箱をのぞきこむことを「変数を『参照』する」というのでした。

　配列の変数もメモリーの場所を参照するのですが、そこに並んでいるのはデータ（値）ではなく、各要素の「どこでも箱」です **図C9.a**。先ほどのコードでいうと、配列のコピーによって、変数list1も変数list2も同じ3個の「どこでも箱」を参照している状態です。

　ここでたとえば、変数list1からインデックス1の要素に "A" という値を代入したとしましょう。

```
list1[1] = "A";
```

　そうすると「どこでも箱[1]」の参照先では、データ "A" のために新しいメモリー上の場所を用意し、「どこでも箱[1]」の参照先をその新しい場所に変更します **図C9.b**。「どこでも箱[1]」のふるまいだけ見れば、数値や文字列の変数の場合とまったく同じです。

　しかし、配列の場合、変数list1とlist2が参照しているのは「データ "A" の置かれたメモリーの場所」ではなく、3個の「どこでも箱」です。「どこでも箱[1]」の参照先が別の場所に変わっても、変数list1やlist2から見えているのはあいかわらず「どこでも箱[1]」のままです。

　以上が、配列の入った変数を別の

変数に代入すると、どちらの変数からでも同じ要素にアクセスしてしまう理由です。なお、これは次のレッスン10で学ぶ『オブジェクト』でも同じです。

さて、ここで気になるのは、配列の要素をコピー（複製）したいときはどうするのか……ということです。もちろん方法はあります。

JavaScriptには、次の2つのコピーの種類があります。

- 浅いコピー（Shallow copy）
- 深いコピー（Deep copy）

配列の要素が、「数値」「文字列」「真偽値」だけのときは「浅いコピー」を使って要素の値を複製できます。一番単純な方法は繰り返し構文を使って各要素をひとつずつ代入することです。

```
let list1 = [0, 1, 2];
let list2 = [];
for (let i = 0; i < 3; i += 1) {
  // 要素を1つずつコピー
  list2[i] = list1[i];
}
```

でも、これは少し面倒ですね。JavaScriptには浅いコピーのための構文が用意されています。

```
let list1 = [0, 1, 2];
let list2 = [...list1]; // 浅いコピー
```

配列名の前に ... が付いていますが、これは『スプレッド演算子』といいます。"spread"とは「展開する」といった意味です。配列名の前にスプレッド演算子を付けると、配列の要素の値をひとつずつ取り出して（展開して）並べ直してくれます。

```
...list1
```
↕同じ意味
```
0, 1, 2
```

スプレッド演算子で展開した値をもう一度角カッコ [ ] で囲ってやれば、まったく同じ値の新しい配列ができます。それを別の変数に代入

すれば、「変数同士の代入」にはならないので、最初に述べた問題が起こりません。

```
let list2 = [...list1];
```
↕同じ意味
```
let list2 = [0, 1, 2];
```

では、「深いコピー」とはどういうときに使うのでしょうか。これは、配列の要素に配列やオブジェクトを含むときに使います。たとえば、次のように二次元配列のときは「浅いコピー」はうまくいきません。

```
let list1 = [[0, 1, 2], [3, 4]];
let list2 = [...list1];
// うまくいかない
```

どうするかというと、データを一旦「文字列」に変換してから、それをまた配列に戻すという方法を取ります。

```
// 引数の配列を文字列に変換
let str = JSON.stringify(list1);

// 引数の文字列を配列に戻す
let list2 = JSON.parse(str);
```

文字列に変換したものをそのまま配列に戻すので、次のように関数の入れ子にして記述します。こうなるともう「おまじない」のようですね。

```
let list1 = [[0, 1, 2], [3, 4]];
let list2 = JSON.parse(JSON.stringify
(list1));
```

以上で説明した方法は、オブジェクトでも同様に使えます。レッスン10でオブジェクトについて学んだあと、また読み返してみるとよいでしょう。

浅いコピー
```
let obj1 = { a: 1, b: 2, c: 3 };
let obj2 = { ...obj1 };
```

深いコピー
```
let obj3 = { col: "plum",
  pos: { x: 140, y: 80 } };
let str = JSON.stringify(obj3);
let obj4 = JSON.parse(str);
```

10

オブジェクト
魔法の箱の詰め合わせ
を使ってみよう

　レッスン10では『**オブジェクト**』について学びます。オブジェクト
は、配列と同じように、複数の要素（値）をひとまとめにしたデータ
構造です。配列は要素をただ順番に並べたものでしたが、オブジェ
クトはそれぞれの要素に名前を付けて管理します。

　オブジェクトの各要素の名前と値のセットのことを『**プロパティ**』
といい、「 オブジェクト名 . プロパティ名 」という記法でアクセスします。た
とえば、魚の座標と色名をセットにして、それぞれxとcolというプ
ロパティ名を付けてオブジェクトfishとしてまとめておくとします。
そうすると、fish.xで魚のx座標に、fish.colで魚の色名に、それぞ
れアクセスできるようになります。

　実際のアプリ開発などで扱うデータの多くは「オブジェクトの配
列」、つまり、配列の要素がオブジェクトになったデータ構造です。
10匹の魚のデータをプログラミングで扱うなら、{ x座標 , y座標 ,
色名 }というオブジェクトを10個の要素とする配列になります。

　なお、オブジェクトの機能はScratchにはありませんので、この
レッスン10はJavaScriptだけでの説明となります。また、10.2以降
はやや発展の内容なので、ひとまず読み飛ばしてもかまいません。

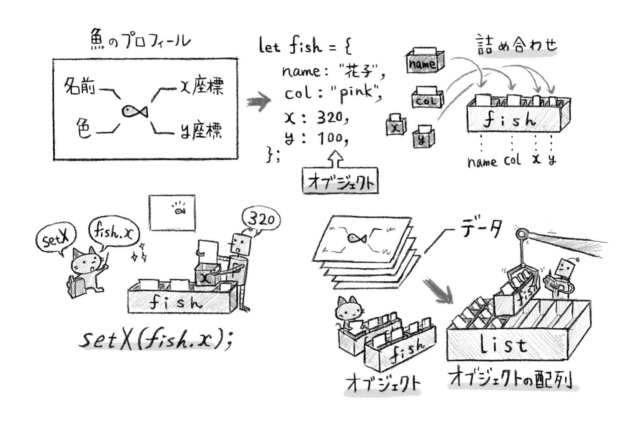

10.1
オブジェクトの基本

『オブジェクト』を使えば、複数の値をひとまとめにして、
それぞれに付けた名前で値にアクセスすることができます。
配列のように順序のあるデータではなく、
それぞれに個別の意味があるデータをまとめておくときに使用します。

データに名前を付けて まとめておきたい

前回のレッスンで学んだ「配列」は、要素が順番に並んだデータ構造でした。先頭から順番に要素を処理したいだけのときにはそれで十分なのですが、特定の要素を選び出すにはインデックス(要素番号)で指定するしかなく、各要素が何を意味しているのかコードから読み取る必要があります コード10.1 。

図10.1 要素に名前を付けて管理したい

そんなとき、 図10.1 のように、各要素にxやcolといった名前を付けておき、前回の「配列名.length」のような形で名前を使って要素を選択できると便利ですよね(なお、colは「色」を意味する "color" の最初の3文字)。

コード10.1 配列の各要素の意味がわからない

```
let pigo = [320, 120, "skyblue"];

goTo(pigo[0], pigo[1]);   // 移動させる
changeColor(pigo[2]);     // 色を変える
```

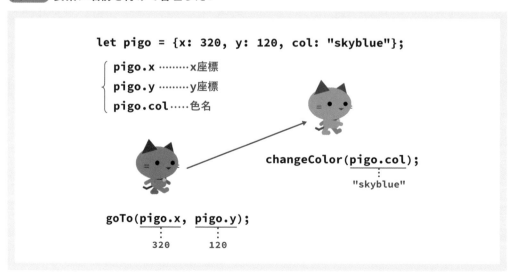

```
let pigo = {x: 320, y: 120, col: "skyblue"};
```
```
pigo.x ………x座標
pigo.y ………y座標
pigo.col……色名
```

```
changeColor(pigo.col);
```
```
"skyblue"
```

```
goTo(pigo.x, pigo.y);
```
```
320    120
```

実は、図10.1の表現がJavaScriptではそのまま使えます。これを『オブジェクト』といいます。"object"とは「物」や「対象」という意味で、JavaScriptのオブジェクトもプログラムの中で「ひとつのモノ」を表すためのデータ構造です。

"モノ"は、位置や色、大きさ、重さなど、いろいろな属性を持ちます。図10.1の例に挙げたピゴニャンの座標と色も、ピゴニャンという"モノ"が持つ属性です。

そうした属性の値をプログラミングでは変数として扱いますが、あるひとつの"モノ"の属性を表す変数はひとまとめにしておきたいですね。JavaScriptのオブジェクトは、ある"モノ"の属性をひとまとめにした「詰め合わせパック」のようなものなのです 図10.2。

図10.2 モノ（オブジェクト）とその属性

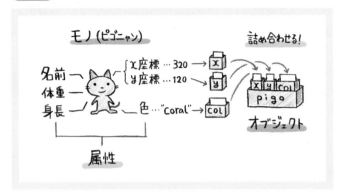

ティ』といいます。この用語は聞いたことがありますね。配列のlengthプロパティと同じです。前回のレッスン9でも触れましたが、配列はオブジェクトの仲間（オブジェクト型）なのでプロパティを持っているのです。

オブジェクトの宣言では、プロパティ名とその値を「:」（コロン）でつないだセットとして定義していきます 図10.4。プロパティ名のことを『キー』と呼ぶこともあります。

使用するカッコが、配列は [ ] でしたが、オブジェクトは { } であることに注意してください。if文やfor文などのブロック { } の後

オブジェクトの宣言

図10.3 にオブジェクトの宣言の構文を示します。オブジェクトの各要素のことを『プロパ

図10.3 構文 オブジェクトの宣言

```
let オブジェクト名 = { プロパティ名 : 値 , プロパティ名 : 値 , ... };
```

その他の書き方
```
let オブジェクト名 = {}; .......... 空のオブジェクト
```

例
```
let fish = { x: 200, y: 120, col: "pink", eaten: false };
let fish_king = {
  HP: 1200, MP: 2000, path: [100, 180, 210, 80, 20, 50],
  colors: { normal: "skyblue", angry: "red", damaged: "yellow" }
};
```

ろにはセミコロンは付きませんでしたが、オブジェクト宣言の｛ ｝はブロックではないので最後にセミコロンが必要です。

プロパティ名とその値の関係は、変数名とその値の関係とほぼ同じです。プロパティは、イコール＝の代わりにコロン：で値を指定した変数と考えてよいでしょう。プロパティ名を引用符で囲う必要はありません。プロパティ名の付け方のルールは変数名と同じです（4.2節）。また、プロパティの値に指定できるデータは変数と同じです。

配列の宣言と同じく、プロパティの数が多いときは途中で改行してもかまいません。

```
let pigo = {
  x: 320,        // x座標
  y: 120,        // y座標
  col: "skyblue" // 身体の色
};
```

こうすれば各プロパティにコメントが付けられます。コード整形を使うと、最後のプロパティのあとに「,」（カンマ）が付きます。

プロパティを使ってみる

プロパティの値は「 オブジェクト名 . プロパティ名 」という記法で読み出すことができます。 コード10.2 にプロパティの値を読み出すサンプルプログラムを示します（ コード10.1 のオブジェクト版です）。ここではテンプレート文字列（5.3節）を使っています。

すでに定義されているプロパティ名に別の値を代入すると、プロパティの値が上書きされます。 コード10.2 に続けて、 コード10.3 を書き足してみてください。実行結果は 図10.5 のようになります。

図10.4 オブジェクトの宣言とプロパティ

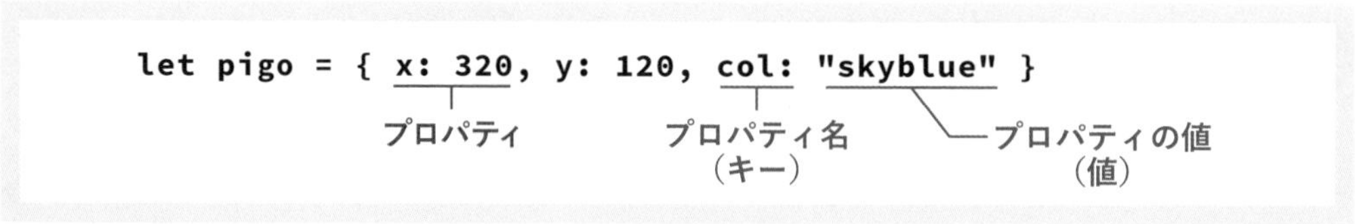

```
let pigo = { x: 320, y: 120, col: "skyblue" }
```

プロパティ　　　プロパティ名　　　プロパティの値
　　　　　　　　　（キー）　　　　　　（値）

コード10.2 プロパティの値の読み出し

```
async function draw() {
  await sleep(1);

  // オブジェクトの宣言
  let pigo = { x: 320, y: 120, col: "skyblue" };

  // プロパティの読み出し
  goTo(pigo.x, pigo.y);   // 座標(320, 120)に移動する
  changeColor(pigo.col); // 身体をskyblue（水色）にする
  await sayFor(`(${pigo.x}, ${pigo.y})`, 1);  // ➡(320, 120)
}
```

コード10.3 プロパティの値を上書きする

```
pigo.x = 240;  // xプロパティの値を上書き
setX(pigo.x);  // x座標240の位置に移動する
await sayFor(`(${pigo.x}, ${pigo.y})`, 1);  // ➡(240, 120)
```

このように、**pigo.x**という形になってしまえ
ば、扱い方は普通の変数とほとんど同じです
図10.6。次のコードのように、計算式にも含め
られますし、条件式の中でも使えます。

```
if (pigo.y < 300) {
  pigo.y += 100;
  goTo(pigo.x / 2, pigo.y);
}
```

プロパティの追加と削除

プロパティの追加と削除の構文（記法）を 図10.7
に示します。

定義されていないプロパティ名に値を代入
すると、新しいプロパティとして追加されま
す。 コード10.3 の続きに次のコードを書き足

してみてください。

```
pigo.dir = "下"; // dirプロパティを追加
turn(pigo.dir);  // 下を向く
```

オブジェクトのデータ構造には配列のよう
な順序がないので、「どこに追加する」という
指定は必要ありません。そのため、配列の
pushメソッドのようなものはありません。

すでにあるプロパティを削除したいときは、
delete というキーワードを使用します。
"delete" は「削除する」というそのままの意味
です。変数宣言にletを使用するように、削除
したいプロパティの前にdeleteと書きます。

図10.5 コード10.3の実行結果

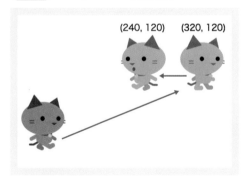
(240, 120)　(320, 120)

図10.6 プロパティと変数の扱いは同じ

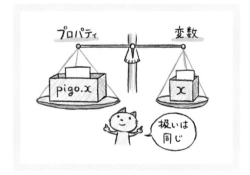

図10.7 　**構文** 　プロパティの追加と削除

オブジェクト名 **.** 新しいプロパティ名 **=** 値 **;** ...... プロパティの追加

delete オブジェクト名 **.** プロパティ名 **;** .... プロパティの削除

例

```
let obj = { a: "first", b: "second", c: "third" }; ..........
obj.d = "fourth";         { a: "first", b: "second", c: "third", d: "fourth" }
delete obj.a;             { b: "second", c: "third", d: "fourth" }
```

```
delete pigo.col;   // colプロパティを削除
print(pigo);
// ➡{ x: 240, y: 220, dir: "下"};
```

なお、オブジェクトの中身を表示して確認したいとき、オブジェクトの入った変数をsay関数の引数に渡してもうまく表示できません 図10.8 。オブジェクトの中身を確認したいときはprint関数を使います コード10.4 。配列と同じく、左端の［▶］を押すと、 図10.9 のように中身が展開されます。

オブジェクトと戻り値

ピゴニャン専用の関数の中にはオブジェクトを戻り値に返すものがあります（レッスン3末の表3.2）。 コード10.5 のように、move関数などのピゴニャンを移動させる関数は、その

図10.8 say関数にオブジェクトを渡す

[object Object]

移動によって魚を食べる（魚とぶつかる）と食べた魚の情報を戻り値として返します。その魚の情報は、魚の座標と色名をオブジェクトにまとめたものです 図10.10 。

コード10.5 では、move関数の戻り値を変数eaten で受け取っています。"eaten"は「食べ

図10.9 print関数とオブジェクト

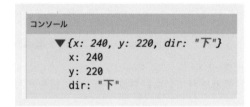

```
コンソール

▼{x: 240, y: 220, dir: "下"}
  x: 240
  y: 220
  dir: "下"
```

図10.10 食べた魚の情報

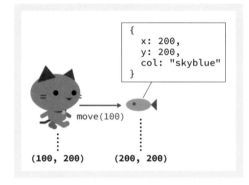

```
{
  x: 200,
  y: 200,
  col: "skyblue"
}
```

move(100)

(100, 200)　　　(200, 200)

コード10.4 オブジェクトの中身を確認する

```
say(pigo);   // ➡[object Object] としか言わない ✗
print(pigo); // ➡コンソールにオブジェクトの中身が表示される ○
```

コード10.5 ピゴニャンが食べた魚の情報をオブジェクトとして受け取る

```
async function draw() {
  putFish(200, 200);      // 魚を配置
  await sleep(1);

  let eaten = move(100);   // 戻り値を変数eatenに受け取る

  print(eaten); // ➡{ x: 200, y: 200, col: "skyblue" }
  say(eaten.x); // ➡200
}
```

コード10.6 戻り値がオブジェクトであるか確認してからプロパティにアクセスする

```
let eaten = move(100); // 食べたかどうかはわからない
if (eaten != false) {   // eatenがfalseでなければ……
  say(eaten.x);         // 食べなかったときはこのコードは実行されない
}
```

コード10.7 プロパティ名をそのまま使用してプロパティにアクセスする

```
let pigo = { x: 320, y: 120, col: "skyblue" };

/* プロパティ名colをそのまま使用する */
print(pigo.col);       // ➡skyblue（成功）
print(pigo["col"]);    // ➡skyblue（成功）
```

コード10.8 プロパティ名を変数に代入してからプロパティにアクセスする

```
/* プロパティ名colを変数に代入してから指定する */
let colname = "col";
print(pigo.colname);   // ➡undefined（失敗）
print(pigo[colname]);  // ➡skyblue（成功）
```

られた」という意味です。eatenの内容をコンソールに表示させているので実行して確認してみてください。

なお、魚を食べなかったときは戻り値がfalseになるので、say(eaten.x);というコードはエラーになります。そのため、実際には **コード10.6** のように戻り値がオブジェクトであるか（falseでないか）を確認する必要があります。

ドット記法とブラケット記法

JavaScriptでは、プロパティにアクセスする記法がもう1種類あります。配列のように角カッコ [ ] を使う『ブラケット記法』です。一方、これまで使ってきたドット , で区切る書き方は『ドット記法』といいます。

ドット記法
オブジェクト名.プロパティ名

ブラケット記法
オブジェクト名["プロパティ名"]

ブラケット記法は配列とよく似ていますね。

インデックスの代わりにプロパティ名を使う配列のようなものです。実際、そのようなデータ構造はほとんどのプログラミング言語に用意されており、「連想配列」「マップ」「ハッシュ」「辞書」などいろいろな呼び方がされています。

さて、この本でこれまで使ってきたのはドット記法ですし、読みやすいのもドット記法です。なぜブラケット記法という別の書き方が必要なのでしょうか。それは、ブラケット記法では「変数に代入されたプロパティ名」が使えるからです。

具体例で見ていきましょう。まず、プロパティ名をそのまま使用する場合は問題ありません **コード10.7**。しかし、**コード10.8** のように、プロパティ名を変数に代入してから使うと、ドット記法のほうはundefined（未定義）になってしまいます。

ドット記法では、プロパティ名に引用符 " " が付けられません。そのため、**pigo.colname** のcolnameが、変数名ではなく、プロパティ名であると判断されてしまうのです **図10.11 ❶**。

図10.11 ドット記法とブラケット記法

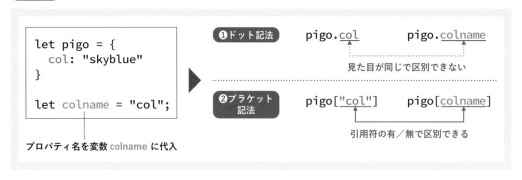

```
let pigo = {
  col: "skyblue"
}

let colname = "col";
```

プロパティ名を変数 colname に代入

❶ドット記法　　pigo.col　　　pigo.colname
　　　　　　　　見た目が同じで区別できない

❷ブラケット記法　pigo["col"]　　pigo[colname]
　　　　　　　　引用符の有／無で区別できる

　一方、ブラケット記法では、プロパティ名をそのまま使用するときはpigo["col"]というように引用符を付け、プロパティ名を変数に代入したときはpigo[colname]というように引用符を付けません **図10.11 ❷**。プロパティ名か変数名かの違いが見た目から区別できます。

　しかし、わざわざプロパティ名を変数に代入して使うことなどあるのでしょうか。それはまた後ほど、オブジェクトの繰り返し処理のところで説明します。ひとまずは2種類の記法があることだけ押さえておきましょう。

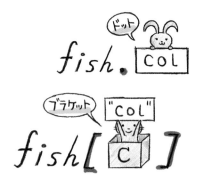

miniColumn
みちくさ

　上記のコードをp5.jsに書き写した人は気づいたかもしれませんが、ブラケット記法で記述すると警告が表示されます（黄色い波線）。メッセージの内容は"〜 is better written in dot notation."（〜はドット記法で書いたほうがいいよ）です。ブラケット記法を使うのは、プロパティ名を変数に入れて使うときだけと考えたほうがよいでしょう。

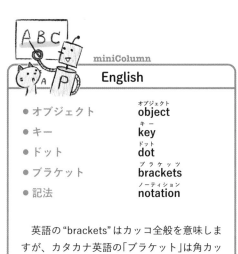

miniColumn
English

- オブジェクト　**object**（オブジェクト）
- キー　**key**（キー）
- ドット　**dot**（ドット）
- ブラケット　**brackets**（ブラケッツ）
- 記法　**notation**（ノーティション）

　英語の "brackets" はカッコ全般を意味しますが、カタカナ英語の「ブラケット」は角カッコ [ ] を指します。他のカッコと明確に分けたいときは "square brackets"（スクエア）と書きます。

複雑なオブジェクト

オブジェクトのプロパティの値には何でも指定することができます。
配列や別のオブジェクトをプロパティにした入れ子のオブジェクトは、
プログラムの外部からデータを取りこむ(受け取る)
ときの形式として非常によく使われます。

入れ子のオブジェクト

プロパティの値に別のオブジェクトを指定すると、入れ子のオブジェクトになります。

```
let pigo = {
  pos: { x: 200, y: 200 },
  col: "pink"
};
```

このコードでは、プロパティposの値がさらにオブジェクトになっています。posは「位置」を意味する "position" の最初の3文字です。

二重の入れ子になったプロパティには、ドットやブラケットをつないでいくことでアクセスできます。

```
setX(pigo.pos.x);        // ドット記法
setY(pigo["pos"]["y"]); // ブラケット
記法
```

さらに深いオブジェクトを使った例を コード10.9 に示します。実行結果は 図10.12 のようになります。入れ子が深くなるとややこしいですが、かなり深い入れ子のオブジェクトもプログラミングの現場では使用されます。

コード10.9 深い入れ子のオブジェクト

```
async function draw() {
  await sleep(1);

  // 入れ子のオブジェクト
  let pigo = {
    pos: {
      begin: { x: 200, y: 200 },
      end: { x: 320, y: 120 },
    },
    col: "pink",
  };

  // プロパティにアクセスする
  goTo(pigo.pos.begin.x, pigo.pos.begin.y);
  await sleep(1);
  goTo(pigo.pos.end.x, pigo.pos.end.y);
  await sleep(1);
  changeColor(pigo.col);
}
```

図10.12 コード10.9の実行結果

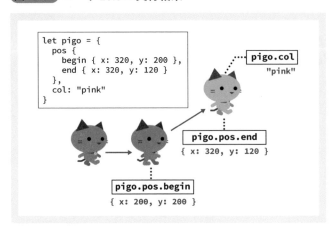

```
let pigo = {
  pos {
    begin { x: 320, y: 200 },
    end { x: 320, y: 120 }
  },
  col: "pink"
}
```

pigo.col
"pink"

pigo.pos.end
{ x: 320, y: 120 }

pigo.pos.begin
{ x: 200, y: 200 }

コード10.10 プロパティを途中で変数に代入

```
let pos1 = pigo.pos.begin;
// ↑pos1は { x:200, y:200 } となる
goTo(pos1.x, pos1.y);

await sleep(1);

let pos2 = pigo.pos.end;
// ↑pos2は { x:320, y:120 } となる
goTo(pos2.x, pos2.y);
```

コード10.11 配列を含むオブジェクト

```
async function draw() {
  await sleep(1);

  // プロパティに配列を指定する
  let pigo = {
    x_list: [100, 160, 240, 300, 360],
    col: "pink"
  };

  setX(pigo.x_list[1]);          ········ ドット記法
  await sleep(1);

  setX(pigo["x_list"][2]);       ······ ブラケット
  await sleep(1);                        記法
}
```

コード10.12 プロパティの配列とfor ... of文

```
changeColor(pigo.col);
for (const x of pigo.x_list) {
  setX(x);
  await sleep(0.5);
}
```

入れ子が深いときには、**コード10.10**のように途中で変数に代入すると扱いやすくなります。**コード10.9**の2つのgoTo関数の部分を書きかえてみましょう。プロパティpigo.pos.beginを変数pos1に代入することによって、変数pos1が{ x: 200, y 200 }というオブジェクトを指すようになります。そのため、**pos1.x**というように、変数pos1をオブジェクト名として使えるようになります。

プロパティに配列を指定する

配列がプロパティになっても、配列の要素へのアクセス方法は同じです。プロパティの値に配列を指定してみましょう。ブラケット記法を使うと配列の [ ]と混乱しそうですが、区別する必要もないと思います。実際、インデックスやプロパティ名が変数に入っていると、その部分のコードだけみても区別できません。

```
let index = 3;
let property = "x_list";
setX(pigo[property][index]);
// ↑配列とオブジェクトの区別ができない
```

プロパティの配列にfor ... of文を使うときには**コード10.12**のようになります。**コード10.11**に追加してみてください。

これだけ見るととくに難しくはないと思いますが、あとで説明する「オブジェクトの配列」と混同してしまうことがあります。

10.3 オブジェクトと繰り返し

オブジェクトも複数の値をひとまとめにしたデータ構造なので、
繰り返し構文でプロパティを順に取り出すことができます。
それから、JavaScriptでデータを扱うときの主要な形式である
「オブジェクトの配列」にも触れておきましょう。

オブジェクトはfor ... of文で繰り返せない

オブジェクトも（名前付きの）「値のリスト」なので、要素を順番に処理したいときがあります。試しにfor ... of文を使って要素を順に取り出してみましょう コード10.13 。

これを実行すると、「pigo is not iterable」
イズ ノット イテラブル
というエラーが表示されます。"iterable" は「反復可能」という意味で、エラーメッセージは「pigoは反復可能ではない」ということです。for ... of文は反復可能なデータに対してしか使えません。

JavaScriptには反復可能なデータとそうでないものがあり、配列や文字列は反復可能ですが、単純なオブジェクトは違うからです。

for ... in文
オブジェクトのための繰り返し構文

JavaScriptでは、反復可能ではないオブジェクトのための繰り返し構文が用意されています。それが『for ... in文』です 図10.13 。

for ... of文のofがinに変わっただけで

miniColumn
ステップアップ

すべてのオブジェクトが反復可能ではない……というわけではなく、このレッスン10で説明しているような「単純なオブジェクト」だけが反復不能です。そもそも配列のデータ型は「オブジェクト型」で、配列はオブジェクトの仲間です。また、文字列もfor ... of文で使われるときは「Stringオブジェクト」というオブジェクトに自動変換
へんかん
されます。つまり、JavaScriptにおける反復可能なデータはすべてオブジェクト型であり、オブジェクトの作り方（定義の方法）によって反復可能にできる……というのが正確な説明です。

すね。まずは実例を見てみましょう コード10.14 。

for ... in文では、定数に「プロパティ名」が順に代入されます。プロパティの値にアクセスするには、定数に代入されたプロパティ名を使う

コード10.13 オブジェクトはfor ... of文で繰り返せない

```
let pigo = { x: 240, y: 280, color: "pink"};

for (const prop of pigo) {
  print(prop);
}        // ⬆エラー「pigo is not iterable」
```

図10.13

構文 for ... in文

```
for (const 定数名 in オブジェクト) {
    オブジェクトに含まれるプロパティの名前を
    すべて取り出すあいだ繰り返し実行されるコード
}
```

例

```
let dress = { col: "black",
  size: "S", price: 35000 };
for (const prop in dress) {
  print(`${prop} ${dress[prop]}`);
}
```

コード10.14 for ... in文を使う

```
let pigo = { x: 240, y: 280, col: "pink" };

// プロパティ名を順に取り出して繰り返し
for (const prop in pigo) {
  print(prop);         // ➡x➡y➡col
  print(pigo[prop]);   // ➡340➡120➡skyblue
}
↑ ブラケット記法
```

コード10.15 プロパティ名によって分岐する

```
let pigo = { x: 240, y: 280, col: "pink" };

// プロパティの数だけ繰り返し
for (const prop in pigo) {
  if (prop == "x") {
    setX(pigo[prop]);   // x方向に移動
  } else if (prop == "y") {
    setY(pigo[prop]);   // y方向に移動
  } else {
    changeColor(pigo[prop]); // 色を変更
  }
  say(prop); // プロパティ名をしゃべる
  await sleep(1);
}
```

図10.14 コード10.15の実行結果

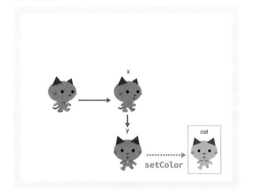

ことになるのでブラケット記法になります。

コード10.15 は、for ... in文とif文と組み合わせて、プロパティ名によって処理を分岐するプログラムです。for ... in文で取り出したプロパティ名は文字列型のデータなので、このように文字列と比較することができます。実行結果を **図10.14** に示します。

オブジェクトの配列

プログラミングの現場では「入れ子の深いオブジェクト」がよく使われるという話をしましたが、もうひとつ現場でよく使われるのが「オブジェクトの配列」です **図10.15**。

これまでの例はピゴニャン1匹のデータでしたが、それが何匹分も並んでいるの

図10.15 オブジェクトの配列のイメージ

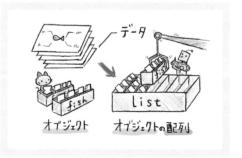

が一般的なデータだからです。 図10.16 に示す表のようなデータを見たことはないでしょうか。JavaScriptでいうと、1行目の項目がプロパティ名、2行目以降がプロパティの値で、各行がひとつのオブジェクトです。

コード10.16 は、オブジェクトの配列で表した5匹分の魚のデータです。5つ並んだオブジェクトの外側が [ ] に囲まれていて、全体が配列になっているのがわかるでしょうか。

この変数fish_listは配列なので、for … of文で順番に要素（オブジェクト）を取り出すことができます。次の コード10.17 では、定数fishに配列fish_listから取り出したオブジェクトを順番に入れながら、ループの中で必要なプロパティを利用しています。実行例は 図10.17 のようになります。

データのフィルタリング

最後に、データの処理を少しだけやってみましょう。データ処理では、各データ（オブジェクト）に含まれるプロパティの値によって、そのあと処理するデータを選び出すことがあります。このような操作を「**フィルタリング**」といいます 図10.18 。

たとえば、 コード10.17 の魚のデータから、重さ（weight ウェイト ）が20以上の魚だけを選んで表示させてみましょう。先ほどの for…of 文を コード10.18 に書きかえてください 図10.19 。

ちなみに、 コード10.18 はcontinue文を使って コード10.19 のようにも書けます。また、if

図10.16 一般的なデータの形式

名前	色	x 座標	y 座標	重さ
花子	pink	80	100	20g
月子	gold	160	280	30g
雪子	lime	240	100	15g
星子	aqua	320	280	5g
宙子	plum	400	100	35g

コード10.17 オブジェクトの配列の取り出し

```
for (const fish of fish_list) {
  putFish(fish.x, fish.y, fish.col);
  say(fish.name);
  await sleep(1);
}
```

図10.17 コード10.16～コード10.17の実行結果

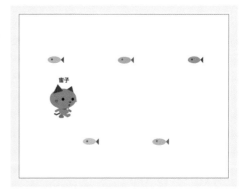

コード10.16 オブジェクトの配列で表した5匹の魚のデータ

```
let fish_list = [
  { name: "花子", col: "pink", x: 80, y: 100, weight: 20 },
  { name: "月子", col: "gold", x: 160, y: 280, weight: 30 },
  { name: "雪子", col: "lime", x: 240, y: 100, weight: 15 },
  { name: "星子", col: "aqua", x: 320, y: 280, weight: 5 },
  { name: "宙子", col: "plum", x: 400, y: 100, weight: 35 }
];
```

図10.18 データのフィルタリング

名前	色	x座標	y座標	重さ
花子	pink	80	100	20g
月子	gold	160	280	30g
雪子	lime	240	100	15g
星子	aqua	320	280	5g
宙子	plum	400	100	35g

名前	色	x座標	y座標	重さ
花子	pink	80	100	20g
月子	gold	160	280	30g
宙子	plum	400	100	35g

文やfor文などは、{ }の中のコードが1行だけのときは{ }を省略できます。したがって、コード10.19 は コード10.20 のように短く書くことができます。こちらのほうが コード10.18 よりもブロックの入れ子が少なくて読みやすいでしょう。

コード10.18 重さが20以上の魚だけを表示する

```
for (const fish of fish_list) {

  // weightプロパティが20以上のものだけを選ぶ
  if (fish.weight >= 20) {
    putFish(fish.x, fish.y, fish.col);
    say(fish.name);
    await sleep(1);
  }
}
```

図10.19 コード10.18の実行結果

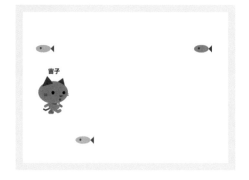

コード10.19 continue文でコード10.18を変更

```
for (const fish of fish_list) {
  // weightプロパティが20未満なら次の繰り返しへ
  if (fish.weight < 20) {
    continue;
  }

  // ここにはweightが20以上のfishしか到達しない
  putFish(fish.x, fish.y, fish.col);
  say(fish.name);
  await sleep(1);
}
```

コード10.20 コード10.19をさらに短く

```
for (const fish of fish_list) {
  // weightプロパティが20未満なら次の繰り返しへ
  if (fish.weight < 20) continue;
  putFish(fish.x, fish.y, fish.col);
  say(fish.name);
  await sleep(1);
}
```

10.4
まとめ

レッスン10では、オブジェクトについて学びました。10.2節以降はやや応用となる内容で、入れ子になった複雑なオブジェクトやオブジェクトを要素とする配列について例を見てきました。

オブジェクト 『オブジェクト』は、値に名前を付けてひとまとめにするデータ構造であり、身の回りの"モノ"をプログラミングで扱えるデータの形にするのに適しています。たとえば「人」をデータにするなら、氏名、年齢、身長、体重などの情報をひとまとめにしておきたくなりますね。英語の "object" は、まさに「モノ」という意味です。

プロパティ オブジェクトの要素は『プロパティ』といいます。プロパティは「 プロパティ名 ： 値 」のセットです。プロパティ名は『キー』といわれることもあります。プロパティには「 オブジェクト名 . プロパティ名 」という「ドット記法」でアクセスすることができ、この形になってしまえば普通の変数と同じように扱えます。

for ... in 文 配列に対する for ... of 文のように、オブジェクトに対して使える繰り返し構文が『for ... in 文』です。for ... in 文は、in のあとに指定されたオブジェクトのプロパティ名を順に取り出しながら繰り返し処理を行います。for...in文ではプロパティ名が定数（変数）に代入されるのでドット記法は使えず、

「 オブジェクト名 [定数] 」という「ブラケット記法」でプロパティ値にアクセスします。

複雑なオブジェクト オブジェクトのプロパティの値には、配列や別のオブジェクトも指定できます。そのように何重もの入れ子になった階層的なオブジェクトは、世の中にある"モノ"の自然な表現といえます。そして、そうした"モノ"を集めたリスト、つまり「階層的なオブジェクトの配列」がプログラミングの現場で扱われる一般的なデータ形式となります。

....

オブジェクトはScratchにはない機能ですが、上でも述べたとおり、プログラミングで扱うデータの表現形式として一般的なものです。ひとまず10.1節の内容を理解しておけばこの本を最後まで読み通すことはできますが、みなさんがいつか本格的なアプリ開発などに挑戦したくなったときには10.2節以降を読み返してみてください。

Column 分割代入

コード **C10.a** のようなコードがあるとします。各プロパティの値を、プロパティと同じ名前の変数に代入してから使用しています。このような場合、プロパティの値を変数に代入している部分は、コード **C10.b** のようにも記述することができます。これを『分割代入』といいます。

コード **C10.c** のように一部のプロパティのみでも取り出せます。

値を受け取る変数の名前をプロパティ名とは違うものにしたい場合は、コード **C10.d** のように記述します。

分割代入は配列でも使えます。配列の場合はプロパティ名がないので、コード **C10.e** のように、配列の先頭から順番に受け取る変数の数だけ代入されます。

分割代入は、関数呼び出しの戻り値がオブジェクトや配列の場合によく使用されます。たとえば、move関数の戻り値からcolプロパティのみを取り出すときにはコード **C10.f** のように短く記述ができます。

スプレッド演算子（レッスン9末のコラム）を使うことで、「残りの部分」をまとめてオブジェクトや配列として取り出すこともできますコード **C10.g**。

分割代入は中級者以上のコードではよく使われます。いろいろなライブラリーを利用するようになると、関数の戻り値を{ }や[ ]で囲って受け取るようにマニュアル（説明書）に書かれていることがあります。これは分割代入によって、戻り値の一部を受け取っているのだと思ってください。

コード **C10.a** プロパティを変数に代入してから使用する

```
let pigo = { x: 340, y: 120, col: "skyblue" };
let x = pigo.x, y = pigo.y, col = pigo.col;
goTo(x, y);
changeColor(col);
```

コード **C10.b** 分割代入

```
let { x, y, col } = pigo;
```
↕同じ意味
```
let x = pigo.x, y = pigo.y, col = pigo.col;
```

コード **C10.c** 分割代入で一部のプロパティのみ取り出す

```
let { x, y } = pigo; // xとyだけを取り出す
goTo(x, y);
```

コード **C10.d** 値を受け取る変数名をプロパティ名から変更する

```
let { col: colname } = pigo; // colnameという変数名でcolの値を受け取る
changeColor(colname);
```

コード **C10.e** 分割代入は配列にも使える

```
let list = [0, 1, 2, 3, 4];
let [x, y] = list;  // 先頭から2つを分割代入
print(x); // ➡0
print(y); // ➡1
```

コード C10.f 戻り値を分割代入で受け取る

```
let { col } = move(100);
say(col + "色の魚を食べた！");
```
同じ意味
```
let eaten = move(100);
let col = eaten.col;
say(col + "色の魚を食べた！");
```

コード C10.g スプレッド演算子でまとめて取り出す

```
let pigo = { x: 340, y: 120, col: "skyblue" };
let { col, ...pos } = pigo;
print(pos); // ➡{ x: 340, y: 120 }  （col以外の部分）

let list = [0, 1, 2, 3, 4];
let [x, y, ...nums] = list;
print(nums); // ➡[2, 3, 4]
```

11

関数定義
魔法の呪文を作ってみよう

　レッスン11では『関数定義』について学びます。これはScratchの「ブロック定義」にあたります。関数定義とは「自分で関数を作ること」です。これまでは用意されている関数を呼び出すだけでしたが、自分で作った関数に名前を付けて呼び出せるようになります。

　たとえば、ピゴニャンが50歩動いて「にゃお！」としゃべる2行のコードを「moveNyao」という名前の関数として定義します。すると、drawの中に moveNyao(); と1行書くだけで、2行のコードを実行できるようになります。こうして一連のコードをひとつの関数にまとめ、わかりやすい名前を付けることで、コード本体がすっきりと記述できて見通しやすくなります。

　また、キーボードやマウスからの入力で呼び出される特別な関数、『イベントハンドラー』についても学びます。これはScratchの[〜が押されたとき]ブロックなどにあたります。イベントを受け取るための条件式が不要になるので、レッスン7で学んだwhile文で書く方法よりもわかりやすく書くことができます。

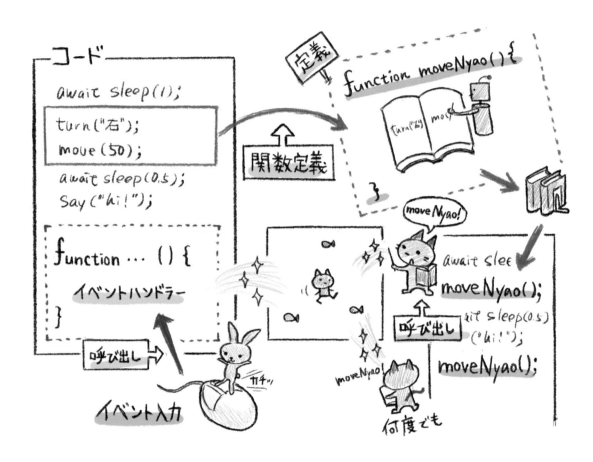

関数呼び出しと関数の本体

ここまでのレッスンで数え切れないくらい関数を使ってきましたが、
改めて「関数」とは何なのか確認しておきましょう。
ここでは知識を身につけてもらうためのお話が中心になります。

関数とは……?

たとえば、move(50);という関数呼び出しによって、キャンバスに描かれたピゴニャンが50歩動きます。しかし、よく考えてみると、ピゴニャンの絵はたくさんの図形が組み合わさってできており、それを指定された距離だけ動かす（ポーズも変わる）のですから、たった1行の命令でコンピューターに伝わるとは思えません。

実際、move関数が呼び出されると、その裏で何十行ものコードが実行されます。その何十行

もののコードを誰かが書いてくれていて、わたしたちはそれをたった1行、move(50);とだけ書いて（言葉どおり）呼び出しているのです 図11.1 。

レッスン3では関数のことを「魔法」にたとえましたが、move(50);というのは魔法の呪文です。魔法の内容は「魔法の本」に書かれているので、まずはその本を手に入れてから呪文を唱えなくてはなりません。魔法の本は図書館（英語で "library"）に置かれており、自分の使いたい呪文の書かれた本を図書館から探し出します 図11.2 。

図11.1 関数の本体は別の場所にある

```
async function draw() {
  await sleep(1);

  move(50);          呼び出し
}
```

```
move(steps) {                         関数本体
  if (!isFinite(steps)) return;
  this.x += this.dir.x * steps;
  this.y += this.dir.y * steps;
  if (Sprite.flushScreen) background(255);
  let eaten = this.eatFish();
  this.drawFish();
  this.state = keepState ? this.state : !this.state;
  push();
  rectMode(CENTER);
  strokeCap(ROUND);
  if (this.dir.x) {
    if (Sprite.withBody) {
      this.drawBodyH(this.x, this.y, this.dir.x);
    } this.drawHeadH(this.x, this.y, this.dir.x);
  } else {
  .....
}
```

そして、実際のプログラミングでも、関数の本体は『ライブラリー』と呼ばれるファイルに書かれています。ライブラリーは、ブラウザーを開いたときに読みこまれるもの、p5.jsのアプリを開いたときに読みこまれるもの、「ピゴニャンのスケッチ」を開いたときに読みこまれるものなど、知らないうちにたくさん読みこまれています。

図11.2 関数呼び出しのイメージ

コードに`move(50);`と1行書いて実行すると、そうして読みこまれているライブラリーの中にmove関数の本体を探しにいきます。本体を見つけたら、その中に書かれたコードを1行ずつ実行します。そこにまた別の関数呼び出しがあれば、さらに別のライブラリーにその関数の本体を探して……ということをプログラムの裏では行っているのです。

関数の本体を自分で書く

このレッスン11でこれから学ぼうとしているのは、そうしたライブラリーに置かれているような魔法の本（関数の本体）を自分で書くための方法です。

なんだか大きな話になってきましたが、中身が数行しかない関数でも十分役に立ちます。また、そのくらい短い関数なら、みなさんがこれまで書いてきたコードの横に一緒に書いてしまうことができます **図11.3**。

こうして同じコードの中に関数の本体を書くと、それはそのスケッチ専用の関数となります。ライブラリーに置かれている関数と同じように、関数名だけでその本体を呼び出すことができるようになるのです。

このように、関数の本体を自分で書くことを『関数定義』といいます。「こういう名前の関数を定義しますよ」と宣言するという意味で、『関数宣言』と呼ぶこともあります。関数宣言と関数定義を区別して記述できるプログラミング言語もありますが、JavaScriptでは区別しませんので、呼び方はどちらでもかまいません。

自分で関数を定義することの良い点として、次のようなものがあります。

- 一連の処理に名前を付けて区別しておくことで、コード全体が見通しやすくなる
- 同じ処理を何度も記述するときに、1行の関数呼び出しで済むのでコードが短くなる
- 他のプログラムでも使えそうな機能を関数にしておくことで、あとで使いまわせる

図11.3 同じコード(スケッチ)の中に関数本体を書く

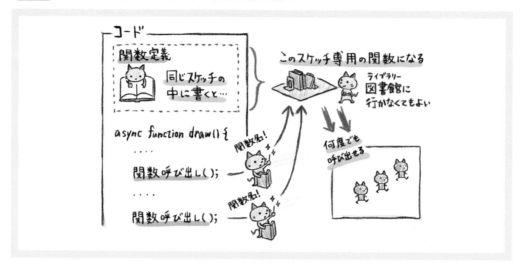

表11.1 関数の4つのタイプ

		引数	
		なし	あり
戻り値	なし	turnBack();	move(50);
	あり	let x = getX();	let n = randomInt(1, 10);

関数の種類

これまでに関数呼び出しで使ってきた関数を以下に4つ挙げてみます。

❶ turnBack();
❷ move(50);
❸ let x = getX();
❹ let n = randomInt(1, 10);

このうち、❷move関数や❹randomInt関数の( )の中には値が書かれています。これを『引数』というのでした。このように引数が指定されている関数を「引数ありの関数」といいます。一方、❶turnBack関数や❸getX関数のように引数のないものを「引数なしの関数」といいます。

また、❶turnBack関数や❷move関数は呼び出されているだけですが、❸getX関数と❹randomInt関数は変数に代入されています。これは、関数が実行されたあとに『戻り値』に置きかわり、その戻り値が変数に代入されているのでした。❸❹のように、実行されると戻り値に置きかわる関数のことを「戻り値ありの関数」といいます。

表11.1にこの4つのタイプをまとめてみました。引数も戻り値もない一番シンプルなturnBack関数から、引数も戻り値もあるrandomInt関数まで、関数を定義するときにも難しさの段階がありそうですね。

この本では、まずレッスン11で引数も戻り値もない関数定義を学び、次回のレッスン12は引数ありの関数定義、その次のレッスン13では戻り値ありの関数定義……と進んでいきます。

関数を定義する

それでは自分で新しい関数を定義してみましょう。
まずは、引数も戻り値もないシンプルな関数定義の方法を学びます。
これまでずっと目にしてきたsetupやdrawの正体も
いよいよ明らかになります。

Scratchのブロック定義

まずScratchでの方法から見ていきますが、Scratchにはそもそも「関数」という用語が出てきません。Scratchの命令はすべて「ブロック」で表現されており、そのうちの四角ブロックがJavaScriptの関数にあたります。そのため、Scratchの関数定義は「ブロック定義」のペインの中にあります。

［ブロックを作る］ボタンを押すと「ブロックを作る」ダイアログが表示されます。「引数」という言葉も見えていますが、ひとまずブロック名を「myWalk」にして［OK］ボタンを押します 図11.4。なお、"my"は「わたしの」という意味で「my◯◯」は練習用の関数名によく使われます。"walk"は「歩く」という意味です。

図11.4 Scratchのブロック定義

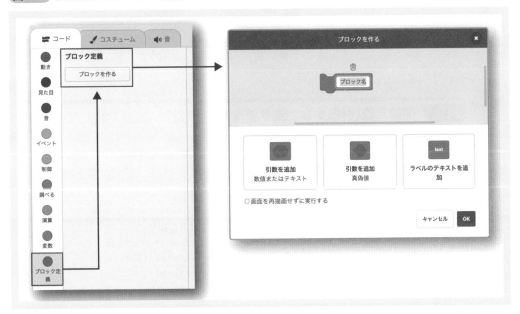

以上の作業を完了すると、「ブロック定義」のペインに［myWalk］ブロックが追加され、中央のエディターには［定義myWalk］という赤い先頭ブロックが現れます **図11.5**。

この［定義myWalk］ブロックの下に他のブロックをつなげていくことで、今回新しく作った［myWalk］ブロックで行われる処理を定義していきます。

「ブロック定義」ペインにある"定義"という言葉の付いていない［myWalk］ブロックは、JavaScriptでいう「関数呼び出し」であり、通常の命令ブロックと同じように他のブロックにつなげて使います。

こうしてScratchに追加された［myWalk］ブロックは、「ネコを右上の方向に歩かせる」ブロックになります。実行すると、最初はネコが右上に進んでいきますが、キャンバスから身体が半分出たところで右方向にだけ進むようになります。Scratchではキャンバスの外にスプライト（キャラクター）が出られず、キャンバスの縁に沿って移動するためです。

図11.5 **Scratchのブロックを使ってプログラミング**

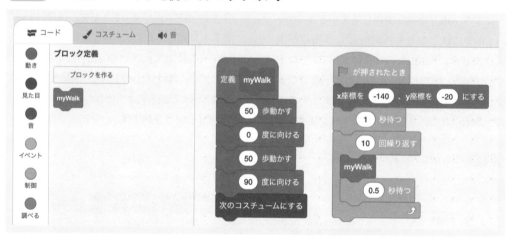

図11.6 **構文** **関数定義（引数なし、戻り値なし）**

```
function 関数名() {
    この関数が呼び出されたときに実行したいコード
}
```

例
```
/* 関数定義 */
function transform() {
  say("変身！");
  changeColor("random"); ◀┈┈ 呼び出し ┈┈
}
```
```
// 関数呼び出し
async function draw() {
  await sleep(1);
  transform();
}
```

JavaScriptの関数定義

JavaScriptの関数定義の構文は 図11.6 のとおりです。これは、引数なし・戻り値なしの関数を定義するときの構文です（先ほどのScratchのブロック定義と同じ）。

構文はシンプルで、functionというキーワードのあとに

`関数名`( ) { }

と書きます。関数名のあとの ( ) の中には何も書きません。それに続く { } の中には、「関数が呼び出されたときに実行したい処理」を書いていきます。条件式がないぶん、if文やwhile文よりも簡単ですね。

では、JavaScriptのmyWalk関数の定義（中身）を書いてみてください 図11.7 。とくに難しいところはなさそうです。これまで使ってこなかった nextCostume 関数があるのは、myWalk関数の中でmove関数を2回呼んでいるので、そのままではピゴニャンのポーズが変わって見えないからです。

スケッチの中で 図11.7 の関数定義を記述する場所ですが、setupやdrawのブロック { } の外側であればどこでもかまいません。今回はスケッチの一番最後に書いておくことにします。

なお、関数名の付け方のルールは変数名と同じです（4.2節）。関数名は基本的に動詞（あるいは動詞＋目的語）にします。move関数やsay関数も動詞ですね。JavaScriptの場合、関数名が複数の単語になるときはキャメルケース（changeColorなど）で書くのが一般的です。

図11.7 関数定義（引数なし・戻り値なし）の比較コード

定義 myWalk	
50 歩動かす	`function myWalk() {`
0 度に向ける	`  move(50);`
50 歩動かす	`  turn("上");`
90 度に向ける	`  move(50);`
次のコスチュームにする	`  turn("右");`
	`  nextCostume();`
	`}`

図11.8 関数定義は料理のレシピ

定義した関数を呼び出す

さて、JavaScriptでもScratchでも、関数を定義するだけでは何も起こりません。定義した関数を別の場所から呼び出してはじめて、その中身が実行されます。

ここまで魔法にたとえてきましたが、関数定義と関数呼び出しの関係は「料理のレシピ」の例がわかりやすいかもしれません **図11.8**。レシピには料理の作り方が書かれていますが、レシピを用意しただけでは料理は出てきません。調理人（プログラム）に調理をするよう注文する（関数を呼び出す）ことではじめて料理が出てきます（実行される）。

図11.9 に、関数呼び出しを含めたサンプルコードの全体と、プログラムの実行の流れを示します。このコードを実行すると、ピゴニャンは途中でキャンバスから出ていきます。

図中の❶〜❺の矢印を順に追うと、処理の流れがつかめると思います。draw()の中で

myWalk関数が呼び出されると、プログラムの実行が関数定義（関数の本体）に飛びます。そして関数定義の中のコードをすべて実行すると、呼び出し元（draw()の中）に戻ってその続きを実行する……といった感じです。

引数も戻り値もない場合、関数定義の基本的な話はこれで終わりです。

setupとdrawの正体

ところで、関数定義の方法を知ったことで`function setup() { ... }`も関数定義の形になっていることに気づいたでしょうか。drawのほうも、先頭のasync以外は`function draw() { ... }`の形になっています。これらはたしかに関数定義です。

つまり、わたしたちはこれまで、setup関数とdraw関数という2つの関数の本体（定義）をがんばって書いていたということになりま

図11.9 自分で定義した関数を使ったサンプルコードとその実行結果

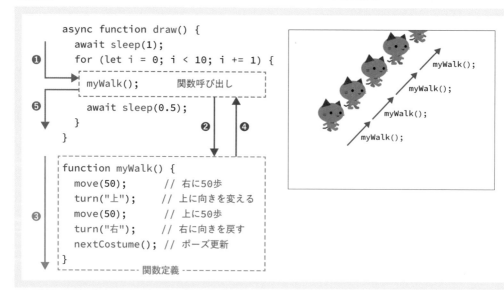

す。しかし、関数は呼び出さないと実行され
ないはずです。この2つの関数はどこから呼
び出されているのでしょうか。

この2つの関数は特別で、p5.jsの実行ボタ
ン［▶］を押したときに、わたしたちからは見
えないところで呼び出されています。setup関
数は最初に一度だけ、draw関数はwhile文の
無限ループのように繰り返し呼び出されます。

ただし、「ピゴニャンのスケッチ」では、draw
関数も一度だけしか呼び出されないようにな
っています。それについてはレッスン14で説
明します。

awaitと関数定義

関数定義の方法がわかったので、みなさん
には自由に関数を作って遊んでもらいたいの
ですが、「ピゴニャンのスケッチ」ではひとつ
だけ注意点があります。

図11.6 に示した関数定義の構文だけでは、関
数定義の中でawaitの付いた関数は呼び出せま
せん。関数定義の中でawait sleep(1);な
どを呼び出そうとすると、「await is only
valid in async functions」（awaitは
async関数の中でしか有効ではありません）と
いったエラーが出ます。

ここからは発展の内容なので、読み飛ばし
てもらってもかまいません。

自分で定義する関数の中でawaitを使う
sleep関数やsayFor関数を使いたいときは、
次のようにすれば可能です。

❶ 自作の関数定義の先頭にasyncを付ける
❷ asyncを付けて定義した関数を呼び出すとき
は、関数呼び出しの先頭にawaitを付ける

コードで示すと、 コード11.1 のようになり
ます。このコードでは、自分で定義した
move50関数の中でawait sleep(0.5);を
呼んでいます。awaitの付いた関数を呼び出
すので、その宣言文 function move50() の
前にasyncを付けます。そして、asyncの付
けられた自作のmove50関数をdraw関数から
呼び出すときにはawaitを付けます。

このルールがわかると、draw関数の宣言
function draw() にasyncが付いている理
由もわかりますね。draw関数の中でsleep関
数やsayFor関数を使いたかったからです。
draw関数の宣言にasyncが付いているおかげ
で、自作関数の await move50() も問題な
くdraw関数（の定義の中）で呼び出すことがで
きます。

コード11.1 awaitの付いた関数の呼び出し

```
async function draw() {
  await sleep(1);
  for (let i = 0; i < 5; i += 1) {
    await move50();        // ルール❷ awaitを付ける
  }
}

/* 関数定義 */
async function move50() { // ルール❶ asyncを付ける
  move(50);
  await sleep(0.5);           // ←awaitの付いた関数を中で呼べる
}
```

関数を作って使ってみる

関数定義の構文はわかりましたが、何を関数にすればいいのか、
定義を書く順番はどうしたらよいのか、自作関数から自作関数を
呼び出すとどうなるのかなど、わからないことがまだありますね。
サンプルコードを見ながらさらに学んでいきましょう。

関数に切り出す

仕事でプログラム開発をするようになると、プログラムを書きはじめる前に「設計する」という段階があり、どのような関数を作るのかそこで決めていきます。でも入門者のあいだは、まずコードをつらつらと書いてから、「ここは関数にしたほうがいいな」と思ったら、そ

の部分を関数定義に書きかえればよいのです。そういった作業を「関数に切り出す」といいます 図11.10 。

習うより慣れろなので、具体例を見ていきましょう。 コード11.2 では、5匹の魚をランダムな位置に配置しています。それと同時に、ピゴニャンにそれが何匹目かしゃべらせています 図11.11 。

図11.10 関数の切り出し

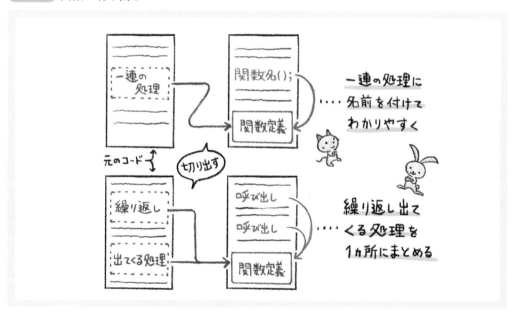

コード11.2 ランダムな位置に魚を配置する

```
async function draw() {
  await sleep(1);

  // 魚を5匹配置する
  for (let i = 0; i < 5; i += 1) {
    let fx = randomInt(0, width);    // 魚のx座標
    let fy = randomInt(0, height);   // 魚のy座標
    putFish(fx, fy, "random");       // ランダムな色を付けて魚を配置する
    await sayFor(i + 1, 0.5);        // 何匹目かをピゴニャンにしゃべらせる
  }
}
```

コード11.3 魚の処理を関数に切り出す

```
/* ランダムな色の魚をランダムに配置する関数 */
function putMyFish() {
  let fx = randomInt(0, width);
  let fy = randomInt(0, height);
  putFish(fx, fy, "random");
}
```

コード11.4 自作関数を呼び出す

```
async function draw() {
  await sleep(1);

  // 魚を5匹配置する
  for (let i = 0; i < 5; i += 1) {
    putMyFish(); // 自作関数の呼び出し
    await sayFor(i + 1, 0.5);
  }
}
```

図11.11 コード 11.2 の実行結果

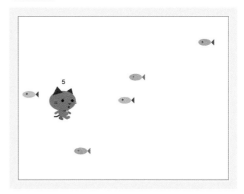

コード11.2 くらい短いコードならこのままでも十分わかりやすいのですが、魚に関する処理とピゴニャンに関する処理が混ざっているのが少し気になります。そこで、魚の座標を決めて配置している3行のコードを関数に切り出しましょう コード11.3 。関数名は「putMyFish」とします。

定義した putMyFish 関数を draw 関数の中から呼び出してみましょう。draw 関数は コード11.2 から コード11.4 のように変わります。for 文の中がすっきりしましたね。関数名が適切につけられていれば、処理の内容も関数名から推測できます。

関数はいくつでも定義できる

魚を配置するだけではつまらないので、先ほどのコードに処理を追加し、ピゴニャンが動いて魚を食べるようにしてみましょう コード11.5 。

少しゲームらしくなるように、ピゴニャンはランダムな方向に 10 回動かします。また、動くたびにピゴニャンの色を変え、残りの移動回数をしゃべらせます。 図11.12 に実行結果を示します。

p5.js の random 関数（randomInt 関数ではない）は、引数に配列を渡すと、その配列から要素をランダムにひとつ選んでくれます（9.3節）。 コード11.5 では、"上" "下" "左" "右"の文字列からひとつ選んで変数 dir に代入し、その方向にピゴニャンを向けています。

図11.12 コード11.5の実行結果

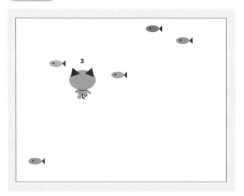

では、ここでも処理の一部を関数に切り出してみましょう **コード11.6** 。ピゴニャンの方向を変えるコードが2行あるのでこれを関数にまとめ、ついでに色を変えるコードも含めて、「randomTurn」という関数名にしましょう。

関数の呼び出し側は **コード11.7** のようになります。ピゴニャンの方向（と色）を変える➡移動する➡しゃべる……という処理がコード1行ずつにな

コード11.5 魚を配置した後でピゴニャンをランダムに動かす

```
async function draw() {
  await sleep(1);

  // 魚を5匹配置する
  for (let i = 0; i < 5; i += 1) {
    putMyFish();
    await sayFor(i + 1, 0.5);
  }

  // 追加 ピゴニャンの色と方向をランダムに変える
  for (let i = 0; i < 10; i += 1) {
    let dir = random(["上", "下", "左", "右"]); // 方向を選択
    turn(dir);                    // 向きを変える
    changeColor("random");        // 色を変える
    move(50);                     // 移動する
    await sayFor(10 - i, 1);      // 残りの移動回数をしゃべる
  }
}

function putMyFish() { ... } // ランダムな色の魚をランダムに配置する関数
```

コード11.6 処理の一部を関数に切り出す

```
/* ピゴニャンの色と方向をランダムに変える関数 */
function randomTurn() {
  let dir = random(["上", "下", "左", "右"]); // 方向を選択
  turn(dir);                                   // 向きを変える
  changeColor("random");                       // 色を変える
}
```

コード11.7 関数の呼び出し側（for文の部分のみ）

```
for (let i = 0; i < 10; i += 1) {
  randomTurn();  ⬅ 定義した関数を呼び出す
  move(50);         // 移動する
  await sayFor(10 - i, 1); // 残りの移動回数をしゃべる
} // ➡うまく魚を食べられたかな……?
```

って少しわかりやすくなったかと思います。

このように、ひとつのプログラムの中に自作の関数はいくつでも定義することができます。

関数定義の順番

さて、先ほどのrandomTurn関数の定義ですが、putMyFish関数の定義の上に置いてみてください。全体のコードは コード11.8 のようになります。関数定義の中身は省略しています。

関数呼び出しと関数定義の順番を見てみると、putMyFish関数のほうが先に呼び出されているのに、関数定義はrandomTurn関数よりも後になっています。これでも問題ありません。「関数定義の順番」と「関数呼び出しの順番」は関係がないからです 図11.13 。

このあとでも見るように、関数はコードのあちこちで呼び出されます。定義した順番でしか呼び出せないとすごく不便になります。

コード11.8 全体のコード

```
async function draw() {
  await sleep(1);

  // 魚を5匹配置する
  for (let i = 0; i < 5; i += 1) {
    putMyFish();  // 定義場所が「下」
    await sayFor(i + 1, 0.5);
  }

  // うまく魚が食べられるかな……?
  for (let i = 1; i < 10; i += 1) {
    randomTurn();  // 定義場所が「上」
    move(50);
    await sayFor(10 - i, 1);
  }
}

/* ピゴニャンの色と方向をランダムに変える関数 */
function randomTurn() { …… }

/* ランダムな色の魚をランダムに配置する関数 */
function putMyFish() { …… }
```

自作関数の中から自作関数を呼ぶ

さて、 コード11.8 のプログラムを実行してみるとわかりますが、なかなかピゴニャンが魚までたどり着けません。ちょっと残念なので、ピゴニャンが方向を変えるたびに魚を1匹ずつ追加してチャンスを増やしたいと思います。

コード11.9 のように draw 関数の中からputMyFish 関数を呼んでもいいのですが、ここでは勉強のために、自作のrandomTurn関数の中からputMyFish 関数を呼び出してみましょう。自作関数の中から自作関数を呼び出す場合も、いつもどおりの関数呼び出しの記法でOKです コード11.10 。

関数呼び出しの流れは 図11.14 のようになります。自作関数から自作関数を呼び出すようになると、このように関数定義のあいだを「プログラムの実行」がぴょんぴょんと飛び移っていきます。関数が呼び出されて関数本体が実行されたあと、処理が「関数の呼び出し元」に戻っていく流れを頭の中で想像して追っ

図11.13 定義順と呼び出し順は無関係

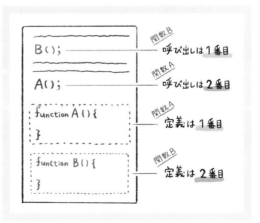

てみてください。

　なお、自作関数から自作関数を呼び出すときは、**お互いに呼び出し合わないように気を**つけてください。2つの関数のあいだで永遠に呼び出しあってプログラムが固まってしまいます。

コード11.9 draw関数の中からputMyFish関数を呼んでもいいが……

```
// うまく魚が食べられるかな……？
for (let i = 1; i < 10; i += 1) {
  randomTurn();   // 方向を変える
  putMyFish();    // 追加 魚を1匹増やす（ここで呼んでもいいけど……）
  move(50);
  await sayFor(10 - i, 1);
}
```

コード11.10 自作関数（randomTurn）の中から自作関数（putMyFish）を呼び出す

```
/* ピゴニャンの色と方向をランダムに変える関数 */
function randomTurn() {
  let dir = random(["上", "下", "左", "右"]);
  turn(dir);
  changeColor("random");

  putMyFish(); // 追加 自作関数の中から自作関数を呼び出す
}
```

図11.14 自作関数から自作関数を呼び出す

```
async function draw() {
  await sleep(1);

  // 魚を 5 匹配置する
  for (let i = 0; i < 5; i += 1) {
    putMyFish();
    await sayFor(i + 1, 0.5);
  }

  // うまく魚が食べられるかな……？
  for (let i = 1; i < 10; i += 1) {
    randomTurn();
    move(50);
    await sayFor(10 - i, 1);
  }
}
```

```
/* ランダムな色の魚をランダムに配置する関数 */
function putMyFish() {
  let fx = randomInt(0, width);
  let fy = randomInt(0, height);
  putFish(fx, fy, "random");
}
```

```
/* ピゴニャンの色と方向をランダムに変える関数 */
function randomTurn() {
  let dir = random(["上","下","左","右"]);
  turn(dir);
  changeColor("random");

  putMyFish();
}
```

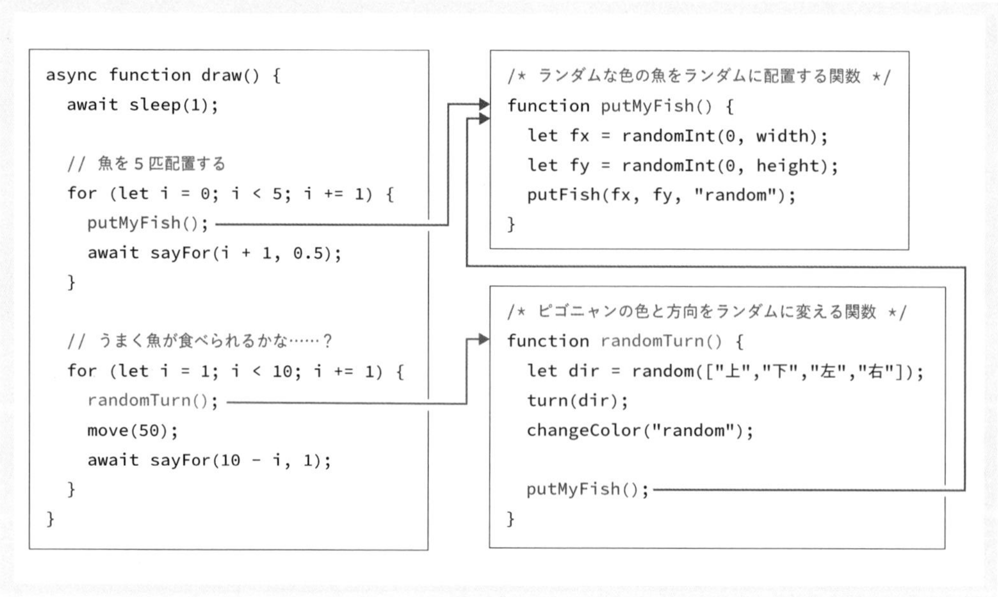

イベントで呼び出される 関数の定義

マウスやキーが押されたら呼び出される関数を『イベントハンドラー』と
いいます。JavaScriptでは、イベントハンドラーを自分で定義すること
ができます。やや発展の内容ですが大事なので見ておきましょう。

イベントハンドラー

p5.jsに最初から用意されている関数の中に
は、プログラム実行時に呼び出されるsetup
関数やdraw関数など、プログラマーがコード
から呼び出さない特別な関数がいくつかあり
ます。マウスやキーボードからの入力に反応
して呼び出される関数もその仲間です。

このように、何らかのイベントをきっかけとし
て呼び出される関数のことを、JavaScriptでは『**イ
ベントハンドラー**』あるいは『**イベントリスナー**』
といいます 図11.15。この本では、用語に慣れる
ために「イベントハンドラー」という言葉を使って
いきますが、頭の中で「関数」と読みかえてもか
まいません。

Scratchのイベントハンドラーは、頭の
丸いイベントブロックとしておなじみで
すね 図11.16。イベントブロックは先頭に
置くためのブロックで，指定されたイベ
ントが起こったら、そこから下に並んだ
ブロックが実行されていきます。

このように、イベントハンドラーを並べ
る形でコーディングしていくプログラミン
グを『**イベント駆動型プログラミング**』とい
います。大げさな名前が付いていますが、

図11.16 Scratchのイベントブロック

図11.15 イベントハンドラー

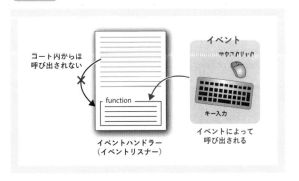

Scratch も p5.js もそうですし、ゲームもアプリもユーザーからの入力や時刻などをきっかけに動作するのでイベント駆動型です。

　イベント駆動型ではないものは、たとえば、データを入力したあとは処理結果の出力を待つだけのプログラムなどです。Python で統計データを処理するようなプログラムはそれにあたります。

てしまうからです。何度もクリックできるようにしたければ、無限ループをさらに無限ループで囲んだ二重ループにする必要があります。

　もうひとつ、二重ループを使わない方法があります。先ほど紹介したイベントハンドラーを使います。ここでは、マウスクリックに反応して呼び出されるイベントハンドラー（関数）の中身を自分で定義して使ってみましょう。

入力イベントに反応する プログラム

　さて、マウスやキーの入力に反応するコードはレッスン 7 でも学びました（7.3 節）。システム変数の mouseIsPressed や keyIsPressed、
（マウスイズプレスト）（キーイズプレスト）
key（キー） などを使うのでしたね。while 文の無限ループと break 文を使ったサンプルプログラムを コード11.11 に示します。

　好きなタイミングでキャンバスをクリックすると、ピゴニャンの色が変わり、歩くのを止めます 図11.17。ただし、ループ 1 周ごとに0.5 秒間プログラムが止まるので、心持ち長めにマウスボタンを押してください。

　さて、このコードではマウスボタンを 1 回押したらおしまいです。break 文でループを抜け

マウスクリックに反応する イベントハンドラー

　p5.js で用意されているイベントハンドラーはそれぞれ名前が決められています。マウス

図11.17 **コード 11.11 の実行結果**

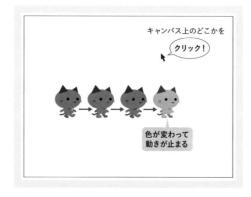

コード11.11 **while 文を使った入力イベント（マウスクリック）に反応するプログラム**

```
async function draw() {
  await sleep(1);

  while (true) {
    move(15);    // 何もなければずっと歩き続ける
    await sleep(0.5);

    /* もしマウスボタンが押されたら…… */
    if (mouseIsPressed == true) {
      changeColor("random"); // 色をランダムに変更
      break;                 // ループから抜ける
    }
  }
}
```

クリックで呼び出されるイベントハンドラーの名前はmousePressedです。システム変数のmouseIsPressedに名前がそっくり（Isがあるかないかだけ）なので、間違わないよう気をつけてください。間違ってもエラーにはならず、ただ動きません。

先ほどの コード11.11 をイベントハンドラーを使って書きかえてみましょう 図11.18 。while文の中に書かれていたif文の中身をmousePressedという名前の関数定義の中に移動するだけです。break文は不要になります。

イベントハンドラーに置きかえると、draw関数の中にはピゴニャンが歩き続けるコードだけが残ります。mousePressed関数の呼び

図11.18 コード11.11をイベントハンドラーを使って書きかえる

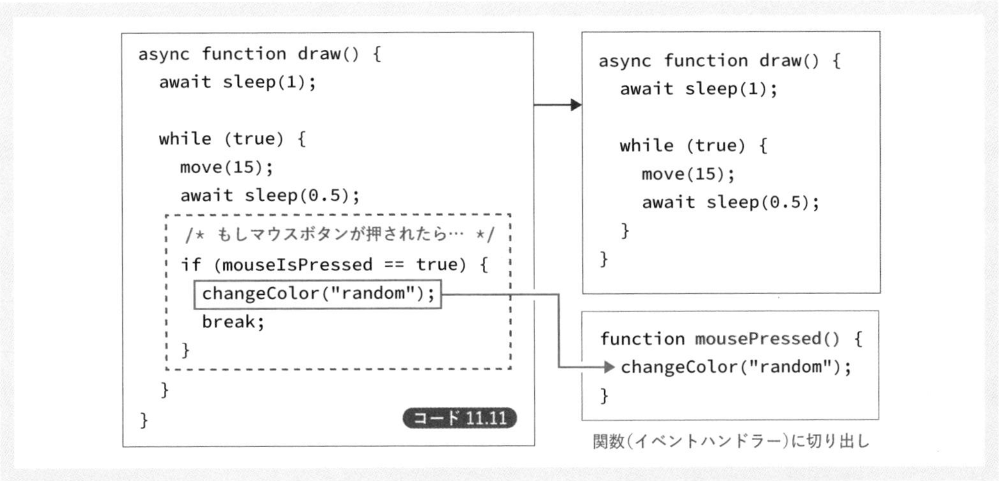

```
async function draw() {
  await sleep(1);

  while (true) {
    move(15);
    await sleep(0.5);

    /* もしマウスボタンが押されたら… */
    if (mouseIsPressed == true) {
      changeColor("random");
      break;
    }
  }
}
                              コード 11.11
```

```
async function draw() {
  await sleep(1);

  while (true) {
    move(15);
    await sleep(0.5);
  }
}
```

```
function mousePressed() {
  changeColor("random");
}
```

関数(イベントハンドラー)に切り出し

図11.19 マウスクリックでネコの色を変える比較コード

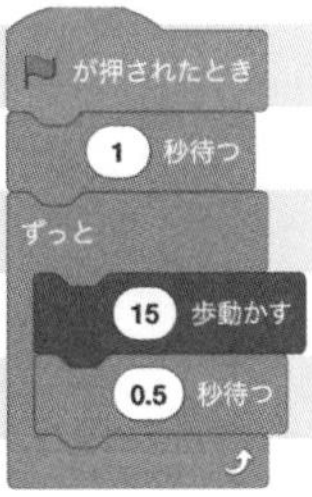

```
async function draw() {
  await sleep(1);
  while (true) {
    move(15);
    await sleep(0.5);
  }
}
```

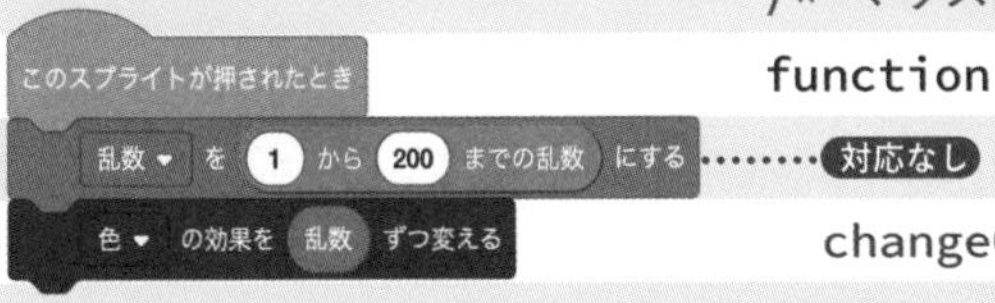

```
/* マウスがクリックされたら呼び出される */
function mousePressed() {

  changeColor("random");
}
```

対応なし

217

出しも書かれていません。setup関数やdraw関数と同じように、mousePressed関数は「マウスクリックされたとき」にプログラムが自動で呼び出してくれるからです。

Scratchとの比較コードを 図11.19 に示します。ただし、Scratchのほうはネコをクリックする必要があります。p5.jsのほうはキャンバス上のどこをクリックしてもかまいません。

ちなみに、イベントハンドラーを使う場合、「心持ち長めにクリックする」というコツが必要なくなります。マウスクリックを判定する部分が、毎周0.5秒ずつsleep関数で停止するwhile文の外（正確にはdraw関数の外）に出たからです。

mousePressed関数は、マウスのどのボタンを押しても呼び出されます。左クリックだけ、あるいは右クリックだけに反応させたい場合は、システム変数mouseButtonを使用します コード11.12。システム変数mouseButtonには、左クリックのときは"left"、右クリックのときは"right"

という値が入るので、if文で条件分岐します。

なお、ブラウザー上で右クリックすると右クリックメニューが表示されてしまいます。その対処方法については本レッスンの最後のコラムを読んでみてください。

キー入力に反応する関数の定義

キー入力で呼び出されるイベントハンドラーも見ておきましょう。 space キーでピゴニャンの色をランダムに変えるプログラムを作ります。

キー入力に反応するイベントハンドラーはいくつかあるのですが、ここではkeyPressed
キープレスト
関数を使います。こちらもシステム変数keyIsPressedと名前がそっくりなので注意してください。使い方はmousePressed関数と同じです コード11.13。

keyPressed関数は「何かしらキーが押された」ことしかわからないので、特定のキーが押され

コード11.12 マウスボタンを区別する

```
function mousePressed() {
  if (mouseButton == "left") { // 左クリックのときだけ
    changeColor("random");
  }
}
```

コード11.13 キー入力でピゴニャンの色を変える

```
/* 何かしらキーが押されたら呼び出される */
function keyPressed() {
  changeColor("random"); // ピゴニャンの色を変える
}
```

コード11.14 入力されたキーを区別する

```
/* 何かしらキーが押されたら呼び出される */
function keyPressed() {
  if (key == " ") {        // もし、 space キーが押されたら……
    changeColor("random"); // ピゴニャンの色を変える
  }
}
```

表11.2 入力に関するイベントハンドラー

イベントハンドラー	イベント	追加説明
keyPressed	キーが押されたとき	特殊キーも使いたいとき
keyTyped	通常キーが押されたとき	通常キーが押されたときのみ反応する
mousePressed	マウスボタンが押されたとき	マウスボタンを押した瞬間に実行される
doubleClicked	ダブルクリックされたとき	1回クリックより安定して取得できる
mouseWheel	マウスホイールが使われたとき	引数で回転量を受け取ることができる

表11.3 入力に関するシステム変数

システム変数	意味	データ型（具体的な値）
keyIsPressed	キーが押されたかかどうか	真偽値（trueまたはfalse）
key	押されたキーの文字（名前）	文字列
mouseIsPressed	マウスボタンが押されたかどうか	真偽値（trueまたはfalse）
mouseButton	押されたマウスボタンの名前	文字列（"left"または"right"）
mouseX	マウスポインターのx座標	数値
movedX	マウスポインターのx方向の移動量	数値

たときにだけ実行したいときには、システム変数のkeyを使ってキーの内容を判別します。

では、 space キーでピゴニャンの色を変える部分を書き加えてみましょう コード11.14 。 space キーは「空白文字」なので、keyと" "を比較することで「 space キーが押された」ことがわかります。if (key == " ")の2つの"のあいだに半角スペースが入っています。

p5.jsの入力イベント ハンドラーの一覧

p5.jsには、入力に関するイベントハンドラーがmousePressedやkeyPressed以外にもたくさん用意されています。その中から使いやすいものを 表11.2 にまとめておきます。

これらのほかにも、キーやマウスボタンを離したときだけ反応するものや、ディスプレイへ

表11.4 特殊キーの名前（文字列）

キー	名前
↑（上矢印）	"ArrowUp"
↓（下矢印）	"ArrowDown"
←（左矢印）	"ArrowLeft"
→（右矢印）	"ArrowRight"
Enter（Enter）	"Enter"
Tab（Tab）	"Tab"
Shift（Shift）	"Shift"

のタッチ、スマホの傾きが取れるものなどがあります。

また、入力イベントに関連するシステム変数を 表11.3 に、矢印などの特殊キーの名前を 表11.4 に、それぞれ代表的なものだけまとめておきます。なお、mouseXやmovedXについてはYもあります。

イベントオブジェクト

この内容は、次のレッスン12で学ぶ「引数ありの関数定義」の話になりますが、イベントハンドラーに関連する知識なので、ここにまとめて書いておきます。はじめて読むときは、まずレッスン12を読んでから戻ってください。

mouseWheel関数は（p5.jsの中では）少し特別なイベントハンドラーで、マウスホイールの回転量をその引数に受け取ることができます。このようにしてイベントハンドラーが受け取る引数のことをJavaScriptでは「イベントオブジェクト」といいます 図11.20 。

引数の名前は自由に付けてよいのですが、イベントオブジェクトであることを示すために、「event」「ev」「e」などがよく使われます コード11.15 。

miniColumn
みちくさ

本当に横道ですが、delta（デルタ）はギリシア語のΔで、数学や物理学では差分値（変化した量）に使われる記号です。マウスホイールの回転量のように、変化する量を表す変数名としてよく使われます。同様に、角度にはtheta（θ）（シータ）というギリシャ語がよく使われます。

コード11.15 を実行してイベントオブジェクトの中身を確認してもらうとわかりますが、イベントオブジェクトは、イベントに関する多くの情報をそのプロパティに持っています。mouseWheel関数の場合、そのひとつがマウスホイールの回転量で、delta（デルタ）プロパティがその値を持っています。

先ほどまでのコードに コード11.16 のコードを追加して、マウスホイールをゆっくり回転させてみてください。ピゴニャンが上下に動きます。現在のy座標に「ホイールの回転量（の10分の1）」を足し合わせた位置にピゴニャンを移動させているからです。

図11.20 イベントオブジェクト

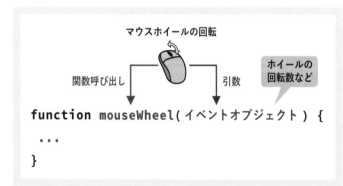

コード11.15 イベントオブジェクトの中身を確認する

```
function mouseWheel(event) {  // 引数名は何でもよい（ここでは「event」としている）
  print(event);  // イベントオブジェクトの中身を確認
}
```

コード11.16 マウスホイールの回転に合わせてピゴニャンが動く

```
function mouseWheel(event) {
  print(event.delta); // deltaプロパティの値をコンソールで確認
  setY(getY() + event.delta / 10); // 回転量を現在のy座標に加えて移動
}
```

11.5
まとめ

レッスン11では、基本的な関数定義の構文とイベントハンドラーについて学びました。

関数定義　『関数定義』については、まず、「引数なし・戻り値なし」の最もシンプルな構文を学びました。引数も戻り値もない関数定義は、一連の処理（コード）をひとつにまとめて名前を付けておくために使われます。関数にうまく名前を付けてコードをまとめておけば、全体のプログラムがすっきりと読み取りやすくなります。

関数定義のルール　入門者が押さえておくべき関数定義のルールとして、「関数は定義しても呼び出さなければ実行されないこと」と、「関数定義の順番と関数呼び出しの順番は関係がないこと」を説明しました。また、自分の書いたコードからどのようにして関数に切り出す部分を決めていくか、その流れをサンプルコードを使いながら見ていきました。

setup と draw の正体　関数の定義（宣言）は、キーワードfunctionからはじまります。これまでのスケッチにもずっとあったsetupやdrawにはfunctionが付いていますが、これらは関数定義そのものです。つまり、p5.jsのプログラミングとは、setup関数とdraw関数を定義すること……といえます。ただし、これら2つの関数は特別で、関数呼び出しをする必要がありません。p5.jsの実行ボタンが押されると自動的に呼び出されます。

イベントハンドラー　マウスクリックなどのイベントが起こったときに自動的に呼び出される関数を『イベントハンドラー』といいます。setup関数やdraw関数もイベントハンドラーの仲間です。マウスクリックやキー入力など、さまざまなイベントに対してイベントハンドラーを定義していくのがp5.jsのプログラミングスタイルです。このスタイルはScratchも同じで、『イベント駆動型プログラミング』と呼ばれます。

関数定義の話は、この先のレッスン12（引数あり）、レッスン13（戻り値あり）と続きます。それぞれ、12.1節と13.1節が関数定義の解説となっており、それ以降はそれらに関連する話題となっています。

miniColumn
みちくさ

レッスン7で学んだwhile文による入力イベントの待ち受けは、「ピゴニャンのスケッチ」でしか使えないと述べました。それに対して、本レッスンで学んだイベントハンドラー（mousePressed関数など）は本来のp5.jsでも使えます。

繰り返しを有効にしたdraw関数（レッスン14で解説）の中で if (mouseIsPressed == true) などとして入力イベントを待つという方法もあるのですが、基本的にはイベントハンドラーを使うのがよいでしょう。

Column JavaScriptとイベントハンドラー

レッスン11では「p5.jsのイベントハンドラー」を紹介しましたが、JavaScript自体もイベント駆動型プログラミングを前提としたプログラミング言語なので、豊富なイベントハンドラーが用意されています。

JavaScriptではイベントハンドラーのことを『イベントリスナー』ということが多いので、以下ではJavaScriptのイベントハンドラーを「イベントリスナー」と呼びます。“listener(リスナー)”は「聴き手」という意味で、ラジオやポッドキャストを聴いている人にはおなじみの「リスナー」です。イベントがいつ起こるかと聞き耳を立てているイメージですね。

p5.jsのmousePressed関数を使わず、JavaScriptでマウスクリックに反応するプログラムを記述すると コードC11.a のようになります。このコードを、「ピゴニャンのスケッチ」でもp5.jsの「新しいスケッチ」でもかまいませんので、スケッチの一番最後に追加してください。p5.jsも中身はJavaScriptなので、このコードもそのままp5.jsで動きます。

このサンプルコードではnowClicked(ナウクリックト)という関数を定義していますが、p5.jsのmousePressed関数などとは違い、関数名は自由に決めてかまいません。こうして好きな名前で定義した関数を、document.addEventListener(ドキュメント アッドイベントリスナー)メソッドを使って“イベントリスナー”として登録します。メソッド名が長いので、以降では「document.」の部分は省きます。

addEventListenerメソッドの構文は 図C11.a のとおりです。

まず、第2引数の「関数名」のほうに注目してほしいのですが、ここは「関数呼び出し」ではなく、「関数名」を指定します。つまり、末尾に()を付けません。addEventListenerメソッドに渡したいものは、関数の実行結果(戻り値)ではなく、“関数定義”そのものだからです。

こうして関数定義がaddEventListenerメソッドの引数に指定されると、この関数は“イベントリスナー”となります。このように、関数の引数に「関数定義」だけが渡され、あとから(たとえばクリックなどで)呼び出される関数のことを『**コールバック関数**』ともいいます。“callback(コールバック)”は「折り返し電話する」という意味で、addEventListenerメソッドは「あとで電話してね」と留守電を入れておくようなものです。

addEventListenerメソッドの第1引数は「イベント名」です。今回のサンプルコードでは**"click"**という文字列を指定していますが、これは「マウスクリック」を意味します。この他に

コードC11.a マウスクリックに反応するJavaScriptのプログラム

```
// ❶クリックされたときに呼び出される関数を定義
function nowClicked() {
  print("いまクリックされたと思う！");
}

// ❷定義した関数をクリックに対するイベントリスナーとして登録
document.addEventListener("click", nowClicked);
```

図C11.a

構文 addEventListenerメソッド

```
document.addEventListener("イベント名", 関数名);
```

も"dblclick"など、p5.jsのイベントハンドラーよりも多くのイベントが用意されています。

ところで、このレッスンの コード11.12 などでp5.jsのmousePressed関数を定義したときに、マウスの「右ボタン」を使おうとした人はいるでしょうか。 コードC11.b のようなコードでマウスの右ボタンに対する処理を書くことができます。

このプログラムを実行して右クリックすると、ちゃんと反応はするものの、ブラウザーの右クリックメニューが表示されてしまいます。これは、右クリックに対する既定動作(はじめから決められた動作)として、メニューを表示する処理がブラウザーに登録されているからです。

addEventListenerメソッドを使えば、この右クリックメニューを無効にすることもできます。 コードC11.c のコードを先ほどの コードC11.a と置きかえてみてください。キャンバスを右クリックしてもメニューが表示されなくなります。

ここでaddEventListenerメソッドの第1引数に指定されているイベント "contextmenu" は右クリックメニューのことです。イベントリスナーとして登録したpreventMenu関数の引数(イベントオブジェクト)evには、そのイベントに設定されている既定動作を止めるメソッドもあります。それがpreventDefaultメソッドです。"prevent"は「遮る」(止める)、"default"はここでは「既定の動作」という意味合いです。

この「右クリックメニューを出さないようにする」コードはp5.jsに関わらずよく使われるのですが、たった1行のために関数定義すると読みにくいので、 コードC11.d のように『アロー関数』で直接イベントリスナーの定義を指定するのが一般的です。アロー関数についてはレッスン13(13.2節)で学びます。

コードC11.b マウスの右ボタンに対する処理

```
function mousePressed() {
  if (mouseButton == "right") {
    say("右クリック！");
  } else if (mouseButton == "left") {
    say("左クリック！");
  }
}
```

コードC11.c 右クリックメニューを無効にする

```
// イベントリスナーの定義（右クリックメニューを止める）
function preventMenu(ev) {
  ev.preventDefault();
}

// イベントリスナーとして登録
document.addEventListener("contextmenu", preventMenu);
```

コードC11.d アロー関数を使ったイベントリスナーの登録

```
document.addEventListener("contextmenu", (ev) => ev.preventDefault());
```

223

12

引数ありの
関数定義

魔法を自在に操ろう

　レッスン12では、まず「引数あり」の関数定義について学びます。
　同じ関数を呼び出しても、指定する引数によってその振る舞いは
変わります。これまで使ってきた関数に「引数なし」がほとんどなか
ったことからもわかるとおり、関数は引数とセットになってはじめ
て力を発揮します。自分で定義する関数も、引数で自由に制御でき
るようにしてみましょう。うまく設計すれば、他のプログラムでも
使い回せる関数を作ることができます。

　そして、関数定義で引数を使いこなすために、ぜひ頭に入れてお
きたいのが変数の有効範囲、『**スコープ**』の考え方です。draw関数と
自作関数の中で同じ名前の変数を宣言できるのはなぜか、if文やfor
文の { } の中で宣言した変数が { } の外では使えないのはなぜか、
このレッスンにて説明します。スコープをきちんと理解することで、
ミスの入りこみにくいコーディングができます。

　さらに、すべての関数やブロックの中まで有効範囲となる『**グロー
バル変数**』を正しく使うことで、p5.jsのsetup関数やイベントハン
ドラーをより効果的に使えるようになります。

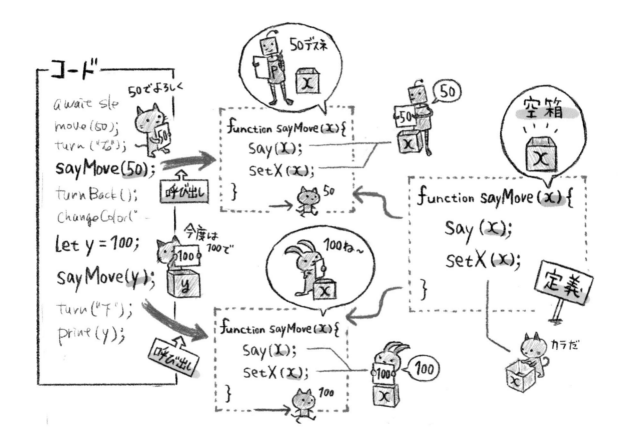

12.1 引数ありの関数を定義する

自作の関数で引数が使えるようになれば、関数定義はひとつでも、
与える引数によって振る舞いを自由に制御できるようになります。
関数定義の中で、引数は普通の変数と同じように使えますが、
初期値だけはその関数呼び出しのときに決められます。

自作関数に引数を渡す

前回のレッスン11の最初に定義した myWalk関数（**図11.7** の右側）は、右上に50歩ずつ移動するものでした。**コード12.1** に **図11.7** と同じコードを示します。

コード12.1 （再掲）引数なしのmyWalk関数

`ビゴニャンを斜めに歩かせる関数`

```
function myWalk() {
    move(50);        // 右に50歩
    turn("上");      // 上に向きを変える
    move(50);        // 上に50歩
    turn("右");      // 右に向きを戻す
    nextCostume();   // 次のポーズにする
}
```

ここでもし、30歩ずつ移動していく関数もほしければ、myWalk30という名前で新たに関数を定義する必要があるでしょうか。さらに、右上だけではなく右下にも移動させたいとしたら、myWalk30Down関数も必要……？

そんなことはないはずですね。move関数もturn関数も、歩数や方向は「引数」で与えることができます。それは自分で定義する関数でも同じです **図12.1** 。

つまり、myWalk関数も次のように引数を渡して呼び出せるように定義できるはずです。

`myWalk(30, "下"); // 30歩ずつ、右下に移動`

そのためには、関数呼び出しのときに渡さ

図12.1 全パターンの関数が必要……ではない

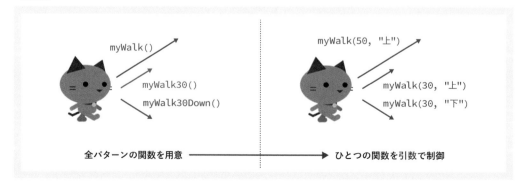

全パターンの関数を用意 → ひとつの関数を引数で制御

れた引数を関数定義で受け取り、コード12.2 のように変数に渡す必要があります。

コード12.2 引数の受け渡し（イメージ）

```
function myWalk() {
  let step = 引数として受け取った「歩数」;
  let dir  = 引数として受け取った「方向」;
  move(step);
  turn(dir);
  move(step);
  turn("右");
  nextCostume();
}
```

　実際にはこの コード12.2 のように書くことはできませんが、このようにして、「引数として受け取った値」を変数として関数定義内で使えるようにするのが、引数ありの関数定義の目的です。

Scratchの引数ありの ブロック定義

　まずはScratchの引数から見ていきましょう。前回のレッスン11で定義した［myWalk］ブロックに引数を追加してみます。Scratchも試している人は、ブロック定義ペインの［myWalk］ブロックを右クリックし、［編集］を選んでください。

　表示された［ブロックを作る］ダイアログにある「引数を追加」ボタンを押します 図12.2 。今回は、一番左の「数値またはテキスト」を選びます。その下にあるブロックの図のところで引数の名前が付けられるので「step」とします。

　そうすると、［定義myWalk］ブロックのほうに、［step］という変数とよく似た丸ブロックが追加されます 図12.3 。これがScratchの引数ブロックです。引数ブロックは、定義ブロックの中で変数ブロックのようにして使えます。

図12.2 Scratchの引数ありブロック定義

図12.3 Scratchで引数ありブロックを使う

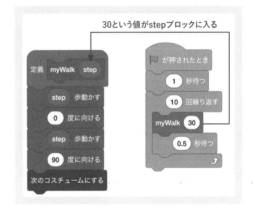

　ただし、変数ブロックと違って、値を設定するための［stepを◯にする］ブロックが現れません。この［step］ブロックに値を設定する方法はひとつだけで、［myWalk］ブロックに新しく現れた"穴"を使います。この穴に値や変数ブロックを入れると、［定義myWalk］ブロックの中の「step」ブロックに値が設定されます。ScratchとJavaScriptで共通しているのは次の2点です。これを心にとめておいてください。

● 引数は定義の中でしか使えない

● 引数に値を設定できるのは、自作したブロック（関数）を使用する（呼び出す）ときだけ

JavaScriptの 引数ありの関数定義

JavaScriptにおける引数ありの関数定義の構文を 図12.4 に示します。引数なしの構文との違いは、関数名の後ろの ( ) の中に引数名が追加されたことだけです。引数は「,」(カンマ)で区切って複数指定できます。

引数ありの関数定義で難しいのは、構文ではなく、「引数」という概念(考え方)の理解です。それを助けるために、ここでも"箱"のたとえで説明しておきましょう。

「引数」とは、名前だけ付けられた"空箱"のようなものです 図12.5 。関数定義の中には"空箱"だけがコードの中に配置されていて、値は入っていません。まずはこのイメージを頭に入れてください。

そして、その関数が別の場所から呼び出されたときにはじめて、空箱に値が入ってきます。関数の実行が終わるとまた空箱に戻るので、呼び出されるたびに空箱に入る値は変わります。

関数が呼び出されて空箱に値が入ると、あとは変数とまったく同じ"箱"として関数定義

の中では使われます。引数の名前の付け方も変数と同じルールにしたがいます(4.2節)。

引数を追加する

それでは、 コード12.1 の myWalk 関数の定義に引数 step を追加しましょう。 コード12.3 の左側のように、関数宣言の ( ) の中に「step」と書くだけです。これで関数定義の中では普通の変数のように使えます。ここでは、中で呼び出している move 関数の引数を step に置きかえています。

myWalk 関数の呼び出しのほうは コード12.3

図12.5 仮引数は空箱のイメージ

図12.4 **構文** 関数定義(引数あり、戻り値なし)

```
function 関数名(引数名, 引数名, ...) {
    この関数が呼び出されたときに実行したいコード ← これらの引数を
                                              変数として使うことができる
}
```

例

```
/* 関数定義 */
function moveDown(step) {
    turn("下");
    move(step);
}
```

...... 呼び出し ......

```
// 関数呼び出し
async function draw() {
    await sleep(1);
    moveDown(100);
}
```

の右側のようになります。こちらの書き方は、move関数など、これまでの関数呼び出しと同じですね。ここでは30歩ずつ移動するようにしています。

Scratchのブロックと並べたものを **図12.6** に示します。myWalk関数の引数stepの初期値は、draw関数の中で`myWalk(30);`と呼び出されたときに30と決まります。関数呼び出しの引数と関数定義の引数のあいだで、値がまさに"渡さ

れている"ように見えますね。

なお、引数ありの関数定義を学ぶと、関数定義にも「引数」、関数呼び出しにも「引数」が出てきてややこしくなります。これらを呼び分けたいときは、関数定義の中にある引数を『仮引数』、関数呼び出しで指定する引数を『実引数』といいます **図12.7**。英語ではそれぞれ parameter（仮引数）と argument（実引数）といって明確に異なるのですが、日本語のほうは「仮」

コード12.3 myWalk関数の定義に引数を追加する

関数定義
```
function myWalk(step) {
  move(step);
  turn("上");
  move(step);
  turn("右");
  nextCostume();
}
```

関数呼び出し
```
async function draw() {
  await sleep(1);

  for (let i = 0; i < 10; i += 1) {
    myWalk(30); // 引数付きで関数呼び出し
    await sleep(1);
  }
}
```

図12.6 引数ありの関数定義の比較コード

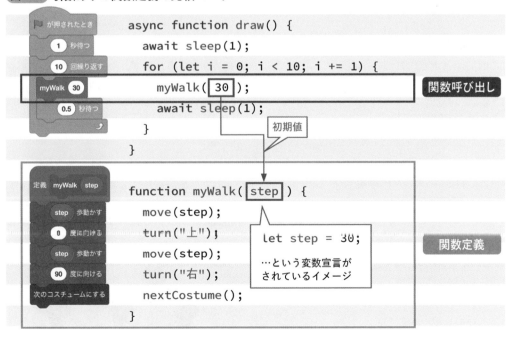

と「実」だけの違いです。でも、関数定義のほうの引数は"空箱"だというイメージを持っていれば、いかにも「仮」という感じがしますよね。

図12.7 仮引数と実引数

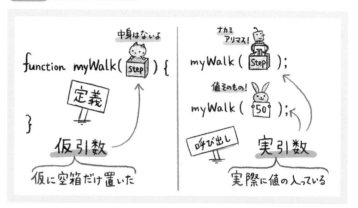

引数を増やす

引数をもうひとつ増やして、ピゴニャンが右上に進むか右下に進むかを第2引数で決められるようにしましょう。 コード12.4 のように、関数定義にdirという仮引数を追加してください。「,」(カンマ)をはさんで並べるだけです。

myWalk関数を呼び出すときに第2引数で"下"を指定すると、ピゴニャンが右下に進むようになります。 コード12.5 では、剰余（じょうよ）演算子を使って上下に交互に進むようにしてみました 図12.8 。歩数は75に増やしています。

コード12.4 仮引数を追加して引数を増やす

```
function myWalk(step, dir) {
  move(step); // 第1引数で歩数を指定
  turn(dir);  // 第2引数で回転方向を指定
  move(step);
  turn("右");
  nextCostume();
}
```

コード12.5 上下交互に進ませる

```
async function draw() {
  await sleep(1);

  for (let i = 0; i < 10; i += 1) {
    if (i % 2 == 0) {
      myWalk(75, "上"); // 偶数回目
    } else {
      myWalk(75, "下"); // 奇数回目
    }
    await sleep(0.5);
  }
}
```

配列やオブジェクトの引数

配列やオブジェクトを引数にするときも基本は同じです。関数定義側で仮引数として受け取ったあとは、「 引数名 [インデックス]」や「 引数名 . プロパティ名 」などの記法で、普通の配列やオブジェクトとして使うことができます。

たとえば、myWalk関数の第1引数を配列にして、x方向とy方向の歩数に違う値を指定してみましょう。まず、関数呼び出しの実引数を次のように書きかえてみます。

```
myWalk([50, 30], "上");
```
⬆ [x方向の歩数, y方向の歩数]

関数定義の ( ) の中は変更する必要はありません。仮引数stepを使用するときに配列と

図12.8 コード12.4〜コード12.5の実行結果

して扱えばよいだけです。以下のように関数定義のコードを書きかえて実行すると、ピゴニャンが斜め30°くらいで進むようになります。

```
function myWalk(step, dir) {
  move(step[0]); // ただの配列として扱う
  turn(dir);
  move(step[1]);
  turn("右");
  nextCostume();
}
```

ただ、この例の場合は、次のようにオブジェクトを使うほうがより自然ですね。

```
myWalk({ x: 50, y: 30 }, "上");
```

```
function myWalk(step, dir) {
  move(step.x);
  turn(dir);
  move(step.y);
  turn("右");
  nextCostume();
}
```

図12.9 に、配列やオブジェクトが実引数から仮引数に渡されるときのイメージを示します。もちろん、配列やオブジェクトを変数に代入してから実引数に指定してもかまいません。ただしその場合は、関数定義の中でその配列やオブジェクトの要素を書きかえると、呼び出し元にある本体の要素も書きかえられてしまうので注意してください。

これは実例を見たほうがわかりやすいでしょう コード12.6 。その理由は発展の内容になりますが、知りたい人はレッスン9の最後のコラムを読んでみてください。

miniColumn
ステップアップ

配列やオブジェクトの入った変数を引数として渡すと関数定義の中で書きかえられてしまうという話は、他のプログラミング言語（C言語など）では「値渡しと参照渡し」などと呼ばれます。JavaScriptの場合、引数が実際は「何渡し」であるのか、上級者のあいだでも認識が異なっています（JavaScriptの実行環境がどのように実装されているかに依存するようです）。

もしJavaScriptの「値渡しと参照渡し」の話がどこかで出てきたら、不正確ではありますが、オブジェクト型（配列含む）の変数を渡すときには「参照渡し」、それ以外のときは「値渡し」に対応すると頭の片隅に置いておいてください。

図12.9 配列やオブジェクトを引数として渡す

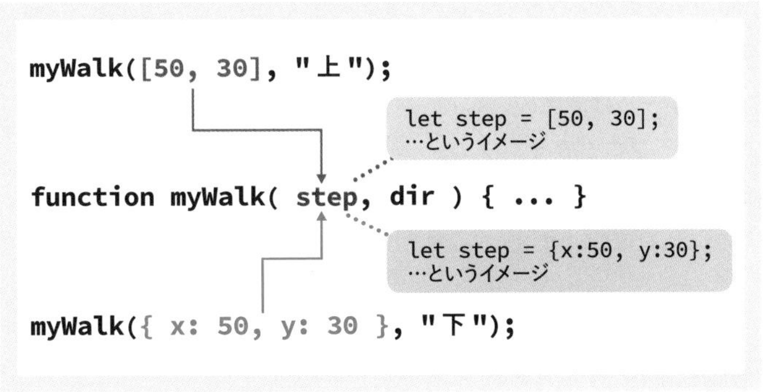

```
myWalk([50, 30], "上");

                                    let step = [50, 30];
                                    …というイメージ

function myWalk( step, dir ) { ... }

                                    let step = {x:50, y:30};
                                    …というイメージ

myWalk({ x: 50, y: 30 }, "下");
```

コード12.6 配列を変数に入れてから引数にするときの注意点

関数定義
```
function changeList(nums) {
  nums[0] = "A"; // 配列numsの要素を書きかえる
}
```

呼び出し側
```
let list = [0, 1, 2]; // 配列を変数に入れる
changeList(list); // 関数呼び出し
print(list); // ➡["A", 1, 2]  （配列listの中身も変わる）
```

同じ名前の実引数と仮引数

実引数と仮引数で混乱しがちなのは、それらの名前を同じにしたときです。**コード12.7**を見てください。draw関数とmyMove関数の両方でstepという同じ名前の変数と引数を使っていますが、エラーにはなりません。

入門者のうちは、このようなコードを見たときに、draw関数の中のstepとmyMove関数の中のstepが同一の変数だと勘違いすることがあります。しかし、名前は同じでも、これらの変数と引数はまったく別のものです **図12.10**。

なお、これは変数と引数のあいだの話だけではありません。変数と変数でも同じです。異なる関数定義の中でなら、同じ名前の変数を宣言してもエラーにはなりません **コード12.8**。変数名が関数定義ごとに区別されるためです。

このルールは変数の『スコープ』というプログラミングの大事な考え方なので、次の12.2節で詳しく説明します。

コード12.7 同じ名前の実引数と仮引数

```
async function draw() {
  await sleep(1);
  let step = 50;
  // ↑仮引数と同名で宣言
  myMove(step);
  // ↑draw関数の変数step
}

/* 関数定義 */
function myMove(step) {
  move(step * 2);
  // ↑myMove関数の変数step
}
```

図12.10 引数は値だけをコピーしたもの

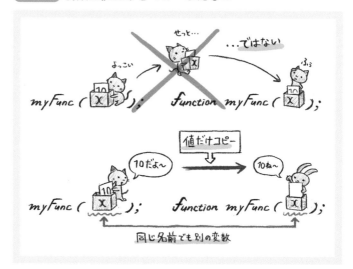

コード12.8 異なる関数では同名の変数を宣言できる

```
async function draw() {
  await sleep(1);
  let step = 50; // draw関数の変数step
  myMove();
}

/* 関数定義 */
function myMove() {
  let step = 30; // myMove関数の変数step
  move(step * 2);
}
```

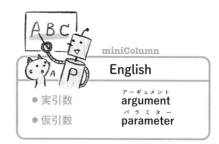

miniColumn

English

- 実引数 　アーギュメント
  argument
- 仮引数 　パラミター
  parameter

12.2 変数のスコープ

変数の有効範囲のことを『スコープ』といいます。
変数の有効範囲は{ }で囲われたブロックの単位で区切られます。
スコープの考え方を理解すれば、ミスが入りこみにくく、
できるだけ安全なプログラミングができるようになります。

変数の有効範囲

12.1節の最後の説明で、仮引数と実引数の変数名が同じでも「別の変数」だという話をしました。また、if文の{ }の中やfor文の( )や{ }の中で宣言された変数は、その構文の{ }の中でしか使えないという話をしました 図12.11 。ずっと先延ばしにしてきたそのしくみについて説明していきましょう。

変数にはそれぞれ有効範囲があり、それを『スコープ』といいます。英単語の"scope"は「範囲」という意味です。

スコープは{ }で囲われた範囲（ブロック）と深い関わりがあります。レッスン4（4.2節）で学んだ変数宣言のルールのひとつ、「同じ場所で同じ名前の変数は宣言できない」の"同じ場所"

とは、具体的には"同じブロック"を指します。つまり、別のブロックであれば、同じ名前の変数を宣言することができます 図12.12 。

ブロックスコープ

あるブロックの中で宣言された変数は、そのブロックの外では存在せず、未定義（undefined）となります。また、入れ子になったブロックでは、それぞれのブロックの中で同じ名前の変数を宣言できます。その場合、より内側のブロックで宣言された変数ほど優先度が高くなります。これを『ブロックスコープ』といいます。

図12.11 { }の中でしか使えない変数

図12.12 ブロックと変数宣言

```
async function draw() {
  let x = 10, y = -10;
  let x = 20;………… エラー（同じブロック）

  if (y < 0) {
    let x = 30;……… OK（別のブロック）
  }
}

function myFunc() {
  let x = 40;……… OK（別のブロック）
}
```

図12.13にブロックスコープの概念図(考え方を表した図)を示します。{ }しか書かれていませんが、これも正しいJavaScriptのコードなので実行することができます。このコードをdraw関数の中に書き写すと、draw関数の{ }を含めて3つのブロックの入れ子になります。

まず、変数yから見ていきましょう。変数yは青ブロックの中だけで宣言されており、他では宣言されていません。そのため、青ブロックの外ではyは存在しません。緑ブロックの中でもyは宣言されていませんが、ここは青ブロックの内側なので、青ブロックで宣言

されたyが有効になります。

続いて、変数xを見てください。こちらは3つのブロックすべてで宣言されています。同じ変数名でも、異なるブロックの中で宣言すればエラーにはなりません。同じxという名前ですが、すべて異なる変数という扱いになり、どのブロックから参照するか(ここではprint関数で出力するか)によって変数xの値が変わります。

スコープのたとえ話

変数のスコープの考え方を感覚的につかむために、「食卓の太郎くん」にたとえてみましょう 図12.14。

家族で食事をしているとき、次郎くんが「太郎」の名前を出したとします。家族の中に太郎がいれば、みんなは当然「次郎の兄の太郎」のことを話していると思いますよね(図12.13の緑ブロックの中から見た変数xがこのパターン)。

ところが、家族に太郎がいなければ、次に近し

図12.13 ブロックスコープの概念図

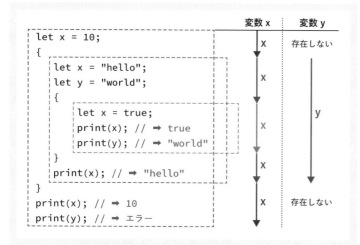

```
let x = 10;
{
    let x = "hello";
    let y = "world";
    {
        let x = true;
        print(x); // ➡ true
        print(y); // ➡ "world"
    }
    print(x); // ➡ "hello"
}
print(x); // ➡ 10
print(y); // ➡ エラー
```

	変数 x	変数 y
	x	存在しない
	x	
	x	y
	x	
	x	存在しない

図12.14 食卓の太郎くん

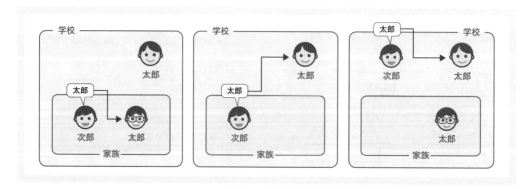

い「次郎と同じ学校の太郎くん」の話をしているのだろうと思うわけです（**図12.13**の緑ブロックの中から見た変数yがこのパターン）。

一方、次郎くんが学校で「太郎」の話をすれば、たとえ次郎の家族に太郎がいたとしても、クラスのみんなは当然「同じ学校の太郎」の話をしていると思います。学校の友だちは次郎の家族のことなど知らないからです（**図12.13**の青ブロックの中から見た変数xがこのパターン）。

各構文のスコープ

ブロックスコープの話がわかれば、あとは { } にifやらforやらfunctionやらが付くだけです。

まず、if文はブロックスコープの説明そのままです **図12.15**。while文も同じです。

次にfor文ですが、forのあとの ( ) の中で宣言された変数もfor文のブロックスコープになります **図12.16**。もちろん、for文の { } の中で宣言された変数もfor文のブロックスコープです。for ... of文やfor ... in文も同様です。

関数スコープ

最後に関数定義ですが、関数の引数はその関数のブロックスコープになります。ただし、関数の場合は『関数スコープ』と呼ばれるのが一般的です。引数以外にも、関数定義の中で

図12.15 if文とスコープ

```
let msg = "外";

if (msg == "外") {
  let msg = "内";  // if文の中で同じ名前の変数を宣言
  print(msg);      // ➡内（if文の中の変数msg）
  let num = 100;   // if文の中で宣言
}

print(msg);  // ➡外（if文の外の変数msg）
print(num);  // ➡エラー（変数numは存在しない）
```

図12.16 for文とスコープ

```
let i = "外";

for (let i = 0; i < 3; i += 1) {
  print(i);        // ➡0➡1➡2（for文中の変数i）
  let msg = "内";  // for文の中で宣言
}

print(i);    // ➡外（for文の外の変数i）
print(msg);  // ➡エラー（変数msgは存在しない）
```

宣言された変数は関数スコープになります **図12.17**。関数の中でしか使わない変数は、関数スコープにしておくのが基本です。

入門者によくあるのは **コード12.9** のようなミスです。関数の呼び出し元（draw関数の中）で宣言した変数を、別の関数定義の中で使お

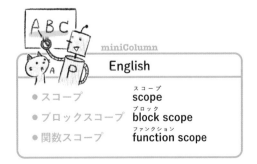

miniColumn
English

● スコープ	scope
● ブロックスコープ	block scope
● 関数スコープ	function scope

うとするとエラーになります。

図12.18 のように、関数呼び出しが実行されると関数の本体が展開されて入れ子のブロックになるような感じもするのですが、そういうことは起こりません。

図12.17 関数スコープ

```
async function draw() {
  let msg = "外";

  myFunc("内");  // 実引数を"内"として、関数呼び出し

  print(msg);    // ➡外（draw関数の変数msg）
  print(flag);   // ➡エラー（変数flagは存在しない）
}


/* 関数定義 */
function myFunc(msg) {  // 仮引数には"内"が入る
  print(msg);                // ➡"内"（myFunc関数の仮引数msg）

  let flag = true;  // 関数定義の中で宣言
  print(flag);      // ➡true
}
```

コード12.9 関数の呼び出し元だけで宣言した変数

```
async function draw() {
  let msg = "外"; // 変数msgのスコープはdraw関数中
  myFunc();           // 関数呼び出し
}

/* 関数定義 */
function myFunc() {
  print(msg); // ➡エラー （変数msgは存在しない）
}
```

図12.18 関数の本体は呼び出し側に展開されない

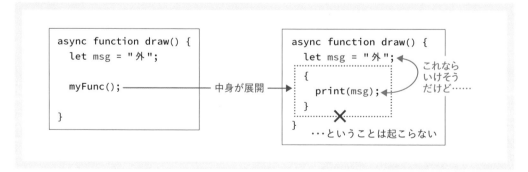

グローバル変数

JavaScriptには、ブロックスコープ以外にもうひとつスコープがあります。
「一番外側」のスコープです。一番外側に変数宣言を書いてしまえば
すべてのブロックが内側になるので、どこでも使える変数になります。
思わぬミスにつながりやすいので注意が必要ですが、
p5.jsではうまく活用してください。

setup関数で
セットアップしたい

　ここまでsetup関数の中身にはあまり触れてきませんでしたが、セットアップ（設定）という名前でもありますし、setup関数の中でプログラム全体に関する変数を定義しておきたいと思うかもしれません。しかし、setup関数の中で宣言した変数をdraw関数の中で使おうとすると、変数のスコープの関係でエラーになります 図12.19 。どうすればよいでしょうか。

ステップアップ

　Scratchの変数にもスコープがあります。レッスン4の 図4.3 に示した「新しい変数」ダイアログには「すべてのスプライト用」か「このスプライトのみ」を選ぶところがありますが、これがそれぞれグローバル変数とローカル変数にあたります。ただ、Scratchにはブロックスコープというしくみがないため、ローカル変数であっても、同じスプライト（キャラクター）のコードではどこでも使えてしまいます。

図12.19 setup内での変数宣言

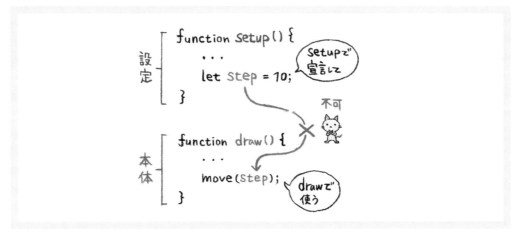

p5.jsでは、setup関数とdraw関数の両方で使いたい変数は、 コード12.10 のように先頭で宣言します。ここに変数宣言を書いてしまえば、どちらの関数も内側にあることになるのでエラーになりません。

グローバル変数

このように、一番外側に書かれた変数のことを『**グローバル変数**』といいます。そして、グローバル変数の持つスコープを『**グローバルスコープ**』といいます。一方、これまでのブロックスコープや関数スコープをまとめて『**ローカルスコープ**』といい、ローカルスコープを持った変数のことを『**ローカル変数**』といいます。global（グローバル）もlocal（ローカル）も、もうカタカナ英語になっていますね。

グローバル変数という便利なものがあるなら、全部グローバル変数にしてしまえばいいじゃないか……と思う人がいるかもしれません。たしかに、グローバル変数があれば関数の引数もいらなくなります コード12.11 。

しかし、プログラミングの世界では、グローバル変数はできるかぎり使わないという鉄則があります。プログラムが短いうちはピン

とこないのですが、プログラムが大きくなってくると、有効範囲の広い変数はどこで使われたり変更されたりしているかわからなくなってくるからです。

変数は、それを使う範囲だけで有効になるように宣言するというのが基本です。関数で引数を使う理由もそうですし、while文よりもfor文のほうがプログラマーに好まれるのもそのためです（カウンター変数の有効範囲がfor文の中で必ず終わる）。

グローバル変数とイベント

さて、グローバル変数はできるだけ使わない……という話をしたばかりですが、p5.jsではあまり長いプログラムは書きませんし、いずれにせよsetup関数の中で変数の値をまとめて設定したければグローバル変数にする必要があります。そういうわけで、p5.jsではグローバル変数とうまく付き合っていくことになります。

そのひとつが、前回のレッスン11で学んだイ

コード12.10 コードの先頭で宣言する

```
/* jshint esversion: 8 */
// noprotect

let step;  //  ここで宣言すればどこでも使える

function setup() {
  createCanvas(480, 360);
  start(100, 200);
  step = 10;  // 使える
}

async function draw() {
  await sleep(1);
  move(step); // 使える
}
```

コード12.11 グローバル変数があれば関数の引数は要らない……？

```
let cnt = 0;  // グローバル変数

function setup() { ... }

async function draw() {
  while (cnt < 10) {
    myFunc(); // 引数なしで呼び出し
    cnt += 1; // 変数cntを増やせる
  }
}

/* 引数なしの関数 */
function myFunc() {
  move(cnt * 10); // 変数cntが使える
}
```

ベントハンドラーと一緒に使うことです。イベントが起こるとイベントハンドラー（関数）が呼び出されますが、そのことを別の関数（draw関数など）に伝えたいことがあります。そうした場合にグローバル変数が役立ちます　図12.20 。

　キー入力とマウスクリックによって、ピゴニャンの色を変えたり停止させたりするプログラムを作ることにしましょう　図12.21 。コード12.12 がそのdraw関数で、変数 col の値でピゴニャンの色を変え、変数 walking の値でピゴニャンの歩行と停止を切り替えています。しかし、このdraw関数の中には、変数 col や walking を宣言しているところも、その値を変更しているところもありません。それらはこれからdraw関数の"外"に書いていきます。

　このプログラムはユーザーの入力によって動かしたいので、色や動きを制御するための変数 col と walking はグローバル変数にして、イベントハンドラーの中でその値を変更することにします。グローバル変数なので、イベントハンドラーの中で col の値を変更すれば、draw関数の中の col の値も同時に変わります。

　まずは、キー入力によってピゴニャンの色

を変えるコードを追加しましょう　コード12.13 。イベントハンドラーkeyPressedの中で、グロ

コード12.12 図12.21のコードのdraw関数

```
async function draw() {
  // 無限ループ
  while (true) {
    changeColor(col);  // 色を変える

    // 変数walkingがtrueのあいだ動く
    if (walking == true) {
      move(10);
    } else {
      say("休憩〜");
    }

    await sleep(0.5);
  }
}
```

図12.21 入力イベントで操作する

図12.20 グローバル変数とイベントハンドラー

```
let event = false; ……… グローバル変数

  ┌─ draw 関数 ──────────────┐
  │ if (event == true) {     │
  │   ...                     │
  │ }                         │
  └──────────────────────────┘

  ┌─ イベントハンドラー ──────┐
  │ event = true; ◀─❶         │ ← マウスクリック
  └──────────────────────────┘
❷
```

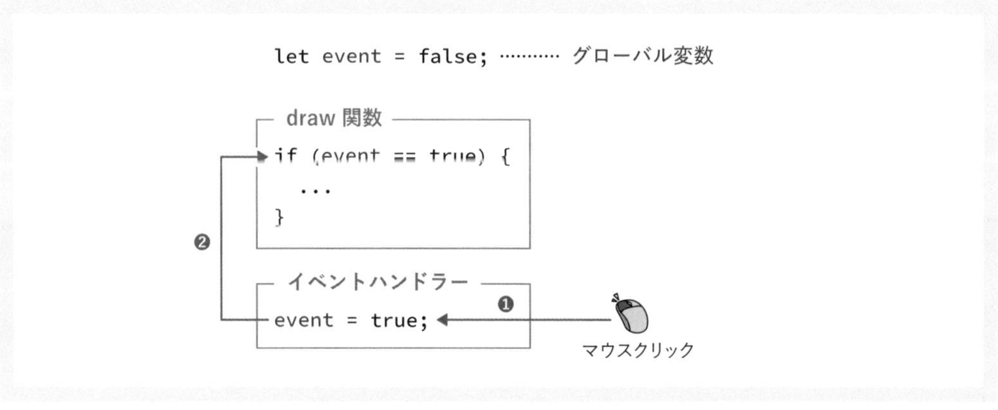

12 引数ありの関数定義 魔法を自在に操ろう

ーバル変数colに色名を代入します。ここでは、数字キーの1〜3にそれぞれ色名を割り当てています。それ以外のキーを押すと、ピゴニャンの元の色である"coral"になります。

次に、ピゴニャンの歩行と停止を制御するコードを追加します コード12.14 。ダブルクリックによって呼び出されるイベントハンドラーdoubleClicked関数の中で、グローバル変数walkingの値をtrue⇄falseと交互に切り替えます。また、それと同時にしゃべるのを止めさせています。

なお、doubleClicked関数の2行目のふしぎなコードwalking = !walking;は、真偽値を反転させる定番の書き方です。論理演算子NOT!を真偽値の頭に付けるとtrueとfalseが反転するので、反転させた値を同じ変数に代入します。頭の体操になりますね。

```
print(!true);  // ➡false
print(!false); // ➡true
let bool = false;
bool = !bool;  // false ➡ true
```

コード12.13 キー入力で色を変える

```
/* 追加 グローバル関数 */
let col = "coral";

function setup() { ... }

async function draw() { ... }

/* 追加 キー入力のイベントハンドラー */
function keyPressed() {
  if (key == "1") {
    col = "lightpink";
  } else if (key == "2") {
    col = "skyblue";
  } else if (key == "3") {
    col = "lightgreen";
  } else {
    col = "coral";
  }
}
```

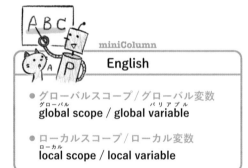

miniColumn

English

● グローバルスコープ／グローバル変数
global scope / global variable

● ローカルスコープ／ローカル変数
local scope / local variable

コード12.14 ダブルクリックで歩行と停止を切り替える

```
/* グローバル関数 */
let col = "coral";
let walking = true; // 追加 初期値はtrue（歩いている状態）

function setup() { ... }

async function draw() { ... }

/* キー入力のイベントハンドラー */
function keyPressed() { ... }

/* 追加 ダブルクリックのイベントハンドラー */
function doubleClicked() {
  say();                 // しゃべるのを止める
  walking = !walking;    // 真偽値を反転する
}
```

12.4
まとめ

レッスン12では、引数ありの関数定義と変数のスコープについて学びました。

引数ありの関数　前回のレッスン11で学んだ「引数なし・戻り値なし」の関数定義は、一連のコードに名前を付けてまとめておくことがおもな目的でした。その定義に「引数」が加わることで、より役に立つ関数を作ることができるようになります。ピゴニャンが右に動くコードと上に動くコードをひとつにまとめても「斜め上に動く関数」になるだけですが、その移動距離と方向を引数で自由に変えられるなら、それは道具として使い回せる関数になるのです。

関数定義（引数あり）　関数定義における引数の指定は、「function 関数名( )」の丸カッコ( )中に引数名を並べるだけです。引数は関数定義の中で普通の変数のように使えるのですが、初期値を指定している場所がありません。初期値はその関数が呼び出されるときにはじめて値が決まります。関数定義の中の引数（仮引数）は"空箱"のようなものです。関数が呼び出されると、その空箱に値が入ります。関数の実行が終わるとまた空箱に戻るので、呼び出されるたびに別の値が入ります。

変数のスコープ　引数ありの関数定義を学ぶとき、セットで学んでおきたいのが変数の『スコープ』（有効範囲）です。変数のスコープの知識は、引数だけでなく、プログラミング全体の話としてとても重要です。ブロック{ }の中で宣言された変数はその{ }の外では存在しません。また、入れ子になったブロックでは、それぞれのブロックの中で同じ名前の変数を宣言することができ、より内側で宣言されたものほど優先度が高くなります。

グローバル変数　コードの一番外側のスコープで宣言された変数を『グローバル変数』といい、同じスケッチの中のすべてのブロック{ }の中で有効になります。グローバル変数はあまり使わないほうがいいのですが、プログラムがあまり大きくならないp5.jsではうまく利用することを考えてよいでしょう。

スコープの話は一度読んだだけでは頭に入ってこないかもしれませんが、プログラムが書けるようになってくると、必ずどこかでしっかりと理解しなくてはならなくなる知識です。この本を終えたあとでもわからなくなったら、このレッスン12を読み返してみてください。

| # デフォルト引数

　レッスン12では引数ありの関数定義について学びましたが、これまで使ってきた関数の中には引数を省略できるものがありました。たとえば、say関数は引数が指定されたときはその内容をピゴニャンにしゃべらせますが、引数なしで`say();`と呼び出すとしゃべっているセリフを消します。また、魚を登場させるputFish関数は、第3引数に色名を指定すればその色に、指定しなければ青色(`"skyblue"`)になります。

　このように、引数を省略できる関数を定義するにはどうしたらよいのでしょうか。これには『デフォルト引数』というしくみを使います。"default"という言葉はレッスン11の最後のコラムでも出てきましたが、「既定の」(最初に与えられている)

という意味です。デフォルト引数の構文は図C12.aのとおりです。

　既定値を指定したい引数に対して、引数名に既定値を代入するような形で記述します。たとえば、本文で登場したmyWalk関数の引数に既定値を指定してみましょう コードC12.a 。これをdraw関数の中などから呼び出すときは、コードC12.b のようになります。

　引数の既定値は、いくつでも付けることができます コードC12.c 。ただし、複数のデフォルト引数があるときは呼び出すときに注意が必要です。コードC12.d のように、関数を呼び出すときにデフォルト引数の一部だけを省略すると、指定された引数の値は第1引数から順に割り当てられ

図C12.a **構文** デフォルト引数

```
function 関数名 (引数名, ..., 引数名 = 既定値) { ... }
```

コードC12.a myWalk関数の引数に既定値を設定する

```
function myWalk(step = 50) {
  move(step); // 引数なしで呼ばれると50になる
  turn("上");
  move(step); // 引数なしで呼ばれると50になる
  turn("右");
  nextCostume();
}
```

コードC12.b デフォルト引数ありの関数の呼び出し

```
myWalk(100); // 仮引数stepの値は100になる
myWalk();    // 仮引数stepの値は既定値の50になる
```

コードC12.c デフォルト引数はいくつでも指定できる

```
function myWalk(step = 50, dir = "上") {
  move(step); // 実引数なしで呼ばれるとstepの値は50になる
  turn(dir);  // 実引数なしで呼ばれるとdirの値は"上"になる
  move(step);
  turn("右");
  nextCostume();
}
```

ます。第1引数を省略して第2引数だけを指定するということはできません。

これに関連して、関数定義のときに一部だけデフォルト引数にするときは、**コードC12.e** のように既定値なしの引数を前に詰めて配置します。

デフォルト引数は、関数の使用者が「通常は指定しなくてよい引数」を指定するために使います。このような引数のことを『**オプション引数**』ともいいます。

たとえば、myWalk関数が基本的に「ピゴニャンを50歩ずつ動かす」ものであり、特別な事情があるとき以外は別の歩数を指定することがない場合などです。このようなときは、仮引数stepをオプション引数(デフォルト引数)にしておきます **コードC12.f** 。

コードC12.d 注意点(コードC12.cを呼び出す場合)

```
myWalk(100, "下");   // stepは100、dirは"下"になる (問題なし)
myWalk();            // stepは既定値の50、dirは既定値の"上"になる (問題なし)

myWalk(100);         // stepは100、dirは既定値の"上"になる (問題なし)
myWalk("下");        // stepは"下"、dirは既定値の"上"になる
```

コードC12.e 既定値なしの引数は前に詰めて配置する

```
// これはOK
function myWalk(step, dir="上") { ... }

// これだと呼び出すときに仮引数を省略できない
function myWalk(step = 50, dir) { ... }

// stepだけに既定値を付けたければ、既定値なしの引数dirを前にする
function myWalk(dir, step = 50) { ... }
```

コードC12.f 原則として既定値のままでよい引数だけをデフォルト引数にする

```
// 仮引数stepは50で使うのが基本
function myWalk(dir, step = 50) { ... }
```

レッスン *13*

戻り値ありの
関数定義
魔法の国から召喚しよう

レッスン13では、まず「戻り値あり」の関数定義について学びます。戻り値とは、`let x = getX();`を実行したときに変数xに代入される値のことで、関数の中で行われた処理の結果です。

　自分で定義する関数に戻り値を設定できれば、その関数の中でランダムに決めた色が何色だったとか、引数で渡した座標がキャンバスの中に入っているかどうかなど、関数定義の中で決められた値をその呼び出し元に知らせることができます。引数と戻り値の両方を使いこなせれば、呼び出された関数とそれを呼び出した関数のあいだでさまざまな情報のやりとりができるようになります。

　13.2節以降は応用として、functionキーワードを使わない関数定義である『関数式』や、その関数式を利用した配列のメソッドを紹介します。これらはJavaScriptでのアプリ開発には欠かせない知識ですが、Scratchとはかなり離れた内容になります。この本を終えたあとにアプリ開発にトライしてみようと思った人はまた読み返してみてください。

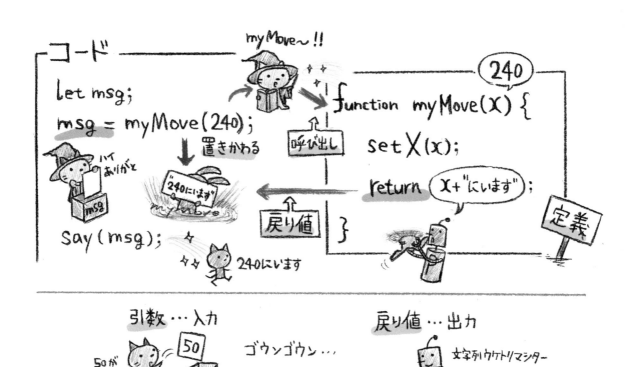

コード

```
let msg;
msg = myMove(240);
Say(msg);
```

myMove〜!!

置きかわる

呼び出し

戻り値

"240にいます"

```
function myMove(X) {
    set X(x);
    return X+"にいます");
}
```

240

定義

240にいます

引数 … 入力

50が入りま〜す

50

ゴウンゴウン …

myMove

戻り値 … 出力

文字列ウケトリマシター

"50にいます"

msg

13 戻り値ありの関数定義 魔法の国から召喚しよう

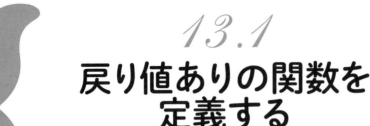

13.1 戻り値ありの関数を定義する

関数とは本来、入力➡関数➡出力というように、
入力されたデータを処理して何かしらの出力（結果）を返すものです。
その出力である『戻り値』は関数定義のreturn文で指定します。

入力➡関数➡出力

p5.jsやScratchでプログラミングをしていると、関数の役目は「キャンバスを描きかえること」であるように思ってしまいがちです。実際、これまで使ってきた関数のほとんどはピゴニャンを動かしたりしゃべらせたりするだけのものでした。

しかし、一般的なプログラミングではそうではありません。たとえば、ネットショップではカート（買い物カゴ）に入っている品の合計金額を求めたり、ロボット制御では物体の位置から腕の角度を求めたりなど、関数の役目にはいろいろあります。そして、そのほとんどの役目の中で、関数は「入力を受けて出力を返す」ということをしています。

このように、関数の本来の役目は入力を出力に変換することです。同じ関数でも、入力に応じて出力が異なります 図13.1 。プログラ

ミングの用語でいうと、その入力が『引数』であり、出力が『戻り値』です。

戻り値ありの関数の例としては、randomInt
関数がわかりやすいでしょう。 図13.2 のように、randomInt関数は1と10という入力（引

図13.2 randomInt関数と戻り値

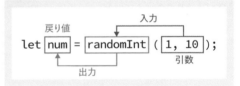

miniColumn

みちくさ

関数はなぜ「関数」というのでしょうか。中学生以上の人は、関数といえば(x, y)座標の上に直線や曲線を描く数式を思い浮かべるかと思います。数式で書くと「y = 5x - 3」などで、プログラミングの関数とはちょっと違う印象を持つかもしれません。しかし、数学の関数も「x（入力）からy（出力）を計算する処理」という意味では、プログラミングの関数と同じです。高校になると関数を「y = f(x)」と書くようになるのですが、これを let y = f(x); と書けばまさにプログラムコードですね。

図13.1 入力➡関数➡出力

入力
引数A
引数B
引数C
➡ 関数 ➡
戻り値A
戻り値B
戻り値C
出力

数)を受けとって、関数の中で1〜10の範囲の整数乱数を作り、その出力（戻り値）に置きかわります。図13.2の例では、そうして置きかわった値（乱数）が変数numに代入されています。

戻り値ありの関数定義

図13.3に戻り値ありの関数定義の構文を示します。戻り値ありの関数定義に新たに加わったのは、return文です図13.4。returnは「戻

図13.3　**構文**　関数定義（引数あり、戻り値あり）

```
function 関数名( 引数名 , 引数名 , ...) {
    この関数が呼び出されたときに実行したいコード
    return 戻り値 ;  ………… 「式」でも「変数」でも「戻り値ありの関数」でもよい
}
```

例

```
/* 関数定義 */
function calcBMI(cm, kg) {
    let m = cm / 100;
    return kg / (m * m);
}
```
　　　　呼び出し

```
// 関数呼び出し
async function draw() {
    let bmi = calcBMI(165, 55);
    print(bmi);
}
```

図13.4 関数呼び出しと戻り値の流れ

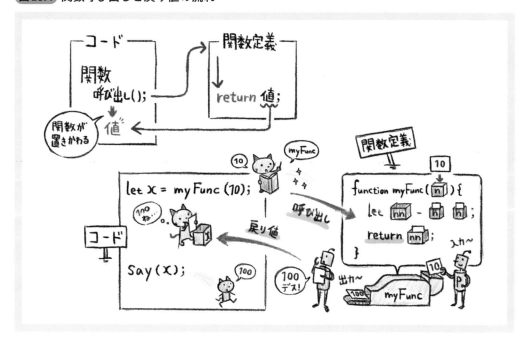

す」という意味で、「return **戻り値**」という記法でその関数の戻り値を指定します。**戻り値**の部分は、変数でも式でもかまいませんし、他の戻り値ありの関数でもかまいません。いずれであっても最終的にはただの"値"になります。

これで、関数定義に引数と戻り値がそろいました。これが本来の関数定義の構文です。レッスン11〜12で紹介してきた構文は、引数が省略された特別なケースと、戻り値が省略された特別なケースだったということです。

ちなみに、ピゴニャン専用のrandomInt関数は、次のように定義された戻り値ありの関数です。レッスン5の乱数の説明(5.4節)を読み返せば、この処理が何をやっているのかわかると思います。なお、この関数定義のコードを「ピゴニャンのスケッチ」に書くと警告が出ます。同じ名前の関数が、すでにピゴニャンのライブラリーで定義されているからです。

```
function randomInt(min, max) {
  return floor(random(min, max + 1));
}
```

return文のルール

return文の機能のひとつは「戻り値を呼び出し元に送り返す」ことですが、もうひとつ、繰り返しで使うbreak文によく似た機能があります。関数定義の中で**return文が呼び出されると、コードの途中であっても関数を終了して抜け出します**。

コード13.1 return文は関数の最後に書く

```
function myCalc(a, b) {
  let c = a + b;
  return c;   // ここで関数は終了する

  // ここから下にには到達しないので警告が出る
  let d = a * b;
  return d;
}
```

そのため、return文は関数定義の最後に1個だけ書くのが原則です **コード13.1**。

ただし、次のコードのように、条件分岐を使って戻り値のパターンを分ける場合はreturn文が2個以上になってもかまいません。

```
function biggerNum(a, b) {
  if (a > b) {
    return a;
  } else {
    return b;
  }
}
```

ちなみに上のコードは、三項演算子(6.4節)を使って次のように短く書くことができます。三項演算子はreturn文に指定する式の中でもよく使われます。

```
function biggerNum(a, b) {
  return a > b ? a : b;
}
```

Scratchには戻り値がない

余談になりますが、Scratchのブロック定義には戻り値のしくみがありません。

よく似た機能に[メッセージを送る]ブロックがあり、メッセージに[変数]ブロックを組みこむこともできるのですが、そうして送った変数を戻り値として受け取ることができません。[メッセージを受け取ったとき]というブロックはあるのですが、それで受け取れるメッセージの一覧の中に(送ったはずの)変数は出てきません **図13.5**。

Scratchに戻り値の機能がない理由は、Scratchの変数のスコープが画面全体なので、わざわざ戻り値を使って値を送る必要がないからです。ブロック定義の中で値を書きかえた変数を、別のブロックでも普通に使うことができます。

図13.5 Scratch のメッセージと戻り値の違い

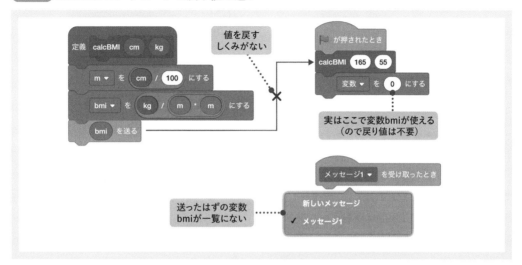

ちなみに、Scratch の［メッセージを送る］ブロックは"イベント"を発生させるための機能で、イベントハンドラー（mousePressed 関数など）を自分で作るためのものです。

キャンバスから出そうかどうか判断する

それでは、前回のレッスン12で作ったピゴニャンを斜めに歩かせるプログラム（ コード12.4 コード12.5 ）に、戻り値ありの関数をひとつ加えてみましょう。ピゴニャンがキャンバスの上下から出そうになっていることを知らせてくれる関数を作ります 図13.6 。

まず、myWalk 関数のコードを コード13.2 に改めて示します。ただし、剰余演算子％を使った前回のコードのままでは、ピゴニャンは上下交互に進むのでキャンバスから出ません。そこで コード13.2 では、斜め上か斜め下かをランダムに選んで進むように変更しています。

図13.6 キャンバスから出そうか判断する

コード13.2 ピゴニャンを斜めに歩かせる

```
async function draw() {
  await sleep(1);

  for (let i = 0; i < 10; i += 1) {
    // 上下の移動方向をランダムに選ぶ
    myWalk(30,
           random(["上", "下", "下"]));
    await sleep(0.5);
  }
}

/* ピゴニャンを斜めに歩かせる関数 */
function myWalk(step, dir) {
  move(step);
```

```
    turn(dir);
    move(step);
    turn("右");
    nextCostume();
}
```

myWalk関数の第2引数にrandom関数を指定して、"上"か"下"かをランダムに選んでいます。random関数に渡す配列を["上", "下", "下"]とすることで、ピゴニャンは斜め下に行きやすくなります。

図13.7 にその実行結果を示します。この図では、図示のために移動距離を30歩から75歩に変更しています。実際にはもう少し小さな幅で移動します。

図13.7 コード13.2の実行結果

["上","下","下"]から
ランダムに選ぶので、
斜め下に移動しやすい

図13.8 isOutside関数の処理

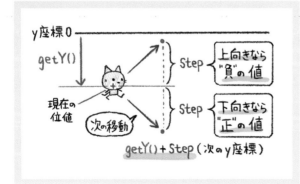

miniColumn

みちくさ

戻り値が真偽値の場合、関数名を「is ○○」とする慣習があります。英語で「is 〜?」というのは「〜ですか?」という意味になるからです。今回の関数名isOutsideは「outside（外側）ですか?」という意味で、「はい」ならtrue、「いいえ」ならfalseを戻り値として出力します。

では、ピゴニャンがキャンバスの上下（y方向）から出そうになったときに、戻り値で知らせてくれる関数を作りましょう。「出そうになる」ことは、ピゴニャンの次の移動でキャンバス外に出てしまうかどうか……で判断します。

関数の名前は「isOutside」とします。関数の内容は次のとおりです。まずは自力で挑戦してみてください。

- 入力 ⇒ピゴニャンの移動距離（数値）と移動方向("上"か"下")
- 出力 ⇒次の移動でキャンバス外に出るときはtrue、そうでないならfalse
- 処理 ⇒ピゴニャンの現在のy座標に移動距離（歩数）を足し、その値がキャンバスの上下から出ていないか確認する

ポイントは、ピゴニャンの現在位置をそのまま使うのではなく、現在位置に移動距離を足して「次の位置」を求めることです 図13.8。

p5.jsの座標系はy軸の正方向が下向きなので、現在位置に足し合わせる移動距離は、斜め下に動くときは正の値、斜め上に動くときは負の値になります。

戻り値ありの関数を追加する

まず完成したisOutside関数を コード13.3 に示します。

次のy座標はgetY()+stepとなりますが、引数stepは移動方向が斜め上でも斜め下でも正の値なので、斜め上方向のときは負の値に変えます。数値に-1をかけると符号が反転する計算を使っています（30 × -1 ➡ -30）。かけ算の代入演算子*=が久しぶりに登場しました（5.2節）。

そうして計算したy座標がキャンバスの外に出たかどうかは、論理演算子を使って「y座標が0より小さい、または、heightより大きい」で判断しています（6.2節）。その条件分岐の結果によって戻り値がtrueかfalseになります。

では、このisOutside関数を使って、ピゴニャンがキャンバスから出そうになったら「ストップ！」としゃべらせて停止させましょう。isOutside関数の呼び出しは コード13.4 のように書くことができます。

ピゴニャンを停止させるにはfor文から途中で抜け出す必要があります。isOutside関数の戻り値がtrueだったらbreak文を呼びましょう。 コード13.4 では、if文の条件式の中に関数呼び出しを直接入れています。このように、戻り値ありの関数であれば、条件式の中で呼び出してもかまいません。

なお、getY関数などで取得される座標（ピゴニャンの基準点）は口元あたりなので、実行結果の 図13.9 では身体がキャンバスから出てしまっていますが、これでもまだ「キャンバスから出ていない状態」です。

コード13.3 isOutside関数の定義

```
/* キャンバスから出そうかどうか判断する関数 */
function isOutside(step, dir) {
  // ピゴニャンの次のy座標を求める
  if (dir == "上") {
    step *= -1; // -1をかけると符号が反転する
  }
  let y = getY() + step;

  // 次の移動でキャンバスの外に出ないか確認
  if (y < 0 || height < y) {
    return true;
  } else {
    return false;
  }
}
```

コード13.4 isOutside関数の呼び出し

```
async function draw() {
  await sleep(1);

  let step = 30;
  for (let i = 0; i < 10; i += 1) {
    let dir = random(["上", "下", "下"]);
    myWalk(step, dir);

    // 追加 キャンバスから出そうになったら停止
    if (isOutside(step, dir) == true) {
      say("ストップ！");
      break;
    }

    await sleep(0.5);
  }
}
```

図13.9 コード13.3〜コード13.4の実行結果

イベントハンドラーと組み合わせる

　練習のために、戻り値ありの関数をもうひとつだけ追加しましょう。イベントハンドラーと組み合わせて、ピゴニャンをダブルクリックしたときにも「ストップ！」するようにします。

　まずは、キャンバスのどこでもいいのでダブルクリックしたらピゴニャンが止まるようにします コード13.5 。ダブルクリックに反応するイベントハンドラーdoubleClickedの中でグローバル変数stopped（ストップト）の値をfalseからtrueに切り替えて、ダブルクリックされたことをdraw関数に伝えます。なお、"stopped"は「止められた」という意味です。

　先ほどの コード13.4 のdraw関数の中のif文を コード13.6 のように書きかえると、キャンバスをダブルクリックしたときにもピゴニャンが止まるようになります。論理演算子を使ったif文の条件式は読み取れたでしょうか。

ピゴニャンをクリックする

　次に、キャンバスのどこか……ではなく、ピゴニャンがダブルクリックされたことを判断できるようにします。ダブルクリックのイベントが発生したときに、マウスポインターがピゴニャンの上にあれば、ピゴニャンがクリックされたと判断できます。

　その判断をする関数を、戻り値ありの関数「isP5nyan」として定義してみましょう。まず、先ほどのdoubleClicked関数の中身を コード13.7 のように書きかえます。

コード13.5 ダブルクリックされたことをdraw関数に伝える

```
/* グローバル変数 */
let stopped = false;  // 初期値はfalseにしておく

// その他の関数は省略

/* ダブルクリックされたとき */
function doubleClicked() {
  stopped = true;  // 変数stoppedをtrueにする
}
```

コード13.6 draw関数の中のif文を書きかえる

```
if (isOutside(step, dir) == true || stopped == true) {
  say("ストップ！");
  break;
}
```

コード13.7 ピゴニャンをクリックしたか判定する

```
/* ダブルクリックされたとき */
function doubleClicked() {
  // マウスポインターがピゴニャンの上にあるときだけ……
  if (isP5nyan() == true) {
    stopped = true;
  }
}
```

isP5nyan関数は、マウスポインターがピゴニャンの上にあればtrue、そうでなければfalseを戻り値として返すように記述します。

ピゴニャンの上にマウスポインターがあるかどうかは、ピゴニャンとマウスポインターの距離から判断します 図13.10。ピゴニャンの座標はgetX関数とgetY関数で取得できます。そして、マウスポインターの座標は、システム変数mouseXとmouseYに入っているのでした（4.4節）。

ここでは、x方向の距離とy方向の距離が両方とも近ければ（30未満ならば）、ピゴニャンの上にマウスポインターが乗っているものとします。たとえば、ピゴニャンとマウスポインターのx方向の距離は、abs関数を使ってabs(getX() - mouseX)と書くことができます。

abs関数は、渡した引数を絶対値（正の値）にして返す関数です（5.4節）。

完成したisP5nyan関数を コード13.8 に示します。このコードでは、if文の条件式が長くならないように、各座標を変数に代入してから使用しています。

図13.10 ピゴニャンにマウスポインターが乗っていることを判定する方法

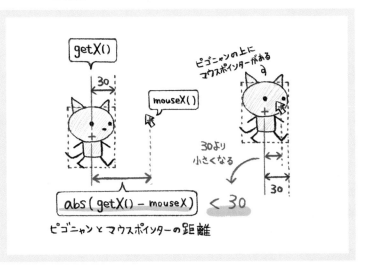

コード13.8 isP5nyan関数の定義

```
/* マウスポインターの位置がピゴニャンに近いか判定する */
function isP5nyan() {
  // ピゴニャンの座標（中心位置）
  let px = getX();
  let py = getY();

  // マウスポインターの座標
  let mx = mouseX;
  let my = mouseY;

  // ピゴニャンとマウスポインターの各座標の距離がいずれも30より小さいとき、
  // ピゴニャンの上にマウスポインターがあると判断する
  if (abs(px - mx) < 30 && abs(py - my) < 30) {
    return true;
  } else {
    return false;
  }
}
```

13.2

関数式

JavaScriptの関数定義は、functionというキーワードを
使う方法以外にもあります。ここでは『関数式』を取り上げます。
他の関数に引数として渡せる「名前のない関数」も定義できます。
ここからは発展の内容となります。

JavaScriptの関数定義の構文

JavaScriptで関数を定義する方法は、実は4つもあります（短縮記法を加えれば5つ以上）。そのうちの3つを 図13.11 に示します。

図13.11 ❶ は、これまで使用してきた関数定義の構文で、関数宣言ともいいます。一方、図13.11 ❷❸ の構文は、constから等号＝のところまでは定数宣言にそっくりです。実際、図13.11 ❷❸ の「関数名」と書かれている部分は定数名であり、定数の初期値として関数の本体を代入しているだけです。constではなくletでもいいのですが、これが関数名になるので、あとから中身を変更されないようにしておくのが安全です。

なお、図13.11 ❷❸ は関数宣言ではなく普通のコードなので、末尾に「;」（セミコロン）が付きます。

変数に代入できる関数

図13.11 ❷❸ のように、変数や定数に代入できる関数定義の形式を『関数式』といいます。図13.11 ❷ の記法はfunctionキーワードを使った関数式で、図13.11 ❸ の記法はfunctionキーワードの代わりに => という矢印（arrow）に見える記法を使ったもので『アロー関数』といいます。

これらの関数式は、定数に代入されないかぎり、名前がない状態です。名前を付けないと、あとから呼び出すことはできません コード13.9。

このように、定数に代入されず名前のない関数式のことを『無名関数』（あるいは匿名関

図13.11 **構文** 代表的な関数宣言

関数宣言 ……………… ❶ function 関数名 (引数, ...) { ... }

関数式
　　　………………… ❷ const 関数名 = function(引数, ...) { ... };
　　アロー関数 … ❸ const 関数名 = (引数, ...) => { ... };

コード13.9 無名関数は呼び出せない

```
// これだけでは関数名がない状態
function() {
  say("hello");
}

// 定数に代入するとそれが関数名となる
const sayHello = function() {
  say("hello");
};

sayHello(); // ➡hello
```

数)といいます。

　呼び出すこともできない無名の関数をどこで使うのかというと、関数呼び出しの実引数に指定します。つまり、関数定義の本体をそのまま引数として別の関数に渡すことができるのです。そんなことをする目的はいろいろとあるのですが、次の13.3節で紹介する関数式を使った配列のメソッドのところでその一例を紹介します。

アロー関数

　ここからは、関数式の表現のひとつである「アロー関数」について、説明していきたいと思います。基本的な形は先ほど 図13.11 ❸ で示したのですが、アロー関数には何パターンかの簡略記法があり、いずれもよく使われます 図13.12 。

　まず、関数の中身がコード1行だけのときには 図13.12 ❷ のように { } とreturn文が省略できます。そのコードの実行結果がそのまま戻り値となります。

　また、引数が1個のときには 図13.12 ❸ のように ( ) が省略できます。ただし、引数なしのときには 図13.12 ❹ のように空カッコ ( ) が必要です。

　なお、p5.jsのコード整形を使うと、引数が1個の場合も ( ) が自動的に付けられてしまうので、この本でも ( ) の省略はしません。

コード13.10 アロー関数を定義して使ってみる

```
async function draw() {
  await sleep(1);

  let num = biggerNum(5, 10); // draw関数の外で定義した関数の呼び出し
  say(num);
  await sleep(2);

  /* 引数に「World!!」を付けてしゃべらせる関数 */
  const sayWorld = (msg) => say(msg + " World!"); // 関数定義の中でさらに関数定義

  // 上で定義した関数の呼び出し
  sayWorld("Arrow"); // ➡"Arrow World!"
}

/* 2つの引数から大きい方を選んで返す関数 */
const biggerNum = (a, b) => {
  if (a > b) {
    return a;
  } else {
    return b;
  }
};
```

アロー関数を使ってみる

サンプルコードをひとつ見ておきましょう。前ページの コード13.10 では draw 関数の中で sayWorld という関数を定義しています。このようにすると、関数名 sayWorld は draw 関数のローカル定数となるので、draw 関数の外からは呼び出せなくなります。

ちなみに、biggerNum 関数のほうは三項演算子を使って次のようにも書けます。おまじないのようですね。

```
const biggerNum
  = (a, b) => a > b ? a : b;
```

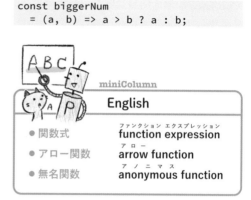

miniColumn

English

● 関数式	ファンクション エクスプレッション **function expression**
● アロー関数	アロー **arrow function**
● 無名関数	アノニマス **anonymous function**

図13.12

構文　アロー関数

❶ 省略なし
```
const 関数名 = (引数, 引数, ...) => {
    処理
    return 戻り値;
};
```
❷ 関数の中身が1行だけ
```
const 関数名 = (引数, 引数, ...) => 処理;
```
❸ 引数が1個
```
const 関数名 = 引数 => { ... };
```
❹ 引数なし
```
const 関数名 = () => { ... };
```

例
```
const starName = (last_name, first_name) => {
    let full_name = last_name + "☆" + first_name;
    return full_name;
};
print(starName("p5", "nyan")); // ⇒ p5☆nyan

const roboName = (name, num) => `${name}-${num}号`;
print(roboName("p5nyan", 16)); // ⇒ p5nyan-16号

const greetName = name => print(`Hi, ${name}!`);
greetName("p5nyan"); // ⇒ Hi, p5nyan!
```

miniColumn

ステップアップ

レッスン11の最後のコラムでJavaScriptのイベントリスナー(コールバック関数)の話をしましたが、無名関数はコールバック関数としてよく使われます。たとえば、`document.addEventListener("click", myFunc);`というイベントリスナーの登録を、関数myFuncの関数定義をせずに コードC13.a のように書くことができます。

なお、「無名関数」というとおおげさですが、要は、数値や文字列と同じ"値"です。数値や文字列も `let x = 50;` などと名前を付けて使うこともあれば、`move(50);`というように"値"をそのまま引数に指定することもあります。関数でも、無名のまま"値"を引数に指定することがある……ということです。

コードC13.a 無名関数をコールバック関数として指定する

```
// functionキーワードを使った関数式の場合
document.addEventListener("click", function () {
  say("yes!");
});

// アロー関数の場合（この13.2節ですでに紹介している簡略表現を使用）
document.addEventListener("click", () => say("yes!"));
```

13.3 アロー関数を使った配列のメソッド

配列のメソッドの中にはアロー関数を使ったものがあり、
配列の要素に対する処理をより短く記述できます。
ここではよく使われる4つのメソッドを紹介します。

アロー関数を使う配列メソッド

アロー関数を使った配列のメソッドの構文は図13.13のようになります。すべてのメソッドで共通するのは、配列の要素が順番にアロー関数の引数に渡され、要素の数だけ繰り返し処理されることです図13.14。アロー関数を使う配列メソッドで混乱しやすいのは、アロー関数の本体に書かれたコードの意味が、メソッドごとに異なることです。基本的には、各要素に対する「処理」か「条件式」かに分かれます。

配列にはアロー関数を使ったメソッドがたくさんありますが、ここではよく使われる「forEach（フォーイーチ）」「map（マップ）」「filter（フィルター）」「every（エブリィ）」の4つのメソッドを紹介します。アロー関数の本体の意味が、forEachとmapでは「処理」に、filterとeveryでは「条件式」になります。

forEach 要素を順に処理する

配列のforEachメソッドは、配列に対するfor ... of文(9.2節)の代わりになるものです。アロー関数の本体に書かれたコードは、繰り返される「処理」であり、for ... of文の{ }内と同じように単に実行されるだけです。コード13.11の例を見てみましょう。

図13.13

構文 アロー関数を使う配列メソッド

```
配列名.メソッド名((引数名) => 関数の本体 )
```

例

```
let list = [1, 2, 3, 4];
list.forEach((num) => print(num));
let sq_list = list.map((n) => n * n);
print(sq_list);  // ➡[1, 4, 9, 16]
let  new_list = sq_list.filter((n) => n > 5);
print(new_list);  // ➡[9, 16]
```

図13.14 アロー関数を使った配列メソッドのイメージ

こうしてfor...of文のコードと見くらべることで、配列listの要素が順番に引数numに渡されて繰り返し処理されることがわかるかと思います。この例のように、for ... of文の { } 内が1行だけのときは、forEachメソッドを使うとかなりすっきりと書けます。

map　各要素を加工する

mapメソッドは、配列の各要素に対して「アロー関数の本体に書かれた処理」をして、その結果を要素とした新しい配列を作ります **コード13.12**。

この例のように、元の配列の各要素に同じ文字列を付けたいときや、同じ計算を適用したいときなどに使われます。

コード13.11 forEachメソッド

```
let list = [1, 2, 3, 4];

// for ... of文
for (const num of list) {
  print(num);
}
await sleep(1);

// 配列のforEachメソッド（上と同じ処理）
list.forEach((num) => print(num));
```

コード13.12 mapメソッド

```
let list = [1, 2, 3, 4];

// for ... of文
let new_list = [];
for (const num of list) {
  new_list.push(num + "号"); // 各要素に「号」を付ける
}
print(new_list); // ➡["1号", "2号", "3号", "4号"]
await sleep(1);

// 配列のmapメソッド（上と同じ処理）
let map_list = list.map((num) => num + "号");
print(map_list); // ➡["1号", "2号", "3号", "4号"]]
```

filter　要素を選び出す

filterメソッドは、「アロー関数の本体に書かれた条件式」を満たした要素だけを選んで新しい配列を作ります コード13.13 。

商品一覧を金額で絞りこんだりなど、データのリストを条件で絞りこむ場面はとても多いので、よく使われるメソッドです。

every　条件を満たすか調べる

everyメソッドは、配列のすべての要素が「アロー関数の本体に書かれた条件式」を満たした場合だけ、trueを返します コード13.14 。ひとつでも条件を満たさない要素があれば、falseになります。

配列のすべての要素が条件を満たしたときだけ実行したい処理があるときなどに使います。

よく似たメソッドに、ひとつでも条件式を満たせばtrueになるsomeメソッドもあります。

コード13.13 filterメソッド

```
let list = [1, 2, 3, 4];

// for ... of文
let new_list = [];
for (const num of list) {
  if (num % 2 == 0) {
    new_list.push(num); // numが偶数のとき
  }
}
print(new_list); // ➡[2, 4]
await sleep(1);

// 配列のfilterメソッド（上と同じ処理）
let filter_list = list.filter((num) => num % 2 == 0);
print(filter_list); // ➡[2, 4]
```

コード13.14 everyメソッド

```
let list = [1, 2, 3, 4];

// for ... of文
let flag = true;      // 初期値をtrueにしておく
for (const num of list) {
  if (num >= 10) {
    flag = false;     // 1つでも10以上があればfalseに変更
  }
}
if (flag == true) { // 全要素が10未満ならtrueのまま
  print("OK");
}
await sleep(1);

// 配列のeveryメソッド（上と同じ処理）
if (list.every((num) => num < 10) == true) {
  print("OK");
}
```

13.4
まとめ

レッスン13では、戻り値ありの関数定義に加えて、関数式(アロー関数)とそれを利用した配列のメソッドについて学びました。

入出力と関数　もともと数学の「関数」とは"入力"と"出力"のあいだの関係(写像)を表現したもので、プログラミングの関数も、入力(引数)を受け取って出力(戻り値)を返すのが一般的です。つまり、引数と戻り値があるのが"普通の関数"で、引数や戻り値のない関数はその特別な場合だったわけです。

return文　関数の戻り値は『return文』によって指定します。return文が呼び出されると、戻り値を返すと同時に、その場で関数を抜け出します。1回の関数呼び出しでreturn文が2回以上呼ばれることはないため、関数からの戻り値は常にひとつになります。

関数式とアロー関数　JavaScriptには、関数定義以外にも、『関数式』や『アロー関数』という構文で関数を定義することができます。関数式は「式」とあるように、変数に代入したり、別の関数の引数に指定したりできます。別の関数の引数に指定される関数式は『コールバック関数』と呼ばれます。

アロー関数を使う配列メソッド　このレッスンではアロー関数を使った配列のメソッドをいくつか紹介しました。最初は呪文のように見えますが、使い慣れるととても便利なので、配列の繰り返し処理にはfor文やfor ... of文をあまり使わなくなります。JavaScriptに限らず、比較的新しいプログラミング言語にはこのタイプのメソッドがたいてい用意されています。

　以上で、この本で扱うプログラミングの文法の解説はおしまいです。次のレッスン14では、ここまで学んだ知識を使って、少し大きなプログラムを作ります。p5.jsの本来の使い方にも踏みこんでいきましょう。

Column クラス

JavaScriptの文法について学ぶのはこのレッスン13で最後なのですが、この本ではひとつだけ、プログラミングの基本として重要な構文を説明していません。それは『**クラス**』というしくみです。この本でクラスを扱わなかった理由は、比較的規模の大きなプログラミングで使用されるため、みなさんがこれからやりたいことの中で必要になるかどうかわからないからです。この本ではコラムで書ける範囲で簡単に紹介しておきます。

なお、最初に断っておくと、JavaScriptのクラスの中身は「オブジェクト」です。JavaScriptには、他のプログラミング言語のクラスと同じように扱えるオブジェクトがあり、同じような形で宣言できる構文（class構文）があるだけです。ただ、基本的なところでは、それらを他のプログラミング言語でいう「クラス」と考えておいて問題ありません。

まずクラスの使い方から説明します。ここでは、JavaScriptで日時を扱うDateオブジェクトを使ってみましょう（オブジェクトと付いていま

すがクラスだと思ってください）。クラスを使用するときは、まず**new**というキーワードを使って『**インスタンス**』を生成し、それを変数に代入します。具体的には次のように記述します。

インスタンスを生成
```
let today = new Date();
```

クラスとインスタンスの関係は、よく「クッキーの型」と「クッキー」にたとえられます。クッキーの型は食べられませんが、その型で抜いたクッキーは食べられます。クラスもそれ自体はプログラムで使えませんが、クラスから生成したインスタンスはプログラムで使えます。また、クッキーの型がひとつあれば、同じ形のクッキーをいくつでも作れます。

```
let today = new Date();
let someday = new Date();
```

生成されたインスタンスには、プロパティとメソッドがあります（クラスではプロパティのことを『フィールド』とも呼びます）。基本的にはメソッドを呼び出して操作していくように設計されています。

DateオブジェクトのtoLocaleStringメソッドは、日時をわかりやすく整形して文字列として返します。また、setFullYearメソッドは、そのインスタンスの日時を（引数で指定した）「年」に変更します。

```
let today = new Date();
let someday = new Date();

print(today.toLocaleString());
// ➡現在の日時（年/月/日 時:分:秒）
someday.setFullYear(2100);
// ⬆somedayの年を2100年に変更
print(someday.toLocaleString());
// ➡2100年の同日時
```

短いですが、クラスの使い方はこのくらいにしておきます。Dateオブジェクトのメソッドは、ここに紹介したもの以外にたくさんあります。また、

図C13.a

構文 class定義

```
class クラス名 {
 /* 自分で定義するプロパティ */
 // newのときに自動的に呼び出される
 constructor(引数, ...) {
  this.プロパティ名 = 初期値;
  ...
 }
 /* 自分で定義するメソッド */
 メソッド名(引数, ...) {
  ...
  // 「this.プロパティ名」も使える
 }
 ... // メソッドはいくつでも定義できる
}
```

JavaScriptに最初から組みこまれている（ライブラリーを読みこまずに使える）オブジェクトもたくさんあります。必要に応じて調べてください。

クラスを自分で定義したいときは **図C13.a** の構文を使います。インスタンスが生成されるときに自動的に呼び出されるconstructorという特別なメソッドだけ名前が決められています。それ以外のメソッドはfunctionキーワードなしの関数定義と同じです（引数も戻り値も定義できます）。プロパティは、constructor関数の中で「this.プロパティ名 = 初期値;」と記述すれば定義できます。

実際にひとつ作ってみましょう。円を描画したり動かしたりするクラス「MyCircle」です。クラス名は先頭を大文字にしたキャメルケース（4.2節）で書くのが一般的です。関数定義とは異なり、クラス定義はインスタンスの生成よりも前に書いておく必要があるので、draw関数より上に置いてください（ただし、p5.jsではインスタンス生成より後ろにクラス定義を置いても動くようです）。

```
class MyCircle {
  /* newするときに呼び出されるメソッド */
  constructor(size) {
    this.size = size; // 円の大きさ
    // ↓(x, y)座標（ランダムに決める）
    this.x = random(0, 480);
    this.y = random(0, 360);
  }

  // 円を描画するメソッド
  display() {
    background(255);
    circle(this.x, this.y, this.size);
    /* 構文: circle(x座標, y座標,直径)*/
  }

  // 円をx方向に動かすメソッド
  move(dx) {
    this.x += dx;
  }
}
```

draw関数でインスタンスを作って、メソッドを呼び出したり、プロパティを書きかえたりしてみましょう。次のコードを実行すると、円が大きくなりながら右方向に移動していきます。

```
async function draw() {
  // インスタンスを生成
  let mc = new MyCircle(100);

  mc.display();
  await sleep(0.5);

  for (let i = 0; i < 10; i += 1) {
    // displayメソッドで円を描画する
    mc.display();
    await sleep(0.5);
    // moveメソッドで円を移動させる
    mc.move(20);
    // sizeプロパティの値を変更する
    mc.size += 10;
  }
}
```

以上、ざっくりとクラスの使い方と定義方法を紹介しました。なお、JavaScriptは進化の速いプログラミング言語であり、プロパティの定義もここで紹介したものより新しい記法が登場しています。

クラス定義には、この他にも継承やカプセル化といった概念（考え方）があり、それらを駆使してクラスを設計していきます。これを『**オブジェクト指向プログラミング**』といいます。本来、クラスの文法はオブジェクト思考とセットで学ぶべきものですが、それだけで1冊の本になってしまうので、オブジェクト指向が必要になったら改めて本などで学ぶとよいでしょう。

263

14

本当のp5.jsを
はじめよう
ゲーム&アニメーションを作る

　レッスン14の前半では、これまでに学んだ知識を使って、ピゴニャンの簡単なゲームを一緒に作りましょう。レッスンの後半では、p5.jsだけの機能を使って、ちょっとしたグラフィックスのアニメーションを作ってみます。

　このレッスン14では、p5.jsを本来の使い方で動かします。これまでの「ピゴニャンのスケッチ」では、setup関数もdraw関数も1回だけ実行されました。しかし、本来のp5.jsでは、draw関数の中に書いたコードはずっと繰り返し実行されます。draw関数の中でピゴニャンや図形を少しずつ動かすと、パラパラマンガと同じ原理でアニメーションに見えます。

　レッスン14を終えると、p5.jsの基本的な使い方がわかります。p5.jsには、この本で紹介する関数以外にも、図形を描いたり色をつけたりするための関数がたくさん用意されています。インターネット検索などを使って自分で関数の使い方を調べられるようになれば、これからは自由にアニメーションを作ることができるようになります。

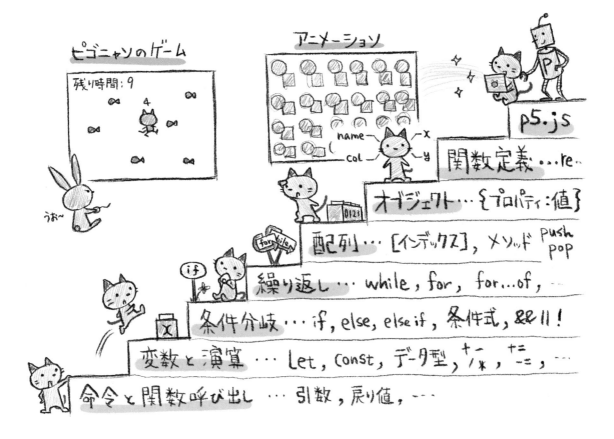

ピゴニャンのゲーム

残り時間:9

アニメーション

name
col
x
y

p5.js

関数定義 ···re..

オブジェクト··· {プロパティ:値}

配列··· [インデックス], メソッド push pop

繰り返し··· while, for, for...of, ─

条件分岐···if, else, else if, 条件式, && || !

変数と演算··· Let, const, データ型, +/＊, -= , ─

命令と関数呼び出し ··· 引数, 戻り値, ─

ピゴニャンのいない p5.jsを使ってみる

p5.jsは、アニメーションを作るのが得意なアプリです。
その本当の実力を引き出すには、draw関数が無限ループのように
繰り返し実行されるように設定を変更します。

p5.jsの最初のスケッチ

ここまでのレッスンでは、［別名で保存］を
繰り返しながら、ずっと「ピゴニャンのスケッ
チ」を使ってきました。ここで一度、ピゴニャ
ンのいないスケッチを使ってみましょう。

p5.jsのウェブエディターを最初に開いたと
きに表示される「最初のスケッチ」を使います。

図14.1 スケッチの新規作成

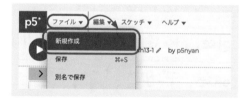

図14.2 本来のp5.jsの全体の動作

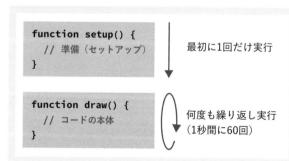

この最初のスケッチは、［ファイル］メニュー
から［新規作成］を選んでも開くことができま
す 図14.1。

最初のスケッチは、次のようにとてもシン
プルです。「ピゴニャンのスケッチ」にあるよ
うな、先頭2行のおまじないやdraw関数の前
のasyncがありません。

```
function setup() {
  createCanvas(400, 400);
}

function draw() {
  background(220);
}
```

この最初のスケッチでは、setup関数は最
初の1回だけ実行されるのに対し、draw関数
は何度も繰り返し実行されます 図14.2。どの
くらいの速さでdraw関数が繰り返す
のかというと、1秒間に60回です。こ
の「1秒間に繰り返される回数」のこと
を「フレームレート」といいます。

p5.jsでは、draw関数で描く図形を
少しずつ変えることで、パラパラマン
ガのようにしてアニメーションを表現
します。パラパラマンガでいう1枚の
画のことを「フレーム」といい、p5.jsに

限らず、テレビや映画、ビデオゲームの世界でも使われる用語です。p5.jsのフレームレートが60というのは、1秒間に60枚のフレーム（画<small>え</small>）が表示されるということです。

円を描く

レッスン2で一度、circle<small>サークル</small>関数を書き足して円を描きましたね。circle関数の引数の意味は コード14.1 のとおりです。

コード14.1 circle関数

```
// 円を描く関数
circle( 中心のx座標 ,  中心のy座標 ,  円の直径 )
```

background(220);の次の行でcircle関数を呼び出してみましょう コード14.2 。このコードを実行しても円は動きませんが、実際には1秒間に60回、同じ円が描かれています。

circle関数の第1引数（x座標）をグローバル変数xに置きかえて、draw関数の最後でxの値を増やしてみます コード14.3 。これを実行すると、円が右方向に動いていきます 図14.3 。

コード14.2 circle関数の呼び出し

```
function draw() {
  background(220);        // キャンバスをぬりつぶす
  circle(100, 200, 50); // 座標(100, 200)の位置に直径50の円を描く
}
```

コード14.3 円を右方向に動かす

```
/* グローバル変数 */
let x = 100;  // 追加 円のx座標

function setup() { ... }

function draw() { // while (true) と同じ
  background(220);
  circle(x, 200, 50);
// ↑第1引数を変数xに置きかえる

  x += 5; // 追加 5ずつ増やす
}
```

> **miniColumn**
> ### みちくさ
>
> フレームレートの単位はfps（エフピーエス）と書きます。これは "frames per second" の略で、「1秒間に表示されるフレームの枚数」という意味です（draw関数が1秒間に繰り返す回数と同じ意味になります）。人間の目には15fpsくらいからアニメーション（動画）のように見えます。テレビや映画は24〜30fpsで、シューティングゲームなど動きの速いものは144fpsで表示させることもあります。

背景をぬりつぶす

circle関数の上にあるbackground<small>バックグラウンド</small>関数は、キャンバス（背景）をぬりつぶす命令です。引数は「ぬりつぶしの色の明るさ」を表し、0が黒で、255が白です 図14.4 。実行結果 図14.3 のキャンバスが「ピゴニャンのスケッチ」と違って灰色なのは、background関数の引数が220（明るい灰色）だからです。

図14.3 コード14.3の実行結果

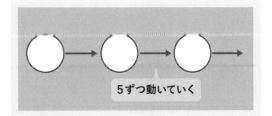

5ずつ動いていく

図14.4 0〜255の値と灰色の濃さ

試しに、先ほどの コード14.3 の background 関数を次のようにコメントアウトして実行してみてください。

```
function draw() {
  // background(220);  ←コメントアウト
  circle(x, 200, 50);

  x += 5;
}
```

図14.5 のように円がイモ虫のようになります。キャンバスがぬりつぶされないので、過去に描かれた円がすべて残っていることがわかります。また、キャンバスの色も指定されていないので、既定値の "白" になります。

図14.5 background関数なしで実行する

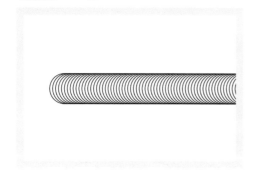

このように、draw関数は繰り返しのたびにキャンバスを自動的にぬりつぶすわけではないので、background関数がなければ、古い図形に重ねて新しい図形が描かれていきます。background関数のコメントアウトを元に戻

して、次に進みましょう。

フレームレートを変更する

コード14.3 の円を動かすコードでは、draw関数の繰り返しのたびに次の2つの処理が行われています。

❶ キャンバスをぬりつぶす（キャンバス上の図形を消す）
❷ 円のx座標を5だけ動かして描画する

これを1秒間に60回という速さで繰り返すので、円が連続して動いているように見えます。この繰り返しの速さ（フレームレート）はframeRate関数で変更することができます コード14.4 。

コード14.4 frameRate関数

```
// フレームレートを設定する
frameRate( 1秒間に繰り返したい回数 )
```

たとえばこれを1秒間に5回の繰り返しにしたければ、以下のように frameRate(5); とします。

```
function setup() {
  createCanvas(400, 400);
  frameRate(5);
}
```

繰り返しの停止と再開

次のようにmousePressed関数をスケッチの最後に追加してください。

```
function mousePressed() {
  noLoop();   // draw関数の繰り返しを停止
}
```

これを実行して、キャンバスのどこかをクリックすると、円の動きが止まります。これは、

draw関数の繰り返しを停止するnoLoop関数（ノーループ）が呼び出されたためです。

loop関数（ループ）を呼び出すと、停止していた繰り返しが再開します。 Enter キーで円の移動が再開するよう、keyPressed関数をスケッチの最後に追加して動作を確認してください。

```
function keyPressed() {
  if (key == "Enter") {
    loop();   // draw関数の繰り返しを再開
  }
}
```

「ピゴニャンのスケッチ」の draw関数はなぜ1回?

「ピゴニャンのスケッチ」では、draw関数が1回だけしか実行されませんでした。その理由は、ピゴニャン専用の関数であるstart関数の中でnoLoop関数が呼ばれているためです。

```
/* jshint esversion: 8 */
// noprotect

function setup() {
  createCanvas(480, 360);
  start(100, 200);
  ↑この中でnoLoop関数が呼ばれている
}

async function draw() {
  await sleep(1);
}
```

新しい「ピゴニャンのスケッチ」を用意して、start関数のあとに`loop();`を追加してください。これでdraw関数が繰り返すようになります。

```
function setup() {
  createCanvas(480, 360);
  start(100, 200);
  loop();
  // ↑追加 draw関数の繰り返しが再開する
}
```

試しに、 コード14.5 のようにdraw関数の中でmove関数を呼び出してみてください。while文やfor文の中に入れなくても、これだけでピゴニャンが右方向に歩き続けます。draw関数が繰り返されているので、move関数も繰り返し（1秒間に60回）呼び出されるからです。

コード14.5 ピゴニャンを歩かせる

```
async function draw() {
  await sleep(1);
  move(10);
  ↑この1行だけでピゴニャンが動き続ける
}
```

なお、 コード14.5 を実行すると、ピゴニャンがキャンバスの右端から出ていっても、プログラムはずっと動き続けます。忘れずに停止ボタン[■]を押してください。プログラムが動き続けていると、パソコンの動作が遅くなることがあります。

さようなら、sleep関数

さて、 コード14.5 のピゴニャンのコードを実行してみると、ピゴニャンの動きがとても速いことがわかります。`await sleep(1);`があるので1秒止まっては10歩ずつ動くはずですが、どうやらsleep関数がうまく効いていないようです。

残念ながら、draw関数の繰り返しを再開すると、awaitの付いた関数（sleep関数やsayFor関数）は効かなくなります。本来のp5.jsでプログラミングするときは、sleep関数を使わずにプログラムを書くことになります。

なお、「ピゴニャンのスケッチ」の先頭2行のおまじないとdraw関数の前のasyncという

269

キーワードは、p5.jsでawaitを使うために必要だったものです。awaitが使えないということは、これらも不要ということになります。

ピゴニャンがイモ虫にならない理由

ところで、円を描いたときにはbackground関数がないと過去の円が残ってイモ虫のようになってしまったのに、ピゴニャンはなぜそうならないのでしょうか。

それは、ピゴニャン専用の関数の中でbackground関数が呼び出されているからです。たとえば`move(10);`が呼ばれると、以前のピゴニャンを`background(255)`で白くぬりつぶしてから、10歩動かした先に新しいピゴニャンを描画します。

レッスン3（3.4節）で、ピゴニャン専用の関数よりも前（上）にp5.jsのcircle関数などを呼び出すと、p5.jsで描いた図形が消えてしまうという話をしました。それは、ピゴニャンの関数の中で呼ばれるbackground関数によって、p5.jsの関数で描いた図形まで消されてしまうからです。

ピゴニャン専用の関数の中でbackground関数を呼ばないようにすると、ピゴニャンも図14.6のようにイモ虫状態になります。

図14.6 イモ虫ピゴニャン

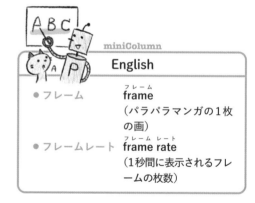

miniColumn

English

- フレーム　**frame**
  （パラパラマンガの1枚の画）
- フレームレート　**frame rate**
  （1秒間に表示されるフレームの枚数）

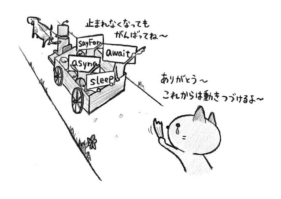

14.2 ピゴニャンのゲームを作ってみよう

draw関数を繰り返すように切り替えて、
ピゴニャンが登場する簡単なゲームを作ってみましょう。
これまでに学んだ知識を復習しながら進めていきます。

これから作るゲーム

最初に、これから作るゲームの完成形を見ておきましょう 図14.7 。

図14.7 これから作るゲームの完成形

レッスン1でも紹介しましたが、このゲームではピゴニャンを動かして魚を食べていきます。時間制限があり、15秒間で全部食べられるかに挑戦します。サポートページのリンクから実際に動くゲームを触ってみることができます。

ゲームを作る手順は、次のようになります。

❶土台となるコードを用意する
❷ピゴニャンを矢印キーで操作する
❸ピゴニャンが端に着いたら跳ね返す
❹魚をランダムに配置する
❺食べた魚の数を数える
❻残り時間を表示する（残り時間の計算➡表示）
❼ゲームを終了させる

❶土台となるコードを用意する

14.1節で途中まで書きかえていた「ピゴニャンのスケッチ」のコードを土台にして進めていきましょう。 コード14.6 のように少し書きかえてください。キャンバスサイズやピゴニャンの登場位置は変更なしです。

sleep関数が使えなくなるので、フレームレートを10としてピゴニャンの動く速さを調

コード14.6 土台となるコード

```
function setup() {
  createCanvas(480, 360);
  start(100, 200);
  frameRate(10);   // 追加 フレームレートを10に変更
  loop();          // 追加 draw関数の繰り返しを再開
}

function draw() {
  // await sleep(1);   ➡ 削除
  move(10);        // 1秒間に10回×10歩数ずつ動く
}
```

整します。draw 関数から await sleep(1); を削除してください。スケッチの先頭2行のおまじないと draw 関数の前の async は残しておいてもかまいませんが、サンプルコードからは削除しています。

❷ピゴニャンを 矢印キーで操作する

まずは、ピゴニャンの移動方向を矢印キー ⬆⬇⬅➡ で操作できるようにしましょう。draw 関数の繰り返しによって move 関数はずっと呼び出されている（ピゴニャンは歩き続けている）ので、矢印キーで操作するのはピゴニャンの向きだけです。

コード14.7 のとおり、イベントハンドラーの keyPressed 関数を定義します。システム変数 key の値によって矢印キーの上下左右を区別し（11.4節の 表11.4 ）、if 文で条件分岐します。

なお、プログラムを実行したあとでキャンバスを一度クリックしないと、キー入力のイベントは受け付けられません。実行ボタン[▶]をクリック➡キャンバスをクリック➡矢印キーで操作という流れです。

コード14.7 ピゴニャンの向きを変える

```
/* 追加 ピゴニャンの向きを変える */
function keyPressed() {
  if (key == "ArrowUp") {
    turn("上");
  } else if (key == "ArrowDown") {
    turn("下");
  } else if (key == "ArrowLeft") {
    turn("左");
  } else if (key == "ArrowRight") {
    turn("右");
  }
}
```

❸ピゴニャンが 端に着いたら跳ね返す

実際に動かしてみたら感じると思いますが、ピゴニャンの動きが思いのほか速く、モタモタしているとキャンバスから出てしまいます。Scratch だと[もし端に着いたら、跳ね返る]ブロックがあるので安心ですね。ピゴニャンにもその機能を付けましょう。

ピゴニャンの向きを反転するには、ピゴニャン専用の turnBack 関数を呼び出します（レッスン3末の 表3.2 ）。たとえば、ピゴニャンが右向きのときに turnBack(); が実行されると、左向きになります。ピゴニャンがキャンバスから出たかどうかを常にチェックし、出たときにはこの turnBack 関数を呼び出します。

「キャンバスから出た」というのは、x 方向でいうと、ピゴニャンの x 座標が 0 より小さいか、width より大きいときです。y 方向もほぼ同じで、width が height に変わるだけです。この4パターンの条件のどれかひとつでも満たされるとキャンバスから出たことになるので、すべて OR 演算子 || でつなぎます コード14.8 。

コード14.8 キャンバスから出たか調べる条件式

```
x < 0 || x > width || y > height || y < 0
```

条件式に含まれるピゴニャンの座標は getX 関数と getY 関数でそれぞれ取得できます。ここまでの処理をまとめて書くと コード14.9 のようになります。このコードを draw 関数の中（move 関数の呼び出しのあと）に置いてください。

さて、実行してみると、この条件式では、ピゴニャンがキャンバスから少し飛び出してから跳ね返ります。ピゴニャンの基準点がちょうど口元くらいにあるため、キャンバスの端の値（0

コード14.9 ピゴニャンが端に着いたら跳ね返す

```
// 追加 ピゴニャンが端に着いたら跳ね返す
let x = getX();
let y = getY();
if (x < 0 || x > width || y > height || y < 0) {   // ←あとでコード14.10に置きかえ
  turnBack();
}
```

コード14.10 跳ね返りの条件式

```
x <= 30 || x >= width - 30 || y >= height - 28 || y <= 36
```

図14.8 ピゴニャンと魚の基準点と大きさ

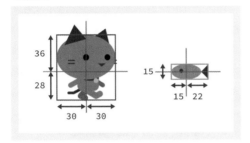

図14.9 跳ね返りの条件

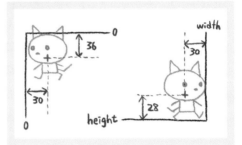

やwidth)をそのまま使った条件だと身体半分がキャンバスから飛び出してしまうのです。

　ピゴニャンの基準点と大きさは **図14.8** のとおりです。基準点は、図中の十字の直線の交わる位置になります。後ほど解説に登場する魚の情報も示しておきます。

　この情報を参考に跳ね返りの条件式を調整すると、**コード14.10** のようになります。**図14.9** のように図を描いて考えてみるとよいでしょう。なお、大なり小なりではなく、大なりイコールおよび小なりイコールにすることで、キャンバスの端にピゴニャンの頭が触れただけで跳ね返ります。

❹魚をランダムに配置する

　ピゴニャンが食べる魚をランダムに配置しましょう。魚の配置はputFish関数、乱数の

生成はrandomInt関数を使います。putFish関数の第3引数に "random" という文字列を指定すると6色の中から色がランダムに選ばれます（レッスン3末の **表3.2** ）。

　魚はひとまず10匹配置することにします。つまり、for文を使ってputFish関数を10回呼び出します。魚の基準点と大きさを先ほどの **図14.8** で確認して、魚がキャンバスからはみ出さないように乱数の範囲を決めます **コード14.11** 。

コード14.11 魚の配置

```
// 追加 魚をランダムな位置に配置する
for (let i = 0; i < 10; i += 1) {
  let x = randomInt(15, width - 22);
  let y = randomInt(8, height - 8);
  putFish(x, y, "random");
}
```

　魚の配置は最初の1回だけでよいので、draw関数ではなくsetup関数の中に記述しま

す。コードを置く場所は、start関数より後ろならどこでもかまいません。実行すると 図14.10 のように表示されるかと思います。なお、このコードにはまだ問題があるのですが、それについてはあとで説明します。

　余談ですが、この for 文を draw 関数の中に置くと、図14.11 のように 10 匹どころではない魚に囲まれます。途中でパソコンが動かなくなることもあるので、すぐに停止ボタン [■] を押してください。Scratch などでも同じ状態になったことがあるかもしれませんが、あまりにたくさんのキャラクターが登場すると、パソコン全体の動きが遅くなってしまいます。

　こうなってしまう理由は、ピゴニャン専用

図14.10 コード 14.11 の実行結果

図14.11 無数の魚に囲まれる

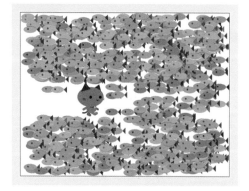

の関数の中で呼び出される background 関数で魚が毎回ぬりつぶされないようにしているからです。そのため、前回のフレームで描画された 10 匹が消えないまま、次のフレームでまた 10 匹が追加されます。フレームレートが 10 だと 1 秒間に 100 匹ずつ増えていきます。

❺食べた魚の数を数える

　ピゴニャンを矢印キーで動かして魚を食べられるようになったので、魚を何匹食べたかピゴニャンにしゃべらせましょう。

　ピゴニャンを移動させる関数(move など)は、その戻り値として、食べた魚の情報(座標と色)をオブジェクトで返します。何も食べなかったときは false を返します。draw 関数の先頭の move(10); を コード14.12 のように変更し、戻り値を変数 eaten で受け取ってコンソールに表示します。

miniColumn
ステップアップ

　putFish 関数の中身はもっと複雑です。putFish 関数は、引数に指定された魚を単純に描画するだけではなく、同時に魚を配列に追加しています。putFish 関数が 1 回呼ばれるたびに 1 匹の魚が配列に追加され、あとで配列の中の魚をまとめて描画します。

　なぜそのようにしているかというと、ピゴニャンを動かすたびに background 関数が呼ばれて、魚まで消されてしまうからです。そこで、魚の位置と色を配列に入れて覚えておき、background 関数で消されたあとにあらためて(ピゴニャンと一緒に)描画しています。ピゴニャンに食べられた魚はその配列から消され、キャンバスに描画されなくなります。

コード14.12 食べた魚の数を数える

```
function draw() {
  let eaten = move(10); // 変更
  print(eaten);         // 追加
  // ➡食べたとき{ x: x座標, y: y座標, col: 色 }
  // ➡食べなかったときfalse

  // 省略 ピゴニャンが端に着いたら跳ね返す
}
```

図14.12 食べた魚の情報

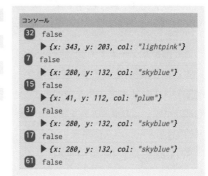

実行すると、図14.12のようにコンソールにずらずらと結果が表示されていきます。falseの横に書かれている青背景の数字は、print関数からfalseが出力された回数です。ほとんどの移動では魚を食べず、ときどき食べていることがわかります。

次に、魚を食べた回数をカウントする変数を用意しましょう。これがこのゲームの点数になるので変数名はscore（スコア）とします。draw関数が繰り返すあいだも値を保持しておく必要があるので、グローバル変数とします。次のコードをスケッチの先頭に追加してください。

```
/* グローバル変数 */
let score = 0;
// ⬆ 追加 点数（魚を食べた数）
```

ピゴニャンが魚を食べたときには変数eatenがfalse以外の値（オブジェクト）になるので、点数（score）を増やす処理は コード14.13 のようになります。魚を食べたらscoreを1増や

コード14.13 魚を食べたらスコアをしゃべる

```
function draw() {
  let eaten = move(10);
  // print(eaten); ➡削除

  // 追加 もし、魚を食べたら……
  if (eaten != false) {
    score += 1; // スコアを1増やして
    say(score); // スコアをしゃべらせる
  }
  ...
}
```

し、ピゴニャンにscoreの値をしゃべらせます 図14.13 。

本当はsay関数ではなくsayFor関数（〜と○秒間しゃべる）を使って、食べたときだけ点数をしゃべらせたいところですが、awaitはもう使えません。そのため、ピゴニャンはずっとしゃべりっぱなしにしておくことになります。

なお、1回の移動で2匹以上の魚に同時にぶつかったときも、点数は1ずつしか増えません。魚を全部食べても10点にならないときがある原因のひとつはそれです。これはピゴニャン専用の関数の問題なので、残念ですが今回はあきらめます。

図14.13 コード14.13の実行結果

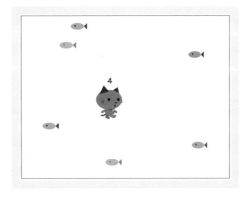

残り時間を計算する
❻-1：残り時間を表示する

ごく簡単なゲームでも制限時間が設定されているとおもしろくなります。今回のゲームでは、制限時間内にすべての魚を食べることができたら成功です。よりゲーム性を持たせるために「残り時間」をキャンバスに表示しましょう。

Scratchには［タイマー］ブロックがありますが、p5.jsにもframeCountというシステム変数が用意されています。これはプログラムが実行されてからのフレーム数（draw関数が何回繰り返したか）を表す変数です。

draw関数の中の一番下に次のコードを書いてみてください。実行すると、コンソールに数字（フレーム数）が表示されます。

```
print(frameCount); // 追加
```

フレーム数のままだとわかりにくいので、秒数にしましょう。ちょっとした算数になりますが、1秒間のフレーム数がフレームレートなので、現在のフレーム数をフレームレートで割ると秒数になります（秒数＝フレーム数÷フレームレート）。そのままだと小数になっ

てしまうので、floor関数で小数点以下を切り捨てます（5.4節）。

```
floor(frameCount / 10)
// ↑ゲーム開始からの秒数
```

この秒数をゲームの制限時間から引けば「残り時間」になります。制限時間は、ひとまず15秒にしておきます。残り時間を入れる変数名はgame_timeとします。draw関数の最後を以下のように書きかえてみてください。

```
// print(frameCount); ➡削除
// 残り時間の計算
let game_time =
  15 - floor(frameCount / 10);
print(game_time);
```

キャンバスへ表示する
❻-2：残り時間を表示する

この「残り時間」をコンソールではなくキャンバスに表示したいのですが、ピゴニャンにはすでにスコアをしゃべらせています。ゲーム画面としても、キャンバスに表示したほうがそれらしいですね。ということで、これまで使ってこなかったp5.jsの描画関数を使ってみましょう。

少し前にも説明したとおり、p5.jsの関数はピゴニャン専用の関数よりもあとに書かないとbackground関数で消されてしまいます。draw関数を繰り返すように設定してもそのルールは同じです。p5.jsの関数はdraw関数の中の一番最後にまとめて書いてください。

キャンバスに文字列を描画するp5.jsの関数はtext関数です。この本では、キャンバスに描画する文字列のことを（文字列型の値と区別して）「テキスト」と呼ぶことにします。

text関数は、引数に「表示する文字列」と「表示する位置」（座標）を指定します コード14.14。

miniColumn
みちくさ

await sayFor()が使えなくても、else文を追加して引数なしのsay()を呼べば、しゃべった点数を消すことができる……と思った人もいるかもしれません。たしかにそうすれば、魚を食べたときだけ点数をしゃべりますが、1フレーム（0.1秒間）しか表示されないのでほとんど読めません。しかし、そうやっていろいろと試してみることはとても大切です。失敗した数だけプログラミングは上達します。

基準点は「表示する文字列の左下角」になります。文字の大きさを指定する textSize 関数 **コード14.15** と合わせて使うと、意図した場所に配置できます **図14.14** 。

では、残り時間をキャンバスの左上に表示しましょう。これも自分で図を描いて計算するとよいでしょう **図14.14** 。文字サイズを 16 として、キャンバスの端から少し離して置くとすると

コード14.14 text関数

```
// キャンバスにテキストを表示する
text( 表示する文字列 , x座標 , y座標 )
```

コード14.15 textSize関数

```
// テキストの文字サイズを設定する
textSize( 文字サイズ )
```

図14.14 text関数の基準点と文字サイズ

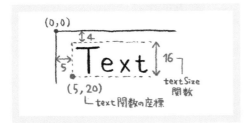

(x, y) = (5, 20) くらいにするのがよさそうです。このようにして、文字サイズとテキストの配置を **コード14.16** のように設定します。textSize 関数の設定にしたがって text 関数が描画されるので、textSize 関数を必ず先に呼び出します。

text 関数の第1引数（表示する文字列）には変数 game_time を指定しています。game_time は数値ですが、text 関数の中で自動的に文字列（数字）に変換されます。ただ、その数字が残り時間であることがわかりやすいように"残り時間："という文字列を前につなげましょう **コード14.17** 。実行すると **図14.15** のようになります。

❼ゲームを終了させる

さて、このままでは 15 秒を過ぎると残り時間がマイナスに突入していきます。残り時間が 0 秒になるか、魚を全部食べたところでゲームを終了するようにしましょう。ゲームが終了するとピゴニャンの動きを止め、成功か失敗かを text 関数で表示します。

コード14.16 文字の大きさと位置を指定する

```
// 文字サイズを16にする
textSize(16);
// (5, 20)の位置に残り時間を描画
text(game_time, 5, 20);
```

図14.15 残り時間表示

残り時間：12

コード14.17 残り時間をキャンバスに表示する

```
function draw() {
  let eaten = move(10);
  ...
  // 追加 残り時間をキャンバスに表示
  let game_time = 15 - floor(frameCount / 10);
  // print(game_time); ➡削除
  textSize(16);
  text("残り時間：" + game_time, 5, 20);
}
```

まず、点数scoreが魚の出現数（今回は10匹）と等しくなれば成功です。大きめの「成功！」という文字列をキャンバス中央あたりに表示します。draw関数の繰り返しを止めるにはnoLoop関数を呼び出すのでした。 コード14.18 をdraw関数の中の一番下に追加してください。

text関数の手前で`say();`を呼んでいるのは、draw関数が止まってもkeyPressed関数は動いているので、ゲーム終了後も矢印キーを押すとピゴニャンが点数をしゃべってしまうからです（しかも大きさ32の文字で）。ゲームが終了したら、引数なしの`say()`を呼んでピゴニャンには口を閉じてもらいます。

次に、残り時間が0秒になったら「失敗…」と表示させましょう。処理は コード14.19 のようになります。成功のときとコードがほぼ同じですね。if文の中身は、表示するテキストが「成功！」か「失敗…」かの違いしかありません。このコードもdraw関数の最後に追加してください。

コード14.18 成功したとき

```
// 追加 成功したとき
if (score == 10) {
  say();          // ピゴニャンを無言にする
  textSize(32);   // 文字サイズを大きくする
  text("成功！", width / 2, height / 2);
  noLoop();       // draw関数の繰り返しを停止
}
```

コード14.19 失敗したとき

```
// 追加 失敗したとき
if (game_time <= 0) {
  say();
  textSize(32);
  text("失敗…", width / 2, height / 2);
  noLoop();
}
```

コード14.20 テキストのズレを修正する❶

```
text("失敗…", width / 2 - 48, height / 2 + 16);
```

コード14.21 テキストのズレを修正する❷

```
text("失敗…", width / 2 - 40, height / 2 + 12);  // 調整後
```

ここまでで一度、正しく動くか確認してみてください 図14.16 。なお、2匹以上の魚を同時に食べてしまうと成功はしません。それもゲームの一部だと思って、1匹ずつ食べてみてください。また、後ほど説明する「問題」があって、魚を全部食べても10点にならないことがあります。この問題もよく起こるので、 コード14.18 の条件分岐を `if (score == 8)` くらいに一時的に変更してもよいでしょう。

終了時のテキストが中央からズレているのも気になりますね。text関数の基準点が「テキストの左下角」なのに、text関数に指定している座標を`width / 2, height / 2`にしているからです。「成功！」も「失敗…」も1行×3文字で、文字サイズは32なので、y方向に0.5文字分（1行の半分➡16）、x方向に-1.5文字分（3文字の半分➡48）だけ移動させてみましょう コード14.20 。

ここから先は目分量で調整します。ここでは コード14.21 のようにしておきます。自分で納得いくように調整してみましょう。

図14.16 失敗したときの画面（シンプル版）

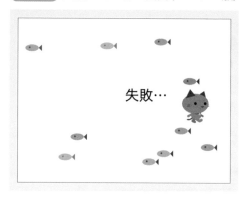

関数に切り出す

さて、ゲーム終了時の処理 コード14.22 の2つのif文を見ていると同じコードが多いですね。まずはこれをひとつにまとめましょう。

コード14.23 のようにif文を入れ子にしてまとめる方法もありますが、条件式「score == 10」が2ヵ所に出てくるのがすっきりしません。また、text関数の引数も「成功！」と「失敗…」しか違わず、あとは同じ式です。

ここは コード14.22 のif文の中身を関数に切り出して、表示するメッセージだけ引数で渡すようにするのがよいでしょう コード14.24。関数名はshowEndingとします。"show"は「見せる」、"ending"はカタカナ英語になっている「エンディング」です。

draw関数の中は、コード14.25 のように関数呼び出しに書きかえます。かなりすっきりとしますね。

コード 14.22 ゲーム終了時の処理（コード14.18＋コード14.19）

```
// 成功したとき
if (score == 10) {
  say();          // 同じコードA
  textSize(32);   // 同じコードB
  text("成功！", width / 2 - 40, height / 2 + 12);
  noLoop();       // 同じコードC
}


// 失敗したとき
if (game_time <= 0) {
  say();          // 同じコードA
  textSize(32);   // 同じコードB
  text("失敗…", width / 2 - 40, height / 2 + 12);
  noLoop();       // 同じコードC
}
```

コード 14.23 if文を入れ子にしてまとめる

```
if (score == 10 || game_time <= 0) { // 同じ条件式
  say();
  textSize(32);
  if (score == 10) { // 同じ条件式
    text("成功！", width / 2 - 40, height / 2 + 12);
  } else {
    text("失敗…", width / 2 - 40, height / 2 + 12);
  }
  noLoop();
}
```

コード 14.24 showEnding関数の定義

```
/* 終了画面の描画 */
function showEnding(msg) {
  say();
  textSize(32);
  text(msg, width / 2 - 40, height / 2 + 12);
  noLoop();
}
```

装飾してみる

さて、このままではエンディングが味気ないので、もう少し装飾してみましょう。テキストを白抜き文字にして、背景に大きな四角形を配置してみます 図14.17。

四角形はp5.jsの rect 関数で描画します コード14.26。rect は「四角」を意味する "rectangle" の先頭4文字です。rect関数は、

コード 14.25 showEnding関数の呼び出し

```
// 変更 ゲーム終了の処理
if (score == 10) {
  showEnding("成功！");
} else if (game_time <= 0) {
  showEnding("失敗…");
}
```

第1引数と第2引数で描画位置を決めて、第3引数と第4引数で四角の大きさを決めます。

rect関数の基準点は、キャンバスと同じく

279

図14.17 エンディングの装飾

コード14.26 rect関数

```
// 四角形（長方形）を描画する
rect( 左上のx座標 , 左上のy座標 , x方向の長さ , y方向の長さ )
```

コード14.27 rect関数の引数の設定例

```
rect(width / 2 - 100, height / 2 - 50, 200, 100)
```

図14.18 rect関数のx座標を計算する

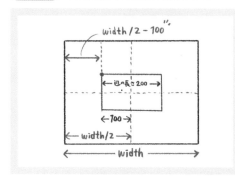

コード14.28 色の設定を行う関数

```
// fill関数（ぬりつぶしの色を設定する）
fill(" 色名 ")

// noStroke関数（枠線を無しにする）
noStroke()

// stroke関数（枠線の色を設定する）
stroke(" 色名 ")
```

左上角です。たとえば、キャンバス中央に200×100の大きさの四角形を描きたいときは、まず左上の座標を決めて、そこから辺の長さを決めます。x座標の計算方法を**図14.18**に示

します。y方向も同じように考えて求めます。

　結果、**コード14.27**のように引数を設定すれば、中央に200×100の四角形が描画されます。もう気づいているかと思いますが、p5.jsでは、このように頭で考えて計算することが多いです。

　次に、色を設定しましょう。**コード14.28**に示すp5.jsの関数を使います。まず、テキストの文字色と四角形のぬりつぶし色はfill関数で指定します（"fill"は「ぬりつぶす」という意味）。fill関数の引数（色名）には、ピゴニャン専用のchangeColor関数などと同じ色名が使えます。そのままでは四角形の周りに枠線が付いてしまうので、noStroke関数で枠線をなしにします（"stroke"は「線を引く」という意味）。ついでに、枠線の色を設定するstroke関数の構文も紹介しておきます。色の指定はfill関数と同じです。

　これらの関数は「描画の設定」をするものなので、rect関数よりも前に呼び出す必要があります。textSize関数とtext関数もそうでしたが、p5.jsには「描画の設定」をする関数と「描画」をする関数があり、設定を先にすませておいてから描画する……という順番になり

miniColumn

ステップアップ

　text関数の基準点を変更する関数もあります。textAlign関数を使って`textAlign(CENTER, CENTER);`と実行すれば、text関数の基準点をテキストの中央に変更できます（"align"は「そろえる」、"center"は「中央」という意味）。そうすれば位置の調整は必要なく、text関数の引数は`width / 2, height / 2`のままでOKです。一方で「残り時間」の位置調整が難しくなってしまうのですが、残り時間を描画する直前に`textAlign(LEFT, BOTTOM);`を呼び出して基準点を左下角に戻せばOKです（"bottom"は「下」という意味）。

ます。

それでは、 コード14.24 の showEnding関数の定義にコードを追加して、四角形を装飾していきましょう。 コード14.29 のようになります。成功と失敗で色が変えられるように、showEnding関数の引数をひとつ増やして、引数で四角形の色を指定できるようにします。

関数呼び出しのほうでも、第2引数を追加して四角形の色を指定します。 コード14.30 では、成功は赤色 "firebrick"、失敗は青色 "navy" としましたが、みなさんの好きな色を選んでください。成功すると、 図14.19 のような表示になります。

問題を解消する

これでゲームはおおよそ完成したわけですが、このコードにはまだ問題があるのでした。もう気づいているかもしれませんが、ときどき魚が最初から10匹いないことがあります。

もう一度、魚をランダムに配置する コード14.11 を見てみましょう。何も問題がないように見えますし、魚がちゃんと10匹い

コード14.29 showEnding関数の定義（引数の追加）

```
/* 終了画面の描画 */
function showEnding(msg, rectCol) {
  say();

  // 追加 四角形
  fill(rectCol);  // 色の設定 ➡ 四角形の色
  noStroke()      // 線の設定 ➡ 枠線はなし
  rect(width / 2 - 100, height / 2 - 50, 200, 100);

  // テキスト
  textSize(32);
  fill("white");  // 追加 色の設定 ➡ テキストの色
  text(msg, width / 2 - 40, height / 2 + 12);

  noLoop();
}
```

コード14.30 showEnding関数の呼び出し（変更）

```
// ゲーム終了の処理
if (score == 10) {
  showEnding("成功！", "firebrick");  // 変更
} else if (game_time <= 0) {
  showEnding("失敗…", "navy");        // 変更
}
```

コード14.11 （再掲）魚の配置

```
// 魚をランダムな位置に配置する
for (let i = 0; i < 10; i += 1) {
  let x = randomInt(15, width -22);  // x座標
  let y = randomInt(8, height - 8);  // y座標
  putFish(x, y, "random");
}
```

ることもあります。なぜ実行するたびに数が変わるのでしょうか。

その理由は、ランダムに決まる魚の位置がピゴニャンの最初の位置と重なった場合、変

図14.19 ゲーム成功の画面（装飾付き）

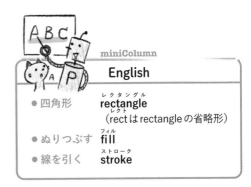

miniColumn

English

● 四角形　**rectangle**
　　　　　（rectはrectangleの省略形）

● ぬりつぶす　**fill**

● 線を引く　**stroke**

数scoreを増やす前に魚が食べられてしまうからです。解決方法はいくつかありますが、ここではシンプルに、ピゴニャンの登場位置を左端に寄せ、その場所には魚を出現させないようにしましょう 図14.20 。

ピゴニャンの登場位置は、start関数の引数で指定します。ピゴニャンの登場位置が少しでもキャンバスから出ると「端に着いたら跳ね返る」機能にハマって動けなくなってしまうので

で（試してみてください）、図14.9 も参考にして、キャンバスからギリギリ出ない位置に指定します コード14.31 。

また、魚の幅は基準点から口先までが15なので、魚の登場位置（x座標）を75〜で生成すれば、出現すると同時にピゴニャンに食べられることはなくなります コード14.32 。

図14.20 魚と重ならないようにする

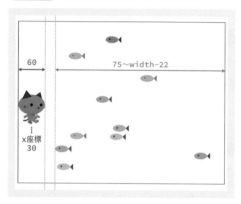

コード14.31 ピゴニャンの登場位置の調整

```
/* setup関数の中 */
start(30, 200);  // キャンバスの左端に登場
```

コード14.32 魚の登場位置の調整

```
// 魚をランダムな位置に配置する
for (let i = 0; i < 10; i += 1) {
  let x = randomInt(75, width - 22);
  // 変更 15→75
  ...
}
```

コード14.33 パラメーターをまとめる

```
/* パラメーター */
const FRAME_RATE = 10;   // フレームレート
const TIME_LIMIT = 15;   // 制限時間（秒）
const N_FISH = 10;       // 魚の出現数
const N_STEP = 10;       // 1回の移動歩数
以下、数値を定数に置きかえる
```

プログラムを整理する

最後に、制限時間や魚の出現数など、ゲームの難易度を決める数値（パラメーター）はいつでも変更しやすいよう、定数としてコードの先頭でまとめて宣言しておくとよいでしょう コード14.33 。パラメーターであることがわかりやすいように、ここではすべて大文字で書くことにします。フレームレートやピゴニャンの歩数なども同様です。

また、使い回しできる処理は関数として切り分けておくと便利です。たとえば、ピゴニャンがキャンバスから出たかどうかを判断する部分はisOutsideという関数に切り出しておきましょう コード14.34 。外に出たらtrue、そうでなければfalseを返す、戻り値ありの関数となります。draw関数の中は、以下のようにシンプルになります。

```
// 端まで行ったら切り返す
if (isOutside() == true) {
  turnBack();
}
```

コード全体
ピゴニャンのゲーム

コード14.35 にコード全体を示しておきます。

コード 14.34 isOutside関数の切り出し

```
/* ピゴニャンがキャンバス外に出たことを判定する関数 */
function isOutside() {
  let x = getX();
  let y = getY();
  if (x <= 30 || x >= width - 30 || y >= height - 28 || y <= 36) {
    return true;
  } else {
    return false;
  }
}
```

コード 14.35 ピゴニャンのゲーム（完成版）

```
/* パラメーター */
const FRAME_RATE = 10;   // フレームレート
const TIME_LIMIT = 15;   // 制限時間（秒）
const N_FISH = 10;       // 魚の出現数
const N_STEP = 10;        // 1回の移動歩数

/* グローバル変数 */
let score = 0; // スコア（魚を食べた数）


function setup() {
  createCanvas(480, 360);
  start(30, 200);  // キャンバスの端に登場させる

  // 魚をランダムな位置に配置する
  for (let i = 0; i < N_FISH; i += 1) {
    let x = randomInt(75, width - 22);  // x座標（端は避ける）
    let y = randomInt(8, height - 8);   // y座標
    putFish(x, y, "random");            // 魚を描画
  }

  frameRate(FRAME_RATE); // フレームレートを変更
  loop(); // draw関数の繰り返しを再開
}

function draw() {
  // ピゴニャンを動かす
  let eaten = move(N_STEP);

  // 魚を食べたら加点
  if (eaten != false) {
    score += 1; // 加点
    say(score); // 点数をしゃべらせる
  }

  // 端まで行ったら切り返す
  if (isOutside() == true) {
    turnBack();
  }
```

```
    // 残り時間をキャンバスに表示
    let game_time = TIME_LIMIT - floor(frameCount / FRAME_RATE);
    textSize(16); // 文字サイズを16に変更
    text("残り時間:" + game_time, 5, 20); // 左上に表示

    // ゲーム終了の処理
    if (score == N_FISH) {
        showEnding("成功!", "firebrick"); // 赤色
    } else if (game_time <= 0) {
        showEnding("失敗…", "navy"); // 青色
    }
}

/* 終了画面の描画 */
function showEnding(msg, rectCol) {
    say();

    // 背景の四角形
    fill(rectCol); // 色の設定➡四角形の色
    noStroke()     // 線の設定➡枠線はなし
    rect(width / 2 - 100, height / 2 - 50, 200, 100);

    // テキスト
    textSize(32);   // 文字サイズを32に変更
    fill("white"); // 色の設定➡テキストの色
    text(msg, width / 2 - 40, height / 2 + 12);

    noLoop();
}

/* ピゴニャンがキャンバス外に出たことを判定する関数 */
function isOutside() {
    let x = getX();
    let y = getY();
    // ピゴニャンの大きさに配慮して条件式を設定
    if (x <= 30 || x >= width - 30 || y >= height - 28 || y <= 36) {
        return true;
    } else {
        return false;
    }
}

/* 矢印キーでピゴニャンの向きを変える */
function keyPressed() {
    if (key == "ArrowUp") {
        turn("上");
    } else if (key == "ArrowDown") {
        turn("下");
    } else if (key == "ArrowLeft") {
        turn("左");
    } else if (key == "ArrowRight") {
        turn("右");
    }
}
```

14.3
アニメーションを
作ってみよう

p5.jsの「最初のスケッチ」を使ってアニメーションを作りましょう。
最後になりましたが、いよいよp5.jsの本領発揮です。

作成手順

これから作るアニメーションは、カラフルな円と四角形がキャンバスに敷き詰められたものです。図14.21 にサンプル画像が4つ並んでいますが、ステップ**1**〜**4**の順に進めていきます。

図14.21 だけではわかりませんが、ステップ**3**〜**4**の赤い十字模様はマウスポインターに合わせて動きます。また、ステップ**4**では円がアニメーションで大きくなったり小さくなったりします。

プログラムの作成は、次のように進めることにしましょう。

❶土台となるコードを用意する
❷円を横一列に並べる
❸円に色を付ける
❹円をキャンバスに敷き詰める
❺正方形を追加する
❻マウスの動きに合わせて変化させる
❼円の大きさを変化させる
❽色を1秒に1回更新する

❶土台となるコードを用意する

まず、「ファイル」メニューの［新規作成］から新しいスケッチを開きます。コード14.36 のように、少しだけ追加と変更をしてください。ひとまずキャンバス中央に円を描いています図14.22。今回は background 関数は必要なので消さないでください。

図14.21 最終的なデモ

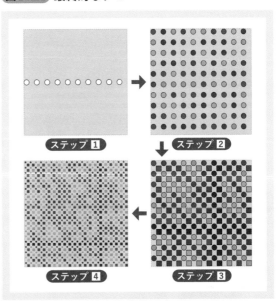

ステップ **1**   ステップ **2**

ステップ **4**   ステップ **3**

コード14.36 土台となるコード

```
/* グローバル変数 */
const FRAME_RATE = 20; // 追加 フレームレート

function setup() {
  createCanvas(400, 400);
  frameRate(FRAME_RATE); // 追加 フレームレートを20に設定
}

function draw() {
  background(240); // 変更 220より少し明るい240に変更

  circle(width / 2, height / 2, 20); // 追加 キャンバス中央に直径20の円を描く
}
```

> 円を描くcircle関数の構文
> circle(x座標 , y座標 , 直径)

コード14.37 円を横一列に並べる

```
// xを0から20ずつ増やしてキャンバスの右端まで円を描画
for (let x = 0; x < width; x += 20) {
  circle(x, height / 2, 20);   // 第1引数を変数xに置きかえる
}
```

図14.22 コード14.36の実行結果

❷円を横一列に並べる

円を一列に並べます。先ほどの コード14.36 の
circle関数の部分を書きかえて、for文を使って
キャンバスの左端から右端まで円を並べてみま
しょう コード14.37 。 図14.23 のようになりま

す。なお、以降では一部の実行結果の図でキャ
ンバスの上下を切り取って省略しています。

コード14.37 では、変数x（円のx座標）を20
ずつ増やしています。この移動距離が円の直
径と同じ20なので、円はぴったりくっついて
並びます。

ひとまず、左端の円が半分になっているの
が気になりますね。円の基準点は"中心"なの
で、変数xの初期値を0にするとこのように半
円になってしまいます。変数xの初期値を直
径の半分の10に変更しましょう コード14.38 。
実行すると 図14.24 のようになります。

図14.23 コード14.37の実行結果

コード14.38 左端の円を調整する

```
for (let x = 10; x < width; x += 20)
{  // 変更 初期値を半径の大きさ
  circle(x, height / 2, 20);
}
```

横一列に並べるのはこれでよいのですが、あとで円の直径を変えたくなったときに、変更する数値が多くて忘れそうです。円の直径はこのプログラムのパラメーター（設定値）にあたるものなので、グローバルな定数に置きかえましょう コード14.39 。定数の名前は、「直径」を意味するdiameter を略したDIA にします。すでに定義している定数FRAME_RATE に続けて記述してください。

続いて、for 文の中の10 や20 といった数値を定数DIA で置きかえます コード14.40 。20 は直径なのでそのままDIA、10 は半径なのでDIA を2 で割った値ですね。

置きかえたら、試しに コード14.39 のDIA を10 に変更してみてください。円が小さくなって同じように並べば成功です。確認したら、値を元に戻しておきましょう。

さて、 図14.21 に示したステップ **1** では、 図14.25 のように円が離れて並んでいました。ちょうど円1 個分ずつ空いている、つまり、円の中心と中心の距離が直径の2 倍になっています。こうするためには、変数x を直径の2 倍ずつ増やします コード14.41 。文章で読んでもピンとこない人は、図を描いて確認してみてください。

これで 図14.21 のステップ **1** の画像ができました。

図14.24 コード14.38 の実行結果

コード14.39 パラメーターとして定義する

```
/* グローバル変数 */
const FRAME_RATE = 20;
const DIA = 20; // 追加 円の直径
```

コード14.40 for 文における定数への置きかえ

```
function draw() {
  background(240);

  // 変更 定数に置きかえ
  for (let x = DIA / 2; x < width; x += DIA) {
    circle(x, height / 2, DIA);
  }
}
```

図14.25 円を一列に並べる（すき間あり）

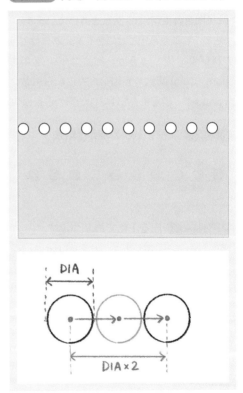

コード14.41 円をすき間を空けて並べる

```
for (let x = DIA / 2; x < width; x += DIA * 2) {  // 変更 直径の2倍ずつ増やす
  circle(x, height / 2, DIA);
}
```

❸円に色を付ける

円に色を付けましょう。ぬりつぶしの色を指定するのはfill関数でした。ひとまずピゴニャン色 "coral" にぬってみます コード14.42 。実行結果は 図14.26 のようになります。

一度fill関数で色を設定すると、新たにfill関数を呼んで別の色を設定しないかぎり、すべての図形がずっとその色でぬりつぶされるようになります。円を1色にぬるだけなら、fill関数はfor文の外で一度だけ呼べば十分です（setup関数の中でもOK）。しかし、今回は円ごとに色を変えたいので、 コード14.42 ではひとまずcircle関数の直前にfill関数を置いています。

さて、ここから円ごとに色を変えるにはどうすればよいでしょうか。ピゴニャン専用のchangeColor関数やputFish関数なら引数に "random" と指定するだけでしたが、p5.jsのfill関数はそれができません。しかたがないので、ランダムな色名を戻り値で返すrandomColor関数を自分で作りましょう コード14.43 。

p5.jsのrandom関数は、引数に配列を指定すると、配列からランダムに要素を選んでくれるのでした。ここでは5色の色名を要素とする配列をrandom関数の引数に指定しています。色名はサンプルコードに合わせる必要はありません、いくつでも自由に記述してください。

それから、fill関数を呼び出している部分を コード14.44 のように変更してください。関数の引数に関数呼び出しを指定してもかまわないのでしたね。実行結果は 図14.27 のようになります。

この画像では表現できないのですが、実際にはアニメーションになって色が（すごい速さで）変わっています。図形を動かしていないとつい忘れてしまいますが、draw関数は1秒間に20回も繰り返しているのです。このままで

図14.26 コード14.42の実行結果

図14.27 コード14.44の実行結果

コード14.42 円を1色でぬりつぶす

```
for (let x = DIA / 2; x < width; x += DIA * 2) {
  fill("coral"); // 追加 ぬりつぶしの色をcoralに設定する
  circle(x, height / 2, DIA);
}
```

コード14.43 ランダムな色名を戻り値で返すrandomColor関数の定義

```
/* 追加 ランダムな色を選択して返す関数 */
function randomColor() {
  return random(["royalblue", "yellowgreen", "teal", "orchid", "gold"]);
}
```

コード14.44 円の色をランダムにぬりつぶす

```
for (let x = DIA / 2; x < width; x += DIA * 2) {
  fill(randomColor()); // 変更 fill("coral")から書きかえ
  circle(x, height / 2, DIA);
}
```

は見ているだけで気分がわるくなってしまいそうなので、ひとまずパラメーターの定数FRAME_RATEを2にしておいてください。

❹円をキャンバスに敷き詰める

　横一列に並んだ色付きの円が描けたので、これをキャンバスいっぱいに敷き詰めましょう。レッスン8で学んだ二重ループ（8.3節）を使います。

　先ほどのfor文の1行目をコピーし、外側のfor文をx➡y、width➡heightと変更して、ひとまず二重ループにしてみましょう コード14.45 。

　さて、実行しても横一列のままです。何が足りないかわかるでしょうか。横（x方向）にしか描かれていないということは、円のy座標が変化していないということです。確認すると、circle関数の第2引数（y座標）が**height / 2**となっていますね。変数yに置きかえましょう。すると 図14.28 のようになります。

```
circle(x, y, DIA); // 変更 height/2➡y
```

　以上で、 図14.21 のステップ❷の画像ができました。

❺正方形を追加する

　次は、円のあいだに正方形を追加しましょう。ピコニャンのゲームで使ったrect関数で

図14.28 **コード14.45（修正版）の実行結果**

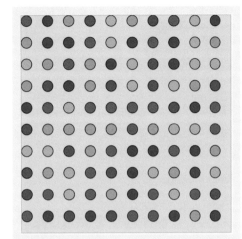

も正方形は描けるのですが、今回は正方形を描画するsquare関数を使います コード14.46 。"square"はそのまま「正方形」という意味です。

コード14.46 square関数

```
// 正方形を描画する
square( x座標 , y座標 , 一辺の長さ )
```

　ここから図を描いて正方形の左上の座標を求めてもよいのですが、今回はsquare関数の基準点を左上から中央に変更することにします。基準点の変更にはrectMode関数を使います コード14.47 。この関数の引数にCENTERというp5.jsの定数を指定することで基準点が中央になります（CORNERにすると左上に戻ります）。基準点を中央にすることで、square関数をcircle関数と同じ感覚で使えるようになります。

コード14.45 二重ループで円を敷き詰める

```
for (let y = DIA / 2; y < height; y += DIA * 2) { // 追加 外側のループ
  for (let x = DIA / 2; x < width; x += DIA * 2) {
    fill(randomColor());
    circle(x, height / 2, DIA);
  }
} // 追加 外側のループ（の閉じカッコ）
```

コード14.47 rectMode関数

```
// 四角形（正方形）の基準点を変更する
rectMode(基準点)
/* 基準点
    CORNER … 左上
    CENTER … 中央
*/
```

　今回のプログラムではrectMode関数の設定を途中で変更することはないので、setup関数の中で呼び出します。

```
function setup() {
  ...
  rectMode(CENTER);
        // ↑square関数の基準点を中央にする
}
```

　さて、正方形を描画するsquare関数ですが、ひとまず コード14.48 のcircle関数の上に置くことにします。引数をcircle関数と同じ

コード14.48 四角形を追加描画する

```
for (let y = DIA / 2; y < height; y += DIA * 2) {
  for (let x = DIA / 2; x < width; x += DIA * 2) {
    fill(randomColor());
    square(x, y, DIA);   // 追加 正方形を描画
    circle(x, y, DIA);
  }
}
```

にして実行してみましょう。

　図14.29 の実行結果を見ると、正方形の上に円が重なっていることがわかります。ちなみに、`rectMode(CENTER);`がなければ一辺の長さの半分だけ右下にズレます（rectMode関数をコメントアウトして試してみてください）。

　では、正方形が円と交互になるように右下に移動しましょう。円の直径の値を正方形の基準座標に足すと、正方形の位置が右下に移動します。実行結果は 図14.30 のようになります。

```
square(x + DIA, y + DIA, DIA); // 変更
circle(x, y, DIA);
```

❻マウスの動きに合わせて変化させる

マウスポインターの位置に応じて色が変化

図14.29 コード14.48の実行結果

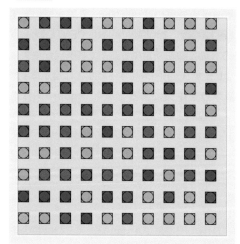

図14.30 コード14.48（修正版）の実行結果

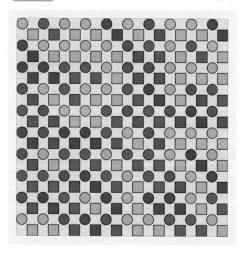

するようにしてみましょう。作りたいものは 図14.31 のような画像です。赤い十字の模様が見えているかと思いますが、この十字の中心にマウスポインターがある状態です。

これを実現する手順は次のとおりです。

❶二重ループの中で図形を描こうとしている位置にマウスポインターがあるか確認する

❷もしマウスポインターがあれば、fill関数の引数を赤色("firebrick")にする

この❶❷をコードの中に言葉での説明も含めて書き出すと、 コード14.49 のようになります。

図14.31 マウスポインターで十字模様

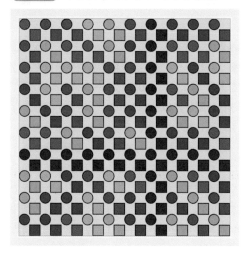

マウスポインターの位置は、p5.jsのシステム変数mouseXとmouseYで取得できます。そして、二重ループの中の変数xとyは「円の中心座標」を表します。これら2つの座標の距離から、図形（円と正方形のセット）を描こうとしている位置にマウスポインターがあるかどうかを判断します。図を描かないとさすがに頭の中で考えるのは難しいですね 図14.32 。

図14.32 を参考に、まずx方向の条件式を考えましょう。マウスポインターがあるか調べる範囲は、円の中心から左向きに半径×1、右向きに半径×3です。 図14.32 では半径で数えていますが、半径は直径の1/2（0.5倍）なので、定数DIAを使っ

図14.32 マウスポインターのある範囲

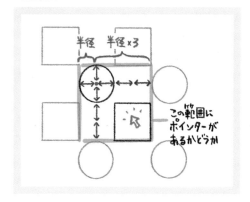

コード14.49 マウスポインターで色を付ける（途中まで）

```
for (let y = DIA / 2; y < height; y += DIA * 2) {
  for (let x = DIA / 2; x < width; x += DIA * 2) {
    if ( この位置にマウスポインターがある ) {
      fill("firebrick");
    } else {
      fill(randomColor());
    }
    square(x + DIA, y + DIA, DIA);
    circle(x, y, DIA);
  }
}
```

コード14.50 x方向の条件式

```
if (x - DIA * 0.5 < mouseX && mouseX < x + DIA * 1.5) {
```

図14.33 x方向の条件式のみの場合

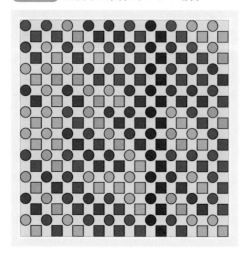

図14.34 AND条件でつないだ場合

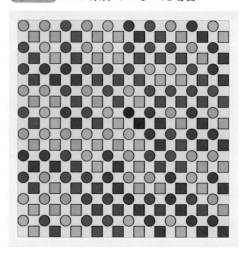

て書くと、x - DIA * 0.5 から x + DIA * 1.5の範囲となります。これをプログラムコードで書くと、コード14.50のようになります。

コード14.49のif文をコード14.50のコードに書きかえて実行してみてください。図14.33のように、マウスポインターが置かれた位置に、縦方向にのみ赤い色が付きます。まだ条件式にy座標が含まれていないので、すべてのy座標がこの条件を満たすからです。

ということで、条件式にy座標を組みこみましょう。問題は、x方向の条件式とy方向の条件式をANDでつなぐのかORでつなぐのかです。こういうのは両方やってみるのが早いですね（これがプログラミングの基本姿勢です）。

まずはコード14.51のようにANDでつないで

みます。なお、このサンプルコードでは、区切りがわかりやすいように不要な位置にも( )を入れています。p5.jsのコード整形を使うと、改行位置が変わるだけでなく、その不要な( )も削除されます（が、それでかまいません）。

この条件式で実行すると、図14.34のようにマウスポインターが置かれた位置だけが赤くなります（わかりにくいですが中央付近です）。たしかに、x方向とy方向の「両方の条件が同時に満たされる」のは1点だけ（円1個と正方形1個）ですね。

ということで、コード14.52のようにORでつなぐのが正解です。実行すると、前に完成例として示した図14.31のように表示されます。以上で、図14.21のステップ**3**の画像ま

コード14.51 x方向とy方向の条件式をANDでつなぐ

```
if ((x - DIA * 0.5 < mouseX && mouseX < x + DIA * 1.5) &&
    (y - DIA * 0.5 < mouseY && mouseY < y + DIA * 1.5)) {
```

コード14.52 x方向とy方向の条件式をORでつなぐ

```
if ((x - DIA * 0.5 < mouseX && mouseX < x + DIA * 1.5) ||
    (y - DIA * 0.5 < mouseY && mouseY < y + DIA * 1.5)) {
```

で完成しました。

❼円の大きさを変化させる

では、円の大きさを変えてみましょう。いまのコードでは、circle関数の第3引数（直径）が定数DIAに固定されています。アニメーションさせたいときは、変化する部分を変数に置きかえる作業からはじめます。

```
circle(x, y, DIA);
↓
circle(x, y, dia); // 変数に変更
```

変数名は小文字のdiaとします。これもグローバル変数で、初期値0で宣言しておきます。

```
/* グローバル変数 */
const FRAME_RATE = 2;
const DIA = 20;
let dia = 0; // 追加 円の直径
```

では、変数diaを5ずつ大きくしてみましょう。draw関数の中に次のように書けば、円が大きくなっていきます。フレームレートは2なので、1秒間に10ずつ円が大きくなります。実行結果は 図14.35 のようになります。

```
function draw() {
  background(240);

  // 追加 円のサイズを変更
  dia += 5;

  ...
}
```

さて、ここまでのシンプルコードでは、円が止まることなく大きくなり続けます。これはこれで最後は魚のウロコのようになっておもしろいのですが、変数diaが定数DIAの大きさになったら、今度は小さくなるようにしてみましょう。

よくやりがちなミスは次のようなコードです。

図14.35 円を大きくする

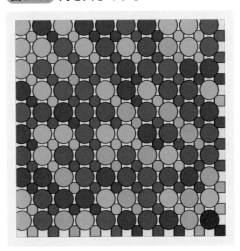

```
if (dia < DIA) {
  dia += 5;
} else {
  dia -= 5;
}
```

変数diaが定数DIAよりも小さいあいだはdiaの値を増やし、そうではないときはdiaの値を減らしているので、これでよさそうに見えます。しかし実行してみると、円の大きさがDIAに近づいたあたりで、大きさが5だけ減って増えてを反復します。

頭の中でコードを追ってみましょう。ここではわかりやすいように、定数DIAの値を20として書いています。

❶変数diaの値が20になるとif (dia < DIA)がfalseとなり、else文の処理dia -= 5;が実行されて、diaは15に減る

❷次のフレームのdiaは15なので、if (dia < DIA)がtrueとなり、if文の処理dia += 5;が実行されて、diaは20に増える

❸処理❶に戻る

というわけで、変数diaの値は15と20をずっと繰り返すだけになります。

変数 dia の値を 0〜DIA のあいだで増減させるには、dia に直接 5 を足したり引いたりするのではなく、dia に足しこむ変数を別に用意します。足しこむ変数の名前は delta（デルタ）とします。

```
function draw() {
  background(240);

  // 変更 変数を足しこむ
  dia += delta;

  ...
}
```

変数 delta はグローバル変数として宣言しておきます。

```
/* グローバル変数 */
...
let delta = 5;  // 追加 直径の増加幅
```

そして、この変数 delta の符号を条件分岐で変更します コード14.53。変数 delta の符号が負になれば、同じ `dia += delta;` というコードのままで変数 dia の値は減っていきます。

変数 delta の符号は、円の直径が DIA 以上になったときと、0 以下になったときにだけ変更します。else 文ではなく else if 文であることと、不等号が「以上または以下」であることに注意してください。「以上または以下」にす

る理由は、不等号から = を外して実行し、確認してみてください。

なお、前回のレッスン 13（13.1 節）でも説明したように、変数の符号を反転するには -1 をかければよいので コード14.54 のように短く書くことができます。

完成に近づいてきたので、円や四角形の枠線を消しておきましょう。今回のプログラムには枠線付きの図形はひとつもないので、setup 関数の中で noStroke 関数を呼びます。

```
function setup() {
  ...
  noStroke();
}
```

これでひとまず完成です。定数 DIA を 10 にすると 図14.21 のステップ 4 の画像になります。この続きの手順 8 はやや発展の内容になります。この手順 7 までで 図14.25 までできていますので、ここでいったん終了してもかまいません。

❽色を1秒に1回更新する

さて、発展の内容に進みたい人は続けましょう。先ほど「ひとまず完成」と書いたのは、

コード14.53 円の大きさ dia に足しこむ変数 delta の符号を条件によって変更する

```
dia += delta;

// 追加 条件に応じてdeltaの符号を変更
if (dia >= DIA) {
  delta = -5; // diaがDIAより大きくなったら減少に転じる
} else if (dia <= 0) {
  delta = 5;  // diaが0より小さくなったら増加に転じる
}
```

コード14.54 -1 をかけて符号を反転する

```
if (dia <= 0 || DIA <= dia) {
  delta *= -1; // 変数deltaの符号を反転する（deltaの絶対値は5のまま）
}
```

いまの状態ではフレームレートが小さすぎて、円の大きさを変えるアニメーションがカクカクしているからです。本当はフレームレートを20にして、図形の色の変化だけをゆっくりにしたいところです。もちろん、そういうコードを書くこともできます。

まずは コード14.55 のようにパラメーターを変更します。フレームレートを20に戻します。フレームレートを上げるとアニメーションが速くなるので、円の大きさの増加量を表す変数deltaも1に変更します。

これで実行すると、色の変化でかなり目がチカチカしますが、円の大きさはスムーズに変わるようになります。赤い十字もマウスポインターにしっかりついてきます。ついでに、円の直径も20に戻しておきます。

コード14.55 変更点**1**

```
/* グローバル変数 */
const FRAME_RATE = 20; // 変更 2➡20
const DIA = 20;        // 変更 10➡20
let dia = 0;
let delta = 1;         // 変更 5➡1
```

コード14.56 変更点**2**

```
// square(x + DIA, y + DIA, DIA);
// ↑ 変更 コメントアウト
circle(x, y, DIA); // 変更 dia➡DIA
```

コード14.57 1秒に1回だけ実行されるif文

```
if (frameCount % FRAME_RATE == 0) {
   // ここは1秒に1回しか実行されない
}
```

コード14.58 if文を追加

```
if ( ... ) {
   // fill("firebrick"); 変更 コメントアウト
} else {
   if (frameCount % FRAME_RATE == 0) { // 追加
      fill(randomColor());
   } // 追加
}
```

説明しやすいように、square関数をコメントアウトして円だけの表示にします コード14.56 。また、circle関数の第3引数（直径）を変数diaから定数DIAに戻し、円の大きさを変えるアニメーションを止めます。

では、急いでこの目がチカチカする状態を止めましょう。フレームレートに関係なく「○秒に1回だけ実行される条件分岐」を作って、その中で色を変えればよいということになります。方法はいろいろありますが、ここではフレーム数（frameCount）と剰余演算子%を使って、1秒に1回だけ条件を満たすif文を書きます コード14.57 。

ゲームのところでも説明したとおり、「フレーム数÷フレームレート＝経過秒数」です。割り切れないときは経過秒数が小数になりますが、割り算の代わりに剰余演算子%を使うと余りが返ってきます。逆にいえば、余りが0のときは「割り切れたとき」を意味し、それは1秒に1回しか起こりません（フレーム数がフレームレートの倍数になったときだけ）。

このif文で、図形の色を設定しているコードfill(randomColor());を囲ってみましょう コード14.58 。マウスポインターに反応するとややこしいので、fill("firebrick");はコメントアウトしておきます。

実行してみるとたしかに1秒に1回くらいの変化になるのですが、なぜかすべての円が同じ色になります。動体視力の良い人は、色が切り替わる瞬間だけ、円が別々の色になっていることがわかるかもしれません。

その理由は、fill関数が1秒に1回しか呼び出されないからです。いやそうしたかったわけですが、それでは問題があるのです。1秒に1回すべての円が個別の色にぬられても、draw関数は1秒間に20回繰り返すので、その0.5秒後には次の

コード14.59 fill関数を元に戻す

```
if ((x - DIA * 0.5 < mouseX && mouseX < x + DIA * 1.5) ||
    (y - DIA * 0.5 < mouseY && mouseY < y + DIA * 1.5)) {
  // fill("firebrick");
} else {
  fill(randomColor()); // 変更 1秒に1回だけ条件を満たすif文を外す（元に戻す）
}
```

コード14.60 配列col_listの中身を更新するupdateColor関数の定義

```
/* 色の配列を更新する関数 */
function updateColor() {
  // 円の個数だけ繰り返す
  for (let i = 0; i < N_CIRCLE; i += 1) {
    col_list[i] = randomColor(); // 配列col_listにランダムな色名を入れる
  }
}
```

draw関数のループが実行されます。しかしそのときにはfill関数は呼ばれないので、前回のfor文の最後に呼ばれたfill関数の色ですべての円がぬられてしまいます 図14.36。

どうすればよいかというと、fill関数はこれまでどおり毎フレーム呼び出しておいて、ぬりつぶす色の組み合わせを1秒に1回だけ更新します。そうするために、色の組み合わせ（各円の色名）を配列に入れておき、fill関数はその配列に入った色名で設定するようにします。そして、色の組み合わせを変えるときは配列の要素を更新します。

まず、fill関数を コード14.58 のif文から出して元に戻します コード14.59。

miniColumn

みちくさ

何かの数を意味する変数名は、先頭にアルファベットのnを付けることが多いです。これは「〜の数」を意味する"the number of"の略です。スネークケースのときはn_circle、キャメルケースのときはnCircleなどとします（正確にはcirclesと複数形にします）。なお、今回は定数なのですべて大文字のN_CIRCLEとしています。

次に、色名を入れる配列col_listをグローバル変数として宣言します。配列の中身はプログラムを実行してから生成するので、初期値は空配列にしておきます。

```
/* グローバル変数 */
// 更新
let col_list = []; // 追加 色名の配列
```

配列col_listの中身を更新するコードは、関数で定義しておきます コード14.60。関数名updateColorの"update"は「更新する」という意味です。配列の要素（色名）は円の数だけ必要で、円の数はグローバル定数N_CIRCLEに入っているものとします。

定数N_CIRCLEの値（円の個数）を決めます。キャンバスサイズは400×400で固定にすると

図14.36 円がすべて同じ色になる理由

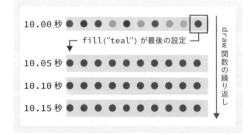

しても、定数DIAが変わると円の個数は変わるので、計算で求める必要があります。幅400を直径DIAで割ると円をぴったり並べたときの1行の個数になるので、これを2で割ると1行の個数がわかります。縦と横とも同じ個数なので、1行の個数をかけ合わせます コード14.61 。

updateColor関数は、最初にsetup関数の中で呼び出して、空の配列col_listに円の色名を入れておきます コード14.62 。こうして配列col_listの要素をうめておかないと、あとでエラーになります。

そして、コード14.63 のように、draw関数の中で1秒に1回だけ色を更新するようにします。1秒に1回だけ条件を満たすif文をここで使います。

最後に、fill関数の引数を配列col_listの要素で指定します コード14.64 。配列の要素をインデックスで指定する必要があるので、変数cntを追加しています。

長くなりましたが、これで本当の完成です。コード14.56 ～ コード14.58 で変更やコメントアウ

トしていたコードをすべて元に戻してください。

コード全体　アニメーション

コード14.65 に、全体のコードをまとめておきます。

コード14.62 updateColor関数の呼び出し❶

```
function setup() {
  ...
  updateColor();
  // ↑ 追加 col_listに円の色名を入れる
}
```

コード14.63 updateColor関数の呼び出し❷

```
function draw() {
  background(240);

  // 追加 1秒に1回だけ色を更新
  if (frameCount % FRAME_RATE == 0) {
    updateColor();
  }

  ...
}
```

コード14.61 円の個数（定数N_CIRCLEの値）の計算

```
/* グローバル変数 */
...
let col_list = [];
const N_CIRCLE = (400 / DIA / 2) * (400 / DIA / 2); // 追加 円の個数
```

コード14.64 配列col_listから色名を受け取る

```
let cnt = 0; // 追加 配列のインデックスとして使用
for (let y = DIA / 2; y < height; y += DIA * 2) {
  for (let x = DIA / 2; x < width; x += DIA * 2) {
    if ((x - DIA * 0.5 < mouseX && mouseX < x + DIA * 1.5) ||
        (y - DIA * 0.5 < mouseY && mouseY < y + DIA * 1.5)) {
      // fill("firebrick");
    } else {
      fill(col_list[cnt]); // 変更 配列col_listから色名を受け取る
    }
    // square(x + DIA, y + DIA, DIA);
    circle(x, y, DIA);
    cnt += 1; // 追加 cntの更新
  }
}
```

コード14.65 アニメーション（完成版）

```
/* グローバル変数 */
const FRAME_RATE = 20; // フレームレート
const DIA = 10;          // 最大の円の直径
let dia = 0;             // 円の直径
let delta = 1;           // 直径の増加幅
let col_list = [];       // 色名のリスト
const N_CIRCLE = (400 / DIA / 2) * (400 / DIA / 2); // 円の数

function setup() {
  createCanvas(400, 400); // ここは固定

  // 設定
  frameRate(FRAME_RATE);
  rectMode(CENTER);
  noStroke();
  updateColor(); // 空の配列 col_list に色名を入れる
}

function draw() {
  // 背景をぬりつぶして更新
  background(240);

  // 1秒に1回だけ色名を更新
  if (frameCount % FRAME_RATE == 0) {
    updateColor();
  }

  // 円のサイズを変更
  dia += delta; // 円の直径の更新
  if (dia <= 0 || DIA <= dia) {
    delta *= -1;  // 符号を反転する
  }

  // 図形を描画
  let cnt = 0;
  for (let y = DIA / 2; y < height; y += DIA * 2) {
    for (let x = DIA / 2; x < width; x += DIA * 2) {
      // マウスポインターが乗ったら色を変える
      if (
        (y - DIA < mouseY && mouseY < y + DIA) ||
        (x - DIA < mouseX && mouseX < x + DIA)
      ) {
        fill("firebrick");
      } else {
        fill(col_list[cnt]);
      }

      // 図形を描画する
      square(x + DIA, y + DIA, DIA);
      circle(x, y, dia);

      // カウントを更新
      cnt += 1;
```

> 定数DIAを10にすると
> 円の大きさの変化が速すぎるように感じる人は、
> deltaの値を0.5くらいにするとよい

```
    }
  }
}

// 色の配列を更新する関数
function updateColor() {
  for (let i = 0; i < N_CIRCLE; i += 1) {
    col_list[i] = randomColor();
  }
}

// ランダムな色を選択して返す関数
function randomColor() {
  return random(["royalblue", "yellowgreen", "teal", "orchid", "gold"]);
}
```

14.4
まとめ

レッスン14では、p5.jsの本来の使い方で、ピゴニャンのゲームとアニメーションを作ってみました。レッスン13までに作ってきたものにくらべるとかなり大きなプログラムになりました。コードをひたすら書き写して実行してみただけ……という人もいるかと思いますが、少しずつ読み解きながら自分で改良してみてください。

このレッスン14の後半のアニメーションでは、p5.js専用の関数も使って作りました。この本をここまで読んできたみなさんは、JavaScriptの入門知識はほとんど学び終えています。あとは必要に応じてp5.jsの関数を調べれば、かなり自由にアニメーションを作る

ことができるでしょう。もう「ピゴニャンのスケッチ」を毎回開く必要もありません。

p5.jsの関数の一番確かな解説は、p5.jsの公式サイト（https://p5js.org/reference/）です。ただし英語で書かれているので、ブラウザーの翻訳機能や翻訳アプリを使用してください。また、非公式ですが日本語のリファレンスを作っている人たちもおり、インターネット検索で「p5js ▮日本語リファレンス」と入力すればサイトが出てきます（リファレンスとは説明書のことです）。この本の著者によるサポートサイトにも基本的な関数の解説をのせておきますので参考にしてください。

おわりに
どこまでたどり着いたか

　この本では、Scratchなどのビジュアルプログラミングから"文字を打ちこむ"プログラミングへのステップアップを目指して、JavaScriptの「変数宣言」から「戻り値ありの関数定義」までの文法を学びました。この本で使用したのはp5.jsというアプリとJavaScriptというプログラミング言語でしたが、みなさんが習得した知識は他のプログラミング言語にも共通する基本的な考え方であり、これからの学びの土台となるものです。

　いま、わたしたちが立っている場所は、それぞれが"やりたいこと"に向けて進もうとしている道の出発点です。ここまでp5.jsを使ってはきましたが、p5.jsで美しいアニメーションを作るための関数や知識はこの本ではほとんど説明していません。JavaScriptの文法を学んではきましたが、JavaScriptの主要な用途であるウェブページの操作についてはこの本ではほぼ触れていません。それらについては、これから学んでいくのです。

　「なんだ、まだ出発点か……」と思ったかもしれませんが、旅に出るための装備はバッチリです。この本は、ScratchのブロックとJavaScriptのコードを見くらべるところからはじまりましたが、その内容は必ずしも簡単ではなかったと思います。イベントハンドラーや変数のスコープ、レッスン最後のコラムでは中級者向けの内容にも触れました。旅立ちはこれからですが、安心して出発してください。

この本の次は……

　この本の次にはどのような選択肢が広がっているのか、みなさんのプログラミング学習のガイドライン（道筋）を最後に示しておきたいと思います。

クリエイティブコーディングへ向かう道

　まず、JavaScriptから続く道というよりもp5.jsから続く道として、「クリエイティブコーディング」があります。"creative"とは「創造的な」という意味で、プログラミングやコンピューターを利用した芸術的表現（あるいは技法）を指します。グラフィックスの描画だけでなく、物理的なモノをプログラミングで動かして創る芸術表現もクリエイティブコーディングには含まれます。

　また、よく似た言葉に「ジェネラティブアート」があります。プログラミングコードで書いた数式などから、美しい模様や図形を"生成"する芸術のことです。"generative"は「新しく生み出す」といった意味の英単語で、カタカナでは「ジェネレーティブ」とも書かれます。p5.jsはこのジェネラティブアートを得意とするアプリで、レッスン1でも紹介したOpenProcessingというサイトにたくさんの例があります。

　この本の次にクリエイティブコーディングへの道に進むことの良いところは、新しく覚えることが少なく、乗りこえる壁が低いことです。この本では、p5.js専用の関数はあまり登場していませんが、クリエイティブコーディングをはじめるためのJavaScriptの文法はほとんど学びました。クリエイティブコーディングの道は、一部のアーティストやエンジニア（技術者）を除けば、将来の仕事に直結しているわけではありません。しかし、クリエイティブコーディングのプログラミングはそれ自体が楽しく、また、女性のクリエイターも多いのも魅力です。

ウェブへ向かう道

　この本で学んだJavaScriptを最大限に活かしたいなら、すべてのプログラミング言語の中でJavaScriptが最も得意とする"ウェブ"への道に進むのがよいと思います。ウェブの道は、大きく「ウェブサイト制作」と「ウェブアプリ開発」に分かれます。

　ウェブサイト制作の道に進む場合、次に勉強するのはHTMLとCSSという「マークアップ言語」になります。マークアップ言語はプログラミング言語に似ていますが、繰り返しや条件分岐といった制御構文がありません。HTMLとCSSについては良い本がたくさん出版されています。HTMLとCSSだけでもウェブサイトを作ることはできるのですが、JavaScriptを知っていればさらにおしゃれでかっこいいサイトが作れます。

HTMLとCSSを習得したら、次はJavaScriptからDOM（Document Object Model）というしくみを扱う方法を勉強してください。Documentオブジェクトはウェブページを表すデータ構造で、Documentオブジェクトのプロパティやメソッドを使ってJavaScriptからウェブページを操作することができます。この技術を身につければ、ウェブアプリの画面を作ることもできるようになります。

　本格的なウェブアプリ開発の道に進む場合、データベースやユーザー認証といった**バックエンド**の開発が必要になります。たとえば、p5.jsにログインすると自分の作ったスケッチだけを開くことができますが、これはユーザー認証（ログイン機能）とデータベース（データ管理機能）によって実現されています。ひとまずやってみたい人は、FirebaseというGoogleのサービスからはじめるとよいでしょう。そこまでたどり着けば、他に必要な技術がいろいろと見えてくると思います。

　ウェブアプリ開発をはじめとするアプリ開発は、プログラマーの仕事の中でも花形です。会社に属さないフリーランスという働き方をしている人たちも多い業界で、次々と登場する新しい技術を試すのが好きな人には向いているでしょう。

その他の道

　その他の道についても短くまとめてみました。これらはJavaScriptが中心となっている分野ではないですが、JavaScriptで取り組めるものもあります。

アプリ開発　スマホアプリなど、ウェブ以外のアプリ開発がしたいなら、JavaScript以外のプログラミング言語を学ぶことになります。MacやiPhone/iPadのアプリならSwift、AndroidのスマホならKotlin、WindowsならC#がそれぞれ第一候補になりますが、迷うならどのデバイスの上でも動くFlutterからはじめてもよいでしょう。

ゲーム開発　本格的なゲーム開発環境（ゲームエンジン）としてはUnityやUnreal Engineが有名で、本もたくさん出版されています。パズルなどのカジュアルゲームであれば、機能がよりシンプルなGodotや、JavaScriptのライブラリであるBabylon.jsからはじめてもよいでしょう。ちなみに、ブラウザーで3Dグラフィックスを描画するWebGLやWebGPUという技術も進んでおり、本格的な3Dゲームもブラウザーで動く（JavaScriptで作れる）ようになりつつあります。

AI、データサイエンス　AIやデータサイエンスに本格的に取り組みたいなら、やはりPythonを学ぶことになります。JavaScriptと見た目は異なりますが、プログラミングの考え方は似ていますので、Python自体はすぐに習得できると思います。難しいのはPythonから利用するライブラリー（関数）の使い方やその意味を理解すること

す。なお、ChatGPTなどのAIの機能を「利用するだけ」でいいならJavaScriptからも使えます。AIを使ったウェブアプリを作りたいなら、このままJavaScriptの勉強を進めてください。

ロボット制御　ロボコンなどの本格的なロボット制御に挑戦したいなら、既製品（きせいひん）のロボットを買うのではなく、マイコン（小型コンピューター）にいろいろなパーツをつなげて自作ロボットを作ることになります。使用するプログラミング言語は選ぶマイコンによって変わります。たとえば、Arduino（アルドゥイーノ）ならC言語に似た独自言語になりますし、Raspberry Pi（ラズベリーパイ）ならPythonが多いようです。教育用マイコンであるmicro:bit（マイクロビット）でも簡単なロボットは作ることができて、JavaScriptから制御できます。

フィジカルコンピューティング、IoT　"physical"（フィジカル）は「物理的な」という意味で、フィジカルコンピューティングとはモーターやLED（ライト）などの物理的な"モノ"をプログラミングで制御することです。IoT（Internet of Things）（インターネットオブシングス）は、インターネットにつながった"モノ"を利用したフィジカルコンピューティングです。たとえば、自分の部屋の秘密の引き出しが空けられたらSNSにメッセージを送るなど、インターネットと実世界をまたがるシステムを作ることができます。ここでもマイコンを使いますが、IoTなら（JavaScriptで開発できる）obniz（オブナイズ）もおすすめです。

エンターテイメント　テーマパークや舞台、脱出ゲームといったエンターテイメントの分野でも、コンピューターで生成した映像を投影したり、ドローンやスポットライトなどを自動制御して演出することが行われています。この道を目指すなら、幅広い技術から必要なものを選べる総合力か、特定の技術に関する尖った（とがった）実力が必要とされます。次は何を勉強すべきか……というよりも、とにかく自分の作品を作り続けることが大事だと思います。そのために必要な知識や技術は自然と身につくでしょう。すぐに何か作ってみたければ、p5.jsでも映像は作れますし、JavaScriptでドローンも制御できます。

・・・・・・・・・・・・・・・・・・・・・・・・・・・・・・・・・・

　さて、次の道は決まったでしょうか。これから先に「新たにできるようになること」が待ち受けているというのはワクワクしますね。みなさんの旅路に、よい風が吹きますように。

索引

●著者プロフィール

尾関 基行 Motoyuki Ozeki

筑波大学システム情報工学研究科修了。博士（工学）。大学の文理融合型学科でプログラミングの基礎を教えています。情報技術を使って教育や学びをサポートするための研究などを行っています。授業のオンラインテキストとして「文系大学生のための◯◯シリーズ」を技術ブログZennで公開中。

URL https://zenn.dev/ojk?tab=books

装丁・本文デザイン	西岡 裕二
DTP	酒徳 葉子（技術評論社）
制作協力	森井 一三（スタジオ・キャロット）
校正	山野 瞳　北川 香織（技術評論社）

はじめての "文字で打ちこむ" プログラミングの本
スクラッチのブロックとくらべて学べるJavaScriptの基本

2023年10月7日　初版　第1刷発行

著者	尾関 基行（おぜき もとゆき）
発行者	片岡 巌
発行所	株式会社技術評論社
	東京都新宿区市谷左内町 21-13
	電話　03-3513-6150　販売促進部
	03-3513-6177　第5編集部
印刷／製本	昭和情報プロセス株式会社

●お問い合わせについて

本書に関するご質問は記載内容についてのみとさせていただきます。本書の内容以外のご質問には一切応じられませんのであらかじめご了承ください。なお、お電話でのご質問は受け付けておりませんので、書面または小社Webサイトのお問い合わせフォームをご利用ください。

〒162-0846
東京都新宿区市谷左内町 21-13
㈱技術評論社
『はじめての "文字で打ちこむ" プログラミングの本』係
URL https://gihyo.jp（技術評論社Webサイト）

ご質問の際に記載いただいた個人情報は回答以外の目的に使用することはありません。使用後は速やかに個人情報を廃棄します。